复 合 材 料 力 学

MECHANICS OF COMPOSITE MATERIALS

杨静宁　马连生　编著

国防工业出版社

·北京·

内 容 简 介

本书以基础理论和计算方法为重点,系统地阐述了复合材料的力学基础及宏观力学的基本理论和分析方法,重点阐明其概念、原理和基本分析方法,目的是使读者对复合材料及其力学分析有较全面的理解,为复合材料在航空航天、交通、建筑、医学等各个领域的合理应用提供基础的理论、计算和设计知识。内容包括:复合材料概述;各向异性材料的弹性理论;单层板的宏观力学分析;层合板的宏观力学分析;复合材料的强度理论;复合材料板的湿热效应;复合材料层合平板的弯曲、屈曲与振动;功能梯度板的宏观力学分析;智能材料概述等。

本书内容既有比较完整的理论基础,又力求叙述简洁、内容精练、简明实用,同时注意体现复合材料力学研究的新成果。书中配有适当的例题和习题,有助于学生自学。

本书可作为高等院校力学及相关专业本科生和研究生的教材使用,也可供从事复合材料结构设计、制造和复合材料研发的工程技术人员参考。

图书在版编目(CIP)数据

复合材料力学 / 杨静宁,马连生编著 . —北京:
国防工业出版社,2014.7
ISBN 978-7-118-09520-3

Ⅰ.①复... Ⅱ.①杨... ②马... Ⅲ.①复合材料力学
Ⅳ.①TB301

中国版本图书馆 CIP 数据核字(2014)第 145618 号

※

*国防工业出版社*出版发行
(北京市海淀区紫竹院南路23号　邮政编码100048)
北京奥鑫印刷厂印刷
新华书店经售
*
开本 787×960　1/16　印张 11½　字数 221 千字
2014 年 7 月第 1 版第 1 次印刷　印数 1—3000 册　　定价 26.00 元

(本书如有印装错误,我社负责调换)

国防书店:(010)88540777　　　发行邮购:(010)88540776
发行传真:(010)88540755　　　发行业务:(010)88540717

前　言

　　复合材料作为一种新型材料,具有比强度高、比刚度大、质量轻、耐高温、可设计、抗疲劳等一系列优点,与常规的金属材料相比,复合材料的力学性能比一般金属材料复杂得多,主要有不均匀、各向异性、不连续等。近几十年来复合材料在航空航天、土木建筑、交通、机械、医学、体育等领域得到广泛应用。采用先进复合材料,可解决许多用常规材料所不能解决的问题,大大改善结构的性能,可带来巨大的经济效益。随着各种新型复合材料的开发和应用,复合材料力学已形成独立的学科体系。为了正确设计、制造和使用复合材料,充分了解、掌握复合材料的特殊力学性能和分析方法,已成为对从事结构设计和有关专业人员的首要要求。

　　本书编者先后为工程力学本科生以及力学、材料、机械等学科相关专业的研究生开设复合材料力学课程,结合多年来从事复合材料力学课程教学以及科研的体会编写了本书。在编写过程中,注重以学习复合材料的力学基本知识和能力培养为目标,吸取了现有教材之所长。本书全面系统地阐述了复合材料宏观力学的基本理论、分析方法,并在相应章节给出研究成果。在编写过程中,力求将概念和原理阐述清楚,内容比较具体和深入,应用性较强。既有比较完整的理论基础,又力求叙述简捷、内容精练、简明实用,同时注意体现复合材料力学研究的新成果。书中配有适当的例题和习题,例题的数据均采用典型国产复合材料的性能数据,有助于学生自学。本书的着眼点不是深入地去研究各种理论,而是通过简单、典型情况的分析,使读者掌握各类问题的方程建立和求解方法。本书可作为高等院校力学及相关专业本科生和研究生的教材使用,也可供从事复合材料结构设计、制造和复合材料研发的工程技术人员参考。在教学中可按本科生和研究生的不同要求讲授不同的内容。

　　本书的编写自始至终得到兰州理工大学教务处以及国防工业出版社的宝贵支持,使本书得以顺利出版。第1章～第7章由兰州理工大学杨静宁编写,第8章、第9章由马连生编写,硕士研究生顾秉栋绘制了部分图形,全书由杨静宁进行统稿。在编写过程中,编者参考了国内外有关复合材料力学和复合材料结构力学相关的教材和文献,在此一并表示衷心的感谢。

在编写出版本书的过程中,得到了兰州大学高原文教授的关心和详细审阅,在此向他们深表谢意。

限于作者水平,书中难免有错误和不当之处,恳请读者批评指正。

编 者
2014 年 3 月

目 录

第1章　复合材料概述

1.1　绪　　论

材料是人类生活的物质基础,也是社会发展的重要标志。随着社会的发展,先进技术对材料性能提出了更高的要求,而普通材料又不能满足这些要求,人们逐渐对复合材料(composite material)这种新型材料产生了浓厚的兴趣。其实自然界中的许多材料属于天然复合材料,如竹子,木材,动物的骨骼、牙齿、心脏、肌肉、皮毛和贝壳等。复合材料使用的历史悠久,可以追溯到几千年以前。比如古代中国人和犹太人用稻草或麦秸增强盖房用的泥砖以及古埃及人将木板作不同方向排列用于造船的多层板,可以说是最原始的复合材料;南北朝时代由薄绸和漆粘结制成的中国漆器;一百多年前出现的混凝土(近代复合材料的标志)以及后来为了满足高层建筑强度的要求出现的钢筋混凝土;近代的木质胶合板、帘线增强橡胶做成的汽车轮胎以及 20 世纪 40 年代出现的玻璃纤维增强树脂(glass fiber reinforced plastics,GFRP)复合材料,俗称玻璃钢,都是复合材料的代表。20 世纪 60 年代,为了满足军用方面对材料力学性能的要求,碳纤维(carbon fiber)、硼纤维(boron fiber)以及有机纤维相继问世,复合材料的发展到了一个崭新的阶段。随后人们又研制出金属基、陶瓷基和碳－碳复合材料等,被统称为先进复合材料(advanced composites),先进复合材料虽然只有几十年的历史,但却取得了惊人的成绩。20 世纪 80 年代以来,随着现代航空航天、电子等高技术领域的飞速发展,人们对使用的材料提出了更高的要求,传统的结构材料和功能材料以及先进复合材料已不能满足这些技术的要求,需要发展多功能化、智能化的结构功能材料。20 世纪 80 年代末,受到自然界生物具备某些能力的启发,美国、日本科学家首先将智能概念引入材料和结构领域,提出了智能材料和结构的新概念。复合材料的力学研究工作由此得到很大的发展。

1.1.1　复合材料的概念

广义地说,复合材料是由两种或两种以上不同性质的材料在宏观尺度上组成的新材料。该定义强调了"宏观尺度"和"新材料"两点。合金虽然在微观上可以辨认出是由多种元素(材料)组成的,但在宏观上呈现出各向同性性质,被认为是均质材料,因此不属于复合材料。而人工的复合材料是由两种或多种性能不同的单一材料用物理或化学方法、经人工复合成的一种具有新性能的多相固体材料。复合材料通常由基体材料和增强材料两大相材料或组分构成,包容组分称为基体材料,被包容组分称为增强材料。复合材料不仅保持了组分材料自身原有的一些优良性能,并且有些性能是原来组分材料所没有的,成为一种新型材料。基体采用各种树脂或金属、非金属材料;增强材料采用各种纤维状材料或其他材料。增强材料在复合材料中起主要作用,由它提供复合材料的刚度和强度,基本控制其力学性能。基体材料起配合使用,支持和固定纤维材料,传递纤维间的载荷,保护纤维,防止磨损或腐蚀等。基体材料也可以改善复合材料的某些性能,如要求比重小,则选取树脂作基体材料;要求有耐高温性能,可用陶瓷作为基体材料。复合材料的力学性能比一般金属材料复杂得多,主要有不均匀、各向异性、不连续等,因此逐步发展成为复合材料特有的力学理论,称为复合材料力学,它是固体力学学科的一门新的分支。

1.1.2 复合材料的分类

复合材料从应用的性质可分为功能复合材料和结构复合材料两大类。应该说明的是,随着复合材料的发展,往往一种复合材料同时起着功能和结构的作用,因此功能复合材料和结构复合材料的界限目前已不很明显。功能复合材料主要具有一种或几种特殊的功能,例如,防热、透波、隐身(吸波)、抗辐射、耐磨、导热等。它是目前日益得到重视和发展的新型复合材料,例如:导电复合材料、烧蚀材料、形状记忆复合材料、压电复合材料、磁致伸缩复合材料、摩阻复合材料等。

本书主要研究结构复合材料,结构复合材料是目前应用最广泛和最成熟的复合材料。结构复合材料可分为:颗粒复合材料;层状复合材料;纤维增强复合材料;功能梯度复合材料等。

1. 颗粒复合材料

颗粒复合材料由悬浮在一种基体材料内的一种或多种颗粒材料组成。颗粒可以是金属,也可以是非金属。

(1)非金属颗粒在非金属基体中的复合材料。最普通的例子是混凝土,它是由砂、石用水和水泥粘合在一起经化学反应而变成坚强的结构材料。还有如云母粉悬浮在玻璃或塑料中形成的复合材料。

(2)金属在非金属基体中的复合材料。例如固体火箭推进剂是由铝粉和高氯酸盐氧化剂无机微粒放在如聚氨酯的有机粘结剂中组成的,微粒约占75%,粘结剂占25%。

(3)非金属在金属基体中的复合材料。氧化物和碳化物微粒悬浮在金属基体中得到金属陶瓷。用于耐腐蚀的工具制造和高温应用:碳化钨在钴基体中的金属陶瓷用于高硬度零件制造,如金属拉丝模具;碳化铬在钴基体中的金属陶瓷有很高的耐腐蚀性和耐磨性,适用于制造阀门。

2. 层状复合材料

层状复合材料至少由两层不同材料复合而成,其增强性能有强度、刚度、耐腐蚀、耐磨损等,层合复合材料有以下几种。

(1)双金属片。它由两种不同热膨胀系数的金属片层合而成,当温度变化时,双金属片产生弯曲变形,可用于温度测量和控制。

(2)涂覆金属。将一种金属涂覆在另一种金属上,得到优良的性能。例如用 10% 的铜涂覆铝丝作为铜丝的替代物,铝丝价廉而质轻,但难于连接,导热性较差;铜丝价贵而较重但导热性好,易于连接。涂铜铝丝比铜丝价廉而性能好。

(3)夹层玻璃。这是为了用一种材料保护另一种材料。普通玻璃透光但易脆裂,聚乙烯醇缩丁醛塑料韧性好但易被划损,夹层玻璃是两层玻璃夹包一层聚乙烯醇缩丁醛塑料,具有良好的性能。

(4)夹层复合材料。是由两层成型金属面板或非金属面板之间填充芯材组成。具有质量轻、安装快捷、防火、耐火、保温隔热、可塑性强等特性。芯材主要有蜂窝和硬质泡沫塑料。目前市场上,应用最为广泛的是聚苯夹芯板(即 EPS 夹芯板),其内、外两面为玻璃钢板,夹芯层为聚苯乙烯泡沫,经真空技术高压复合而成。蜂窝夹层结构是复合材料的一种特殊类型,是用蜂窝芯材与各种材料的薄面板,经专用结构胶粘剂粘接而成的一种复合材料板,具有质量轻、强度高、刚性好的特点。蜂窝按材料分,有铝制蜂窝、玻璃布蜂窝和有机纤维纸质蜂窝,又称 Nomex 蜂窝。最早只应用于航空航天领域,现在已越来越多地用于其他工业领域,如汽车、船舶、机械平台、家具内饰、展示展览等行业。目前最常用的为铝面板—铝蜂窝夹层结构、碳纤维面板—铝蜂窝夹层结构、玻璃钢面板—玻璃钢蜂窝夹层结构等。

3. 纤维增强复合材料

各种长纤维比块状的同样材料强度高很多。例如普通平板玻璃在几十兆帕的应力下破裂,而商用玻璃纤维的强度可达 3000 ~ 5000MPa,实验室研究的玻璃纤维强度已接近 7000MPa,这是由于纤维与块状玻璃具体结构不同,纤维内部缺陷和位错比块状材料少得多。

纤维增强复合材料(fiber reinforced composite material,FRCM)按纤维种类分为玻璃纤维(其增强复合材料俗称为玻璃钢)、硼纤维、碳纤维、芳纶纤维复合材料等。

纤维增强复合材料按基体材料可分为树脂基、金属基、陶瓷基和碳(石墨)基复合材料几种。

纤维增强复合材料按纤维形状可分为连续纤维增强复合材料、短纤维增强复合材料、纤维布增强复合材料等。

纤维增强树脂复合材料是复合材料的典型代表,也是本书着重讨论的对象。不同的纤维和基体材料组成的复合材料性能也很不相同。以后我们常采用复合材料的简化表示方法:增强材料/基体。表1－1中列出几种目前较成熟的复合材料的力学性能,为了对比和参考,表中还列出几种常规金属材料的性能和数据。

表1－1　几种复合材料的力学性能

材　料	相对密度 γ	纵向拉伸强度 $\sigma_b/\times10\text{MPa}$	纵向拉伸模量 $E/\times10^5\text{MPa}$	比强度 $(\sigma_b/\gamma)/\times10\text{MPa}$	比模量 $(E/\gamma)/\times10^5\text{MPa}$
玻璃/环氧	1.80	137	0.45	76.1	0.25
高强碳/环氧	1.50	133	1.55	88.7	1.03
高模碳/环氧	1.69	63.6	3.02	37.6	1.79
硼/环氧	1.97	152	2.15	77.1	1.09
Kevlar49/环氧	1.38	131	0.78	94.9	0.57
碳/石墨	2.20	73.8	1.37	33.5	0.62
碳/铝	2.34	80	1.20	34.2	0.51
碳/镁	1.83	51	3.01	27.9	1.64
硼/铝	2.64	152	2.34	57.6	0.89
铝合金	2.71	29.6	0.70	10.9	0.26
镁合金	1.77	27.6	0.46	15.5	0.26
钛合金	4.43	10.6	1.13	23.9	0.26
钢(高强)	7.83	134	2.05	17.1	0.26

作为力学性能比较,常常采用比强度(σ_b/γ)和比刚度(E/γ)值两个参量。其中,σ_b为纵向拉伸强度,E为纵向拉伸模量,γ为相对密度。它们表示在重量相当情形下材料的承载能力和刚度,其值越大,表示性能越好。但是这两个参量是根据材料受单向拉伸时的强度和变形确定的,实际上结构受载条件和破坏方式是多种多样的,这时的力学性能不能完全用比强度和比刚度值来衡量,因此这两个值只是粗糙的定性性能指标。

玻璃纤维增强复合材料的特点是比强度高、耐腐蚀、电绝缘、易制造、成本低,很早就开始应用,现在应用很广泛;缺点是比刚度较低。

碳纤维复合材料有很高的比强度和比刚度,耐高温、耐疲劳、热稳定性好,但成本较高,现已逐步扩大应用,已成为主要的先进复合材料。

芳纶纤维增强复合材料是一种新的复合材料,它有较高的比强度和比刚度,成本比玻璃钢高,但比碳纤维复合材料低,正发展成较广泛应用的材料。

4. 功能梯度复合材料

近些年来,功能梯度材料(functionally graded material, FGM)在极高温热环境下的应用越来越受到重视,同时还被认为是可用于未来高速航天器的一种潜在材料。功能梯度材料是一种复合材料,具有微观非均匀性,其力学性质从一个表面连续而平滑地变化到另一个表面,这可以通过逐渐改变材料成分的体积百分比含量而实现。而这种成分含量的连续改变导致了功能梯度材料的梯度性质。

这种不同凡响的材料可由金属和陶瓷或者不同金属材料混合而成,其优点是可以在高热梯度环境下工作而能保持结构的完整和刚性。材料中的陶瓷成分因其低的导热率而提供了功能梯度材料可以抵御高温的能力,另一方面,金属成分因其高强度使功能梯度材料免于由热应力而引起的断裂。

微结构的连续变化是功能梯度材料和传统的层合复合材料的重要区别。纤维—基体复合材料在两相材料的界面上存在力学性能的失配问题,在极高温度载荷作用下会出现脱层现象,或者在界面上萌生裂纹,从而削弱材料的性能。另外,复合材料中纤维和基体间热膨胀系数的差异,会导致残余应力产生。通过逐渐地改变材料成分的体积百分比含量而不使其在界面上产生突变,就可以消除上述问题,如图1-1所示。材料的这种梯度性质减小了热应力、残余应力以及应力集中系数,从而消除了界面问题并使应力分布平缓。力学性能的渐进式变化使得功能梯度材料适合用于不同的场合和环境。

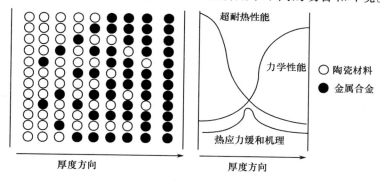

图1-1 功能梯度材料性能示意图

功能梯度材料作为结构材料使用一般有两种形式:一是薄膜梯度材料,即将具有特殊功能的薄膜梯度材料喷涂在尺寸较大的基础材料上,对基础材料起保护作用;二是在双材料界面处增加性能变化的梯度层,构成夹心样式的三层结构。

功能梯度材料,比如金属—陶瓷材料,能够充分发挥陶瓷的良好的耐高温、抗腐蚀和金属的强度高、韧性好的特点;又能很好地解决金属和陶瓷之间热膨胀系数不匹配的问题。另外,功能梯度材料性质的可设计性,尤其是化学、材料以及微结构的梯度设计,是其又一显著特点。因此,功能梯度材料以其良好的隔热性能、热应力缓和性能以及材料性质的可设计性,在工程结构中具有广阔的应用前景。目前,随着功能梯度材料的研究和开发,其用途已由原来的宇航工业,扩大到核能源、电子、光学、化学、生物医学工程等领域;其组成也由金属—陶瓷发展成为金属—合金、非金属—非金属、非金属—陶瓷等多种组合,种类繁多。

1.2 复合材料的特点及应用

1.2.1 复合材料的特点

复合材料与传统材料(比如金属材料)相比具有如下特点：

(1)各向异性。各向同性是指在物体内一点的每一个方向上都表现有相同的性能，也就是说某点的性能不是该点方向的函数。而各向异性则相反，如纤维增强复合材料在弹性常数、热膨胀系数和材料强度等方面有明显的各向异性性质。

(2)不均匀性和不连续性。均质就是物体内各点的性能相同，也就是说物体的性能不是物体内位置的函数，而非均质正好相反。

层状复合材料除了层片内存在这种不均匀性外，沿厚度方向也呈层性。不均匀性和不连续性对强度的影响要比对刚度的影响更大，这是因为应力和强度是由局部的量决定的；而刚度和弹性模量则是纤维和基体的平均表现，是由整体的量决定的。

(3)层间剪切模量较低，层间剪切和拉伸强度甚低。层间剪切模量只有纤维方向拉、压模量的数十分之一。因此，在分析复合材料结构问题时，必须考虑沿厚度方向的剪切影响。

(4)拉、压模量/强度不同。

(5)几何非线性和物理非线性。

1.2.2 复合材料的优点

(1)比强度高、比刚度大。这两个参量是衡量材料承载能力的重要标志。比强度、比刚度大说明材料重量轻，而强度和刚度大，这是结构设计，特别是航空、航天结构设计对材料的重要要求。

(2)具有可设计性。复合材料的力学性能可以设计，即可以通过选择合适的原材料和合理的铺层形式，使复合材料构件或复合材料结构满足使用要求。

(3)抗疲劳性能好。复合材料的抗疲劳性能良好。一般金属的疲劳强度为抗拉强度的40%~50%，而某些复合材料可高达70%~80%。复合材料的疲劳断裂是从基体开始，逐渐扩展到纤维和基体的界面上，没有突发性的变化。因此，复合材料在破坏前有预兆，可以检查和补救。

(4)减振性能好。复合材料的减振性能良好。纤维复合材料的纤维和基体界面的阻尼较大，因此具有较好的减振性能。用同形状和同大小的两种梁分别作振动试验，碳纤维复合材料梁的振动衰减时间比轻金属梁要短得多。

（5）高温性能好。复合材料通常都能耐高温。在高温下,用碳或硼纤维增强的金属,其强度和刚度都比原金属的强度和刚度高很多。普通铝合金在400℃时,弹性模量大幅度下降,强度也下降;而在同一温度下,用碳纤维或硼纤维增强的铝合金的强度和弹性模量基本不变。复合材料的热导率一般都小,因而它的瞬时耐超高温性能比较好。

（6）复合材料的安全性好。在纤维增强复合材料的基体中有成千上万根独立的纤维。当用这种材料制成的构件超载,并有少量纤维断裂时,载荷会迅速重新分配并传递到未破坏的纤维上,因此整个构件不至于在短时间内丧失承载能力。

（7）复合材料的成型工艺简单。纤维增强复合材料一般适合于整体成型,因而减少了零部件的数目,从而可减少设计计算工作量并有利于提高计算的准确性。另外,制作纤维增强复合材料部件的步骤是把纤维和基体粘结在一起,先用模具成型,而后加温固化,在制作过程中基体由流体变为固体,不易在材料中造成微小裂纹,而且固化后残余应力很小。

1.2.3 复合材料的缺点

（1）材料各向异性严重。表1－1中所列性能都是沿纤维方向的,而垂直于纤维方向的性能主要取决于基体材料的性能和基体与纤维间的结合能力。

（2）材料性能分散度大,质量控制和检测比较困难,但随着加工工艺的改进和检测技术的发展,材料质量可以提高。

（3）材料成本较高。硼纤维复合材料最贵,碳纤维复合材料比金属成本高,玻璃纤维复合材料成本较低。

（4）有些复合材料韧性较差,机械连接较困难。

以上缺点除各向异性是材料本身固有的外,有些还是可以设法改进的。总之,复合材料的优点远多于缺点,因此具有广泛的使用领域和巨大的发展前景。

1.2.4 复合材料的应用

20世纪40年代初,由于航空工业和其他工业的需要,在设计制造高性能复合材料方面有很大的进展。玻璃纤维增强（树脂）复合材料（俗称玻璃钢）最早于1942年在美国生产和应用于军用飞机雷达天线罩,它具有承受飞行时的空气动力载荷、耐气候变化、在使用温度范围内尺寸稳定、能透过雷达波等性能。铝材可以满足强度方面的要求,但不能透过雷达波,陶瓷材料正好相反,而玻璃钢两方面都能满足要求,因此在飞机制造方面得到应用。由于玻璃钢弹性模量不够高,不能满足飞行器刚度方面的要求,20世纪60年代,美、英等国先后研制成硼纤维、碳纤维、石墨纤维、芳纶纤维等增强的先进复合材料,并很快应用于航天、航空等领域。

航天飞行器中,为了将其送入地球轨道,必须超越第一宇宙速度——7.91 km/s。根据牛顿第二定律,飞行器得到的加速度与所受的力成正比,与其质量成反比,也就是说既要增加火箭发动机的推力,又要减轻飞行器的质量,减重则成为必须考虑的问题,实现飞机减重的主要手段是复合材料的广泛应用。再比如导弹的锥壳结构、卫星接口支架、整流罩的前锥、侧锥和柱段、卫星消旋天线支撑筒、水平梁等目前已均采用碳纤维复合材料。

减轻结构重量对提高飞机的性能是至关重要的。1987 年超轻型飞机"旅行者"号(Voyager)创下历时 9 天航程 26000 英里不着陆不加油环地球一周的飞行纪录,这架飞机的主要承力构件就是由碳纤维复合材料制造的。美国的隐身轰炸机 F-117 就是以碳纤维复合材料作为主要结构材料。发达国家的军用飞机上许多主承力构件,包括机翼、尾翼以及机身已经普遍用复合材料制造,如美国洛克希德·马丁公司制造出机翼整体油箱盒段,德国 MBB 公司制造出整体成型的带加筋的机身中段,此外还有 F-16 飞机的垂尾壁板,C-130 的中间翼梁,AN-64A 的尾桨叶片,AV-8B"鹞式"垂直起降战斗机的尾翼、机翼、前机身等。

目前,大型洲际民航机的部分承力构件也已经开始应用复合材料,复合材料已经成为飞机机体的重要组成部分。新的 A350 宽体飞机(超宽体)的 53% 将由复合材料制造而成。这意着凭肉眼可见的机身部分,包括机翼、机身、尾翼、发动机舱和控制面,都在很大程度上启用复合材料。A350 的机翼有"王冠上的珍珠"之称,是单通道客机机翼中最大的复合材料机翼,面积达到 442m^2,翼展 64m。空客公司为 A350 飞机机翼设计的是一个以复合材料为主的组装,除翼肋、内部框架和某些其他结构件仍采用金属以外,由于翼桁的强度取决于中央翼盒正前和正后方安置的两根全跨度桁条的强度,同时考虑到碳纤维既能帮助减轻重量,同时还能保证热膨胀系数与机翼的碳纤维复合材料外壳相匹配,因此桁条需要由碳纤维复合材料制造。波音-787 系列属于 200~300 座级客机,航程随具体型号不同可覆盖 6500~16000km。波音公司强调波音-787 的特点是大量采用复合材料、低燃料消耗、较低的污染排放、高效益及舒适的客舱环境,可实现更多的点对点不经停直飞航线,以及较低噪声、较高可靠度、较低维修成本。

近几十年来,人们又研制出树脂基(聚合物基)复合材料、金属基与陶瓷基等复合材料(华人在复合材料研究中做出了很多贡献,但中国在复合材料力学研究方面的起步和水平晚于欧洲 10~15 年)。进入 20 世纪 60 年代,复合材料力学发展的步伐明显加快。主要潜在应用领域是航空发动机。由于燃气涡轮发动机的燃烧温度非常高,现用耐热合金材料的耐热性能已经达到了极限,限制了燃气温度的进一步提高,也就限制了发动机工作效率的进一步提高。据专家预测,采用陶瓷复合材料制造燃汽轮机叶片,可以大大提高燃气温度,使发动机效率成倍提高。

下面分几个方面简单介绍复合材料在国内外除航空航天外,在其他领域的应用情况。

1. 船舶工程中的应用

美国制造的玻璃钢船舶至 1972 年总数已达 50 多万艘,玻璃钢制深水潜艇潜水深度可达 4500m。英国用玻璃钢制造的最大扫雷艇"威尔逊号"长达 47m。日本制造的快速游艇外板用碳纤维复合材料，外壳和甲板用 CF/GF 混杂夹芯结构。用混杂复合材料制造的高速舰艇当受到巨大波浪冲击时可产生较大变形以吸收冲击能，除去外力后又可复原，它在破坏前永久变形很小，在大变形下保持弹性。

2. 建筑工程中的应用

复合材料在建筑工程中有广泛应用。例如大型体育场馆、厂房、超市等需要屋顶采光，可用短玻璃纤维或玻璃布增强树脂复合材料制成薄壳结构，透光柔和、五光十色，又拆装方便、成本较低。还可用于建筑内外表面装饰板、通风、落水管、卫生设备等，经久耐用、耐腐蚀、轻量美观。近年来混杂复合材料用于各种建筑，例如工字梁用碳纤维复合材料作梁翼表面，用短玻璃纤维复合材料作腹板，这两部分按优化设计，其刚度比全玻璃纤维复合材料有明显提高。国外已使用石墨纤维增强水泥外面墙板用于建筑写字楼等。另外，已有复合材料用于多处公路桥梁。

3. 兵器工业中的应用

中子弹是一种强核辐射的微型氢弹，主要用于对付坦克，其杀伤力主要靠中子流和 γ 射线。γ 射线在 10～12cm 厚的重金属钢装甲中可削弱 90%；中子流的杀伤力比 γ 射线强 5 倍，对快中子只能削弱 20%～30%。如在钢装甲内层采用芳纶纤维增强树脂基复合材料，可大大降低中子流的辐射穿透强度，减少对乘员的杀伤力，此外它也是抗穿甲弹的优良材料。

纤维增强复合材料可应用于炮弹箱、打靶用炮弹弹壳、枪支的枪托、手枪把等。混杂复合材料以其优良的抗冲击性能用于防弹背心、防弹头盔等制品。

4. 化学工程中的应用

化工和石油工程中设备的腐蚀是重要问题，采用复合材料替代金属可避免腐蚀、延长寿命。化工设备中采用纤维增强树脂基复合材料，如储罐，其重量轻、容易维修、使用寿命长。美国各大石油公司的公路加油站已采用玻璃钢制造汽油储罐，容量为 22.5m³，美国最大的玻璃钢储罐容量为 3000m³。我国和日本、欧洲各国都有类似储罐的生产和应用。石油化工管道也有用玻璃钢制造的。纤维增强树脂复合材料已用于制造火车罐车，罐体上的托架和入孔等全部在缠绕中固定，一次整体成型。此外化工部门还有用石墨复合材料制成管板式冷凝器、蒸发器、吸收塔和离心泵等。

5. 车辆制造工业中的应用

这是复合材料应用很活跃的领域，复合材料可用作汽车车身、驱动轴、保险杠、底盘、板簧、发动机等上百个部件。例如美国福特汽车公司用 CF/GF 混杂复合材料制造的小轿车传动轴仅重 5.3kg，比钢制件轻 4.3kg，用于载重汽车的传动轴重 37kg，比钢制件轻 16kg。而且传动轴刚度大、自振频率高、重量轻、减振性好，适合高速行驶。用复合材料制成汽车板簧，可提高冲击韧性，又降低了成本。混杂复合材料制成汽车车身壳体可减轻车体重量、提高速度、节省燃料。汽车发动机采用复合材料可降低振动和噪声,提高寿命和车速,增强运输能力。

6. 电器设备中的应用

各种仪器线路板用纤维增强树脂复合材料制成,其强度高、耐热、绝缘性好。电路上的机械传动齿轮用碳纤维/酚醛复合材料制成,电子设备外壳用 CF/GF 混杂复合材料制成,能透过或反射电波,又有除静电作用。采用粉末冶金技术生产接点,用高熔点材料与银复合集电材料,将铜与石墨烧结成复合电刷集电材料,采用铝覆铜线和电解银粉分散于树脂中制成导电复合材料。

纤维增强模压块状或片状塑料应用于电器本体、绝缘件和结构件,例如玻璃纤维/聚丙烯复合材料用于电扇、空调、洗衣机、台灯等;玻璃纤维/尼龙复合材料用于洗衣机皮带轮、耐热电器壳体;玻璃纤维聚碳酸酯复合材料应用于电动工具和照相机的壳体等。

7. 机械工程中的应用

混杂复合材料应用于风机叶片和滑轮叶片等,例如直径 20m 左右的风力发电机叶片用 CF/GF 混杂纤维和硬泡沫塑料制成,要求刚度和强度好,有良好的气动力外形和较高的固有频率,可通过改变混杂纤维比例和排列方式调节刚度而提高固有频率。

用复合材料制作模具,尺寸稳定性好(热膨胀系数很小),易保证成型产品的精度和质量。CF 纤维有导电性,可自身发热,提高固化均匀性和速度,模具制作工时短、刚性好又质轻等。

8. 体育器械中的应用

各种体育器械对材料的性能要求大不相同,必须考虑强度、刚度、动态性能、尺寸和重量限制等。复合材料和混杂复合材料容易满足各种性能要求。例如盒形结构滑雪板采用木质芯子,外层铺以 CF/GF 混杂复合材料的同时还使用碳化硅纤维,制成轻而薄的滑雪板,以满足其在斜坡上轻松自如地回转又能快速滑行;用混杂复合材料代替木材或铝合金制成网球拍,可用模具一次成型,减薄拍杆并能产生快速回弹,挥拍易于负荷平衡、吸振性好,有利于运动员发挥技术水平;采用碳纤维混杂复合材料制作的高尔夫球棍,球棍头部具有反弹系数高、使球飞行距离增加、方向确定性好等优点;自行车车架用石墨纤维、硼纤维和芳纶纤维混杂复合材料制成,具有足够的强度和抗冲击性能,车轮圈用玻璃纤维等复合材料制成封闭形,可减轻重量又减少阻力,目前国内外已有复合材料自行车和赛车产品。

9. 医学领域中的应用

医学领域中应用复合材料已逐渐扩大并收到良好效果,例如:过去假肢都是钢木制品,重且消耗体力、制造工艺复杂、成本高,现在国内外已广泛用纤维增强树脂复合材料制造,用与人腿轴线成 ±45° 的混杂复合材料制成假肢,重约 127g,其下端能装入鞋内;用混杂复合材料制造人造骨骼、关节时,可通过调节混杂比例和混杂方式,在人的体温变化范围内使其热膨胀与人造骨骼的膨胀相匹配,以减轻患者的痛苦。

1.3 复合材料的力学分析方法

对于复合材料的力学分析和研究大致可分为材料力学和结构力学两大部分,习惯上把复合材料的材料力学部分称为复合材料力学,而把复合材料结构(如板、壳结构)的力学部分称为复合材料结构力学,有时这两部分在广义上统称为复合材料力学。复合材料的材料力学部分按采用力学模型的精细程度可分为细观力学和宏观力学两部分,下面分别说明这几种力学分析方法和基本特点。

1.3.1 细观力学

它从细观角度分析组分材料之间的相互影响来研究复合材料的力学性能。它以纤维和基体作为基本元件,把纤维和基体分别看成是各向同性的均匀材料(有的纤维属横观各向同性材料)。根据纤维的几何形状和布置形式、纤维和基体的力学性能、纤维和基体间的相互作用(有时应考虑纤维和基体之间界面的作用)等条件来分析复合材料的宏观力学性能。这种分析方法比较精细但相当复杂,限于分析计算的能力,目前只能分析单层材料在简单应力状态下的一些基本力学性质,例如主轴方向的弹性模量和泊松比等刚度系数以及强度。此外,由于实际复合材料纤维形状不完全规则和排列不完全均匀,制造工艺差异和材料内部存在空隙、缺陷等,细观分析方法还不能完全反映实际材料状况,需要进一步深入研究,以精细分析复合材料的力学性质。在复合材料力学的学科范围内,细观力学是不可缺少的重要组成部分,它对研究材料破坏机理和寻求提高复合材料性能的方法将起很大的作用。

1.3.2 宏观力学

它从材料是均匀的假定出发,只从复合材料平均表观性能检验组分材料的作用来研究复合材料的宏观力学性能。它把单层材料看成均匀的各向异性材料,不考虑纤维和基体的具体区别,用其平均性能来表示单层材料的刚度、强度特性,可以较容易地分析单层和叠层材料的各种力学性质,所得结果较符合实际。在复合材料力学学科范围内宏观力学占有较大比重。

宏观力学的基础是预知单层材料的宏观力学性能,如弹性常数、强度等,这些数据来自实验测定或细观力学分析。工程应用往往采用实验测定方法,是因为该方法较简便可靠。

应该指出,对于简单的复合材料构件来说,用宏观力学模型分析其变形、振动与弹性稳定问题,可以得到满意的结果。然而当研究其断裂、损伤问题时,其细观非均匀性效应必须予以考虑,针对细观结构特性建立相应的力学模型才能得到有价值的结果。

1.3.3　复合材料结构力学

复合材料结构力学是传统固体力学,是板壳力学向复合材料结构分析方向的发展和延伸。它从更粗略的角度来分析复合材料结构的力学性能,把叠层材料作为分析问题的起点,叠层材料的力学性能可由上述宏观力学方法求出,或为了简便和可靠可用实验方法直接求出。它借鉴现有均匀各向同性材料结构力学的分析方法,对各种形状的结构元件如板壳等进行力学分析,其中有层合板和壳结构的弯曲、屈曲与振动问题以及疲劳、断裂、损伤、开孔强度等专题。

作为复合材料结构,在弄清复合材料的力学问题后,所存在的结构力学问题,虽然比金属结构要复杂得多,但是问题的本质比较清楚。它主要是本构关系和强度准则方面有重大变化,而在其它方面,如平衡和运动方程、几何关系、协调方程、边界条件和初始条件等,在原则上都没有变化,而且主要还是研究结构的应力、变形、屈曲和振动等问题,但是问题却大大复杂化了,这主要是由于复合材料及其结构本身的力学特点引起的。

1.4　复合材料力学分析的意义

在进行复合材料结构设计和复合材料工艺研究时,必须了解复合材料及其结构的力学分析原理和方法;相应地,在进行复合材料结构的力学分析时,必须要了解复合材料的材料性能、材料制造工艺、结构设计等知识。可以说,由于复合材料的特殊性,使得复合材料及其结构的设计、制造工艺和力学分析三者形成不可分割的整体。

对于从事复合材料结构设计、分析或应用的人员来说,掌握复合材料的力学分析知识尤其重要,至少有如下几点意义:

(1)认识和掌握复合材料的特性,避免设计、分析和使用上的错误。如上所述,复合材料是一种复杂的多相材料,它所呈现的力学性能在很多方面与常规金属材料有所不同。对于习惯于使用金属材料的人员来说,可能会引入一些不符合复合材料特性的分析和设计方式,使得复合材料的优越性得不到应有发挥,或者可能做出不合理的设计,造成不应有的错误,甚至造成结构损坏。只有在充分掌握复合材料及其结构的力学分析基础上才能避免这些问题。

(2)获取更多的力学性能数据,减少测量和试验次数。复合材料的力学性能可以随铺层方式的不同而不同,而铺层方式可以有多种组合。因此,从理论上讲,复合材料的力学性能数据可以有无穷多个,对于这些性能数据,不能像金属材料那样都通过测量或试验来取得,而必须尽量根据复合材料的力学理论分析来获取。

另外,由于复合材料性能的复杂性和特殊性,有时很难用试验方法来获取数据;或者即使采用试验方法,也无法取得可靠的数据。此时只能依靠复合材料的力学分析方法,结合少量的测量和试验,来做出合理的结构设计,这是经济而有效的结构设计方法,也是复合材料结构设计的努力方向。

(3)进行复合材料的"材料设计"工作。复合材料与常规金属材料相比,其最大的特点不仅是性能上的优越性,还有它的"可设计性"。如上所述,复合材料的性能与其铺层方式有极大关系,因此,改变和控制复合材料的铺层方式,就可以"设计"出新的材料性能,实现更优化的结构设计,这一点是常规金属材料所不具备的。

复合材料的"材料设计"是复合材料结构所特有的问题,也是关系到是否能用好复合材料的重要问题。复合材料具有极严重的各向异性,而对于目前应用的先进复合材料(如高模量碳纤维、凯芙拉纤维复合材料),其各向异性更加突出。所以,如果不经过认真的"材料设计",不仅不能充分发挥材料应有的优点,而且可能使其实际效果比不上普通的金属材料,或甚至得不偿失,造成不应有的结构破坏。

总之,复合材料的力学理论作为固体力学的一个新的学科分支是近几十年来发展形成的,它是一门实用性很强的学科,在进行力学分析的同时,必须了解复合材料制造工艺、性能测试和结构设计等有关知识,由于问题本身的复杂性以及材料工艺的不断发展,该理论还在不断研究和发展之中。本书只介绍复合材料力学的基本知识和较实用的计算、实验方法。

习　题

1-1　什么是复合材料?有哪些种类?

1-2　什么是各向异性?

1-3　简述复合材料的优点。为什么复合材料能取代金属及塑料等单一材料?

1-4　复合材料在各种工程结构中有哪些应用?能举出另外的一些例子吗?

1-5　三合板是由薄木板相互垂直叠放粘接而成,与单层板相比,三合板有什么优点?

1-6　钢筋混凝土中的钢筋与混凝土各起什么作用?

1-7　什么是比强度?什么是比刚度?

1-8　在航空航天工程结构中,复合材料的发展前景如何?

第 2 章　各向异性材料的弹性理论

从宏观力学观点来看,即从表观平均性质来研究,单层复合材料通常是均匀各向异性的,有些相材料(组分)本身就具有明显的各向异性。所以在复合材料力学里将广泛应用各向异性弹性理论。

各向异性和各向同性弹性理论的基本方程的差别仅在于物理方程(本构方程),即用各向异性胡克定律代替各向同性胡克定律,这一替换将使力学计算及反映的现象大为复杂,各向同性实际上是各向异性的一个特例。本章主要介绍各向异性材料三维弹性理论。

2.1　各向异性弹性理论基本方程

本节研究外载作用下处于运动或平衡状态的连续弹性体。采用正交坐标系,物体中任意一点的应力状态用应力分量表示,任意一点的应变状态用应变分量表示,另外,任意一点在 x, y, z 坐标轴方向的位移用位移分量表示。现假设:①所研究的各向异性弹性体为均质连续固体;②弹性体的应力水平在线弹性范围内,因而应力分量与应变分量呈线性关系,服从广义胡克定律。

2.1.1　各向异性弹性力学基本方程

与各向同性(isotropic)材料的弹性理论一样,各向异性(anisotropic)材料的弹性理论有 15 个未知量,即

3 个位移分量:u, v, w

6 个应变分量:ε_x, ε_y, ε_z, γ_{yz}, γ_{zx}, γ_{xy}

6 个应力分量:σ_x, σ_y, σ_z, τ_{yz}, τ_{zx}, τ_{xy}

它们应满足下列方程:

1. 运动(平衡)方程

$$\begin{cases} \dfrac{\partial \sigma_x}{\partial x} + \dfrac{\partial \tau_{yx}}{\partial y} + \dfrac{\partial \tau_{zx}}{\partial z} + f_x = \rho\,\dfrac{\partial^2 u}{\partial t^2} \\[3mm] \dfrac{\partial \sigma_y}{\partial y} + \dfrac{\partial \tau_{zy}}{\partial z} + \dfrac{\partial \tau_{xy}}{\partial x} + f_y = \rho\,\dfrac{\partial^2 v}{\partial t^2} \\[3mm] \dfrac{\partial \sigma_z}{\partial z} + \dfrac{\partial \tau_{xz}}{\partial x} + \dfrac{\partial \tau_{yz}}{\partial y} + f_z = \rho\,\dfrac{\partial^2 w}{\partial t^2} \end{cases} \tag{2-1}$$

2. 几何方程(小变形)

$$\begin{cases} \varepsilon_x = \dfrac{\partial u}{\partial x}, \ \gamma_{yz} = \dfrac{\partial w}{\partial y} + \dfrac{\partial v}{\partial z} \\[2mm] \varepsilon_y = \dfrac{\partial v}{\partial y}, \ \gamma_{zx} = \dfrac{\partial u}{\partial z} + \dfrac{\partial w}{\partial x} \\[2mm] \varepsilon_z = \dfrac{\partial w}{\partial z}, \ \gamma_{xy} = \dfrac{\partial u}{\partial y} + \dfrac{\partial v}{\partial x} \end{cases} \qquad (2-2)$$

变形协调方程(相容方程)

$$\begin{cases} \dfrac{\partial^2 \varepsilon_x}{\partial y^2} + \dfrac{\partial^2 \varepsilon_y}{\partial x^2} = \dfrac{\partial^2 \gamma_{xy}}{\partial x \partial y} \\[3mm] \dfrac{\partial^2 \varepsilon_y}{\partial z^2} + \dfrac{\partial^2 \varepsilon_z}{\partial y^2} = \dfrac{\partial^2 \gamma_{yz}}{\partial y \partial z} \\[3mm] \dfrac{\partial^2 \varepsilon_z}{\partial x^2} + \dfrac{\partial^2 \varepsilon_x}{\partial z^2} = \dfrac{\partial^2 \gamma_{zx}}{\partial z \partial x} \\[3mm] \dfrac{\partial}{\partial x}\left(-\dfrac{\partial \gamma_{yz}}{\partial x} + \dfrac{\partial \gamma_{zx}}{\partial y} + \dfrac{\partial \gamma_{xy}}{\partial z} \right) = 2\dfrac{\partial^2 \varepsilon_x}{\partial y \partial z} \\[3mm] \dfrac{\partial}{\partial y}\left(-\dfrac{\partial \gamma_{zx}}{\partial y} + \dfrac{\partial \gamma_{xy}}{\partial z} + \dfrac{\partial \gamma_{yz}}{\partial x} \right) = 2\dfrac{\partial^2 \varepsilon_y}{\partial z \partial x} \\[3mm] \dfrac{\partial}{\partial z}\left(-\dfrac{\partial \gamma_{xy}}{\partial z} + \dfrac{\partial \gamma_{yz}}{\partial x} + \dfrac{\partial \gamma_{zx}}{\partial y} \right) = 2\dfrac{\partial^2 \varepsilon_z}{\partial x \partial y} \end{cases} \qquad (2-3)$$

其中实际上只有 3 个独立的关系式。

3. 边界条件

1)应力边界条件

$$\begin{cases} (l\sigma_x + m\tau_{yx} + n\tau_{zx})_s = \bar{f}_x \\[2mm] (l\tau_{yx} + m\sigma_y + n\tau_{yz})_s = \bar{f}_y \\[2mm] (l\tau_{zx} + m\tau_{zy} + n\sigma_z)_s = \bar{f}_z \end{cases} \qquad (2-4)$$

2)位移边界条件

$$u = \bar{u}, v = \bar{v}, w = \bar{w} \qquad (2-5)$$

4. 各向异性弹性理论的物理方程(本构方程)

在正交坐标系下,线弹性、各向异性材料的广义胡克定律,即应变—应力关系(本构

关系)式为

$$\begin{Bmatrix} \varepsilon_x \\ \varepsilon_y \\ \varepsilon_z \\ \gamma_{yz} \\ \gamma_{zx} \\ \gamma_{xy} \end{Bmatrix} = \begin{bmatrix} S_{11} & S_{12} & S_{13} & S_{14} & S_{15} & S_{16} \\ S_{21} & S_{22} & S_{23} & S_{24} & S_{25} & S_{26} \\ S_{31} & S_{32} & S_{33} & S_{34} & S_{35} & S_{36} \\ S_{41} & S_{42} & S_{43} & S_{44} & S_{45} & S_{46} \\ S_{51} & S_{52} & S_{53} & S_{54} & S_{55} & S_{56} \\ S_{61} & S_{62} & S_{63} & S_{64} & S_{65} & S_{66} \end{bmatrix} \begin{Bmatrix} \sigma_x \\ \sigma_y \\ \sigma_z \\ \tau_{yz} \\ \tau_{zx} \\ \tau_{xy} \end{Bmatrix} \qquad (2-6)$$

上式可以简记为

$$\{\boldsymbol{\varepsilon}\} = [\boldsymbol{S}]\{\boldsymbol{\sigma}\}$$

式中:$\{\boldsymbol{\varepsilon}\}$ 和 $\{\boldsymbol{\sigma}\}$ 分别为应变列阵和应力列阵;$[\boldsymbol{S}]$ 为 6×6 的柔度矩阵,$S_{ij}(i,j=1,2,\cdots,6)$ 称为柔度系数,共有 36 个柔度系数。

如将柔度矩阵求逆,即可得到用应变表示应力的另一种形式的广义胡克定律:

$$\begin{Bmatrix} \sigma_x \\ \sigma_y \\ \sigma_z \\ \tau_{yz} \\ \tau_{zx} \\ \tau_{xy} \end{Bmatrix} = \begin{bmatrix} C_{11} & C_{12} & C_{13} & C_{14} & C_{15} & C_{16} \\ C_{21} & C_{22} & C_{23} & C_{24} & C_{25} & C_{26} \\ C_{31} & C_{32} & C_{33} & C_{34} & C_{35} & C_{36} \\ C_{41} & C_{42} & C_{43} & C_{44} & C_{45} & C_{46} \\ C_{51} & C_{52} & C_{53} & C_{54} & C_{55} & C_{56} \\ C_{61} & C_{62} & C_{63} & C_{64} & C_{65} & C_{66} \end{bmatrix} \begin{Bmatrix} \varepsilon_x \\ \varepsilon_y \\ \varepsilon_z \\ \gamma_{yz} \\ \gamma_{zx} \\ \gamma_{xy} \end{Bmatrix} \qquad (2-7)$$

将其简记为

$$\{\boldsymbol{\sigma}\} = [\boldsymbol{C}]\{\boldsymbol{\varepsilon}\}$$

式中:$[\boldsymbol{C}]$ 为 6×6 的刚度矩阵,其为柔度矩阵的逆矩阵,$[\boldsymbol{C}] = [\boldsymbol{S}]^{-1}$;$C_{ij}(i,j=1,2,\cdots,6)$ 称为刚度系数,共有 36 个刚度系数。

对于均质各向异性弹性体来说,S_{ij} 和 C_{ij} 都是常数,所以称其为弹性常数。而对于非均质各向异性弹性体来说,它们则是坐标的某种函数,通常称为弹性特征函数。

以上的运动(平衡)方程、几何方程、物理方程以及边界条件诸方面构成各向异性弹性理论的基本方程,与各向同性弹性理论的区别仅在于物理方程(本构方程),即应力—应变关系。

现用 1,2,3 轴分别代替 x,y,z 轴,并把应力、应变分量符号用简写符号表示,相应替代关系如表 2 - 1 所列。

16

表 2-1   应力、应变分量与简写符号的对应关系

应力分量	应力简写符号	应变分量	应变简写符号
σ_x	σ_1	ε_x	ε_1
σ_y	σ_2	ε_y	ε_2
σ_z	σ_3	ε_z	ε_3
τ_{yz}	σ_4	γ_{yz}	ε_4
τ_{zx}	σ_5	γ_{zx}	ε_5
τ_{xy}	σ_6	γ_{xy}	ε_6

这样,应变—应力关系可写为

$$\begin{Bmatrix} \varepsilon_1 \\ \varepsilon_2 \\ \varepsilon_3 \\ \varepsilon_4 \\ \varepsilon_5 \\ \varepsilon_6 \end{Bmatrix} = \begin{bmatrix} S_{11} & S_{12} & S_{13} & S_{14} & S_{15} & S_{16} \\ S_{21} & S_{22} & S_{23} & S_{24} & S_{25} & S_{26} \\ S_{31} & S_{32} & S_{33} & S_{34} & S_{35} & S_{36} \\ S_{41} & S_{42} & S_{43} & S_{44} & S_{45} & S_{46} \\ S_{51} & S_{52} & S_{53} & S_{54} & S_{55} & S_{56} \\ S_{61} & S_{62} & S_{63} & S_{64} & S_{65} & S_{66} \end{bmatrix} \begin{Bmatrix} \sigma_1 \\ \sigma_2 \\ \sigma_3 \\ \sigma_4 \\ \sigma_5 \\ \sigma_6 \end{Bmatrix} \qquad (2-8)$$

或缩写为

$$\{\varepsilon_i\} = [S_{ij}]\{\sigma_j\} \quad i,j = 1,2,\cdots,6$$

或者,应力—应变关系为

$$\begin{Bmatrix} \sigma_1 \\ \sigma_2 \\ \sigma_3 \\ \sigma_4 \\ \sigma_5 \\ \sigma_6 \end{Bmatrix} = \begin{bmatrix} C_{11} & C_{12} & C_{13} & C_{14} & C_{15} & C_{16} \\ C_{21} & C_{22} & C_{23} & C_{24} & C_{25} & C_{26} \\ C_{31} & C_{32} & C_{33} & C_{34} & C_{35} & C_{36} \\ C_{41} & C_{42} & C_{43} & C_{44} & C_{45} & C_{46} \\ C_{51} & C_{52} & C_{53} & C_{54} & C_{55} & C_{56} \\ C_{61} & C_{62} & C_{63} & C_{64} & C_{65} & C_{66} \end{bmatrix} \begin{Bmatrix} \varepsilon_1 \\ \varepsilon_2 \\ \varepsilon_3 \\ \varepsilon_4 \\ \varepsilon_5 \\ \varepsilon_6 \end{Bmatrix} \qquad (2-9)$$

或缩写为

$$\{\sigma_i\} = [C_{ij}]\{\varepsilon_j\} \quad i,j = 1,2,\cdots,6$$

2.1.2   应变势能密度函数 U

如果弹性体在外力作用下变形时是在等温或绝热的条件下进行的,外力做功,它以能量的形式储存在弹性体内,这种能量称为应变势能。单位体积的应变势能又称为应变势

能密度,通常用 U 表示。

对各向异性材料,应变势能密度表达式为

$$U = \frac{1}{2}(\sigma_1\varepsilon_1 + \sigma_2\varepsilon_2 + \sigma_3\varepsilon_3 + \sigma_4\varepsilon_4 + \sigma_5\varepsilon_5 + \sigma_6\varepsilon_6)$$

$$= \frac{1}{2}\{\varepsilon\}^{\mathrm{T}}\{\sigma\} = \frac{1}{2}\{\varepsilon\}^{\mathrm{T}}[C]\{\varepsilon\}$$

即应变势能密度可表示为应变分量的二次函数。可以证明,应变势能密度函数 U 具有如下的特性:

$$\sigma_i = \frac{\partial U}{\partial \varepsilon_i} = C_{ij}\varepsilon_j$$

所以

$$\frac{\partial}{\partial \varepsilon_j}\left(\frac{\partial U}{\partial \varepsilon_i}\right) = C_{ij}$$

因应变势能密度的微分与次序无关,因此有

$$C_{ij} = C_{ji} \quad (i, j = 1, 2, \cdots, 6)$$

可见刚度矩阵 $[C]$ 是一个对称矩阵,即 $[C]$ 可表示为

$$[C] = \begin{bmatrix} C_{11} & C_{12} & C_{13} & C_{14} & C_{15} & C_{16} \\ C_{12} & C_{22} & C_{23} & C_{24} & C_{25} & C_{26} \\ C_{13} & C_{23} & C_{33} & C_{34} & C_{35} & C_{36} \\ C_{14} & C_{24} & C_{34} & C_{44} & C_{45} & C_{46} \\ C_{15} & C_{25} & C_{35} & C_{45} & C_{55} & C_{56} \\ C_{16} & C_{26} & C_{36} & C_{46} & C_{56} & C_{66} \end{bmatrix} \quad (2-10)$$

由于柔度矩阵是刚度矩阵的逆矩阵,所以柔度矩阵 $[S]$ 也必是一个对称矩阵,即

$$S_{ij} = S_{ji} \quad (i, j = 1, 2, \cdots, 6)$$

即 $[S]$ 可表示为

$$[S] = \begin{bmatrix} S_{11} & S_{12} & S_{13} & S_{14} & S_{15} & S_{16} \\ S_{12} & S_{22} & S_{23} & S_{24} & S_{25} & S_{26} \\ S_{13} & S_{23} & S_{33} & S_{34} & S_{35} & S_{36} \\ S_{14} & S_{24} & S_{34} & S_{44} & S_{45} & S_{46} \\ S_{15} & S_{25} & S_{35} & S_{45} & S_{55} & S_{56} \\ S_{16} & S_{26} & S_{36} & S_{46} & S_{56} & S_{66} \end{bmatrix} \quad (2-11)$$

由刚度矩阵和柔度矩阵的对称性可知,一般的均质各向异性弹性体只有 $36 - \dfrac{36-6}{2} = 21$ 个独立的弹性常数 S_{ij}(或 C_{ij})。

用应变分量表示的应变势能密度 U 的展开式为

$$
\begin{aligned}
U = & \frac{1}{2}C_{11}\varepsilon_1^2 + C_{12}\varepsilon_1\varepsilon_2 + C_{13}\varepsilon_1\varepsilon_3 + C_{14}\varepsilon_1\varepsilon_4 + C_{15}\varepsilon_1\varepsilon_5 + C_{16}\varepsilon_1\varepsilon_6 \\
& + \frac{1}{2}C_{22}\varepsilon_2^2 + C_{23}\varepsilon_2\varepsilon_3 + C_{24}\varepsilon_2\varepsilon_4 + C_{25}\varepsilon_2\varepsilon_5 + C_{26}\varepsilon_2\varepsilon_6 \\
& + \frac{1}{2}C_{33}\varepsilon_3^2 + C_{34}\varepsilon_3\varepsilon_4 + C_{35}\varepsilon_3\varepsilon_5 + C_{36}\varepsilon_3\varepsilon_6 \\
& + \frac{1}{2}C_{44}\varepsilon_4^2 + C_{45}\varepsilon_4\varepsilon_5 + C_{46}\varepsilon_4\varepsilon_6 \\
& + \frac{1}{2}C_{55}\varepsilon_5^2 + C_{56}\varepsilon_5\varepsilon_6 \\
& + \frac{1}{2}C_{66}\varepsilon_6^2
\end{aligned} \tag{2-12}
$$

用应力分量表示的应变势能密度 U 的展开式为

$$
\begin{aligned}
U = & \frac{1}{2}S_{11}\sigma_1^2 + S_{12}\sigma_1\sigma_2 + S_{13}\sigma_1\sigma_3 + S_{14}\sigma_1\sigma_4 + S_{15}\sigma_1\sigma_5 + S_{16}\sigma_1\sigma_6 \\
& + \frac{1}{2}S_{22}\sigma_2^2 + S_{23}\sigma_2\sigma_3 + S_{24}\sigma_2\sigma_4 + S_{25}\sigma_2\sigma_5 + S_{26}\sigma_2\sigma_6 \\
& + \frac{1}{2}S_{33}\sigma_3^2 + S_{34}\sigma_3\sigma_4 + S_{35}\sigma_3\sigma_5 + S_{36}\sigma_3\sigma_6 \\
& + \frac{1}{2}S_{44}\sigma_4^2 + S_{45}\sigma_4\sigma_5 + S_{46}\sigma_4\sigma_6 \\
& + \frac{1}{2}S_{55}\sigma_5^2 + S_{56}\sigma_5\sigma_6 \\
& + \frac{1}{2}S_{66}\sigma_6^2
\end{aligned} \tag{2-13}
$$

下面对各向异性弹性理论的本构方程进行讨论。

以本构关系式(2-8)中的第一个分量式为例,一般各向异性材料的性质为

$$
\varepsilon_1 = S_{11}\sigma_1 + S_{12}\sigma_2 + S_{13}\sigma_3 + S_{14}\sigma_4 + S_{15}\sigma_5 + S_{16}\sigma_6
$$

上式表明,不只是正应力可以产生线应变 ε_1,切应力同样也可以产生线应变 ε_1。因此可以得出结论:各向异性体一般具有耦合现象,即切应力可以引起线应变,同样,正应力

也可以引起切应变,反之亦然。显然,各向异性体的形状改变与体积改变也是耦合的。而各向同性体则无此耦合现象。

上述讨论的各向异性弹性体,过其一点不同方向上具有不同的弹性特性。但是,绝大多数工程材料具有对称的内部结构,例如纤维增强复合材料、木材等,对于这些材料,独立的弹性系数将少于 21 个,相应问题求解将会变得简单。下面分别对几种常见的对称性材料进行讨论。

2.1.3　具有一个弹性对称面的材料

本构关系是对每一物体点建立的,对于均匀体,各点情况相同。对一物体点,弹性对称面是指过该点有这样一种平面,沿这些平面的对称方向弹性性能是相同的。(定义二:假设通过物体内一点都可以引出这样一个平面,使与该平面对称的任意两个方向具有相同的弹性特性,该平面称为弹性对称面;定义三:如果物体内的每一点都有这样一个平面,在这个平面的对称点上弹性性能相同,这样的材料就称为具有一个弹性对称平面。)在均质弹性体内,过不同点的弹性对称面平行。把垂直于弹性对称面的方向称为弹性主方向,该方向的坐标轴称为材料主轴(或弹性主轴)。(注意:不要与应力主轴混淆)

设 Oxy 平面为弹性对称面,任一点 A 和 A' 的弹性性能相同,即将 z 轴转到 z' 轴,应力—应变关系不变,如图 2-1 所示。但当 z 轴换成 z' 轴时,有些位移、应力和应变分量变符号。

用 u,v,w 表示(x,y,z) 坐标系中的位移分量,u,v,w' 表示新坐标(x,y,z') 中的位移分量,显然 $z' = -z$,$w' = -w$。由切应变和位移分量的关系可得

$$\gamma_{yz'} = \frac{\partial v}{\partial z'} + \frac{\partial w'}{\partial y} = -\left(\frac{\partial v}{\partial z} + \frac{\partial w}{\partial y}\right) = -\gamma_{yz} = -\varepsilon_4$$

$$\gamma_{z'x} = \frac{\partial u}{\partial z'} + \frac{\partial w'}{\partial x} = -\left(\frac{\partial u}{\partial z} + \frac{\partial w}{\partial x}\right) = -\gamma_{zx} = -\varepsilon_5$$

即与 z 方向有关的切应变分量变号,其余应变分量不变,其中 $\varepsilon_{z'} = \varepsilon_z = \varepsilon_3 = \frac{\partial w}{\partial z} = \frac{\partial w'}{\partial z'}$。

考虑应变势能密度 U 的展开式(2-12),为保证 U 值不变,必须使含 γ_{yz} 和 γ_{zx} 的一次项(即 ε_4,ε_5)的刚度系数等于零,含 ε_4 和 ε_5 的乘积项因不变号而不受限制,则可得到

$$C_{14} = C_{15} = C_{24} = C_{25} = C_{34} = C_{35} = C_{46} = C_{56} = 0$$

因此,对具有一个弹性对称面的材料,刚度系数由 21 个减少了 8 个,即只有 13 个独立的刚度系数。

现在来讨论柔度矩阵$[S]$。由图 2-2 看出,原坐标系 Oxz 中 $\tau_{zx} > 0$(即 $\sigma_5 > 0$),而同一切应力在新坐标系 Oxz' 中 $\tau_{z'x} < 0$;同理,$\tau_{yz'} = -\tau_{yz}$(即 σ_4),其余应力分量不因坐标变换而改变。从 U 的表达式(2-13)可见,除非 τ_{yz} 和 τ_{zx} 的一次项(不包含 τ_{yz} 和 τ_{zx} 的乘积

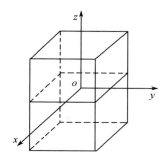 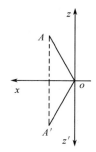 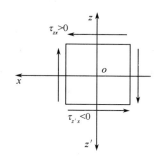

图 2-1　弹性对称平面　　　　　　　图 2-2　弹性对称面中的切应力

项)的柔度系数等于零,否则 U 的值将随坐标改变而变化,因此有

$$S_{14} = S_{15} = S_{24} = S_{25} = S_{34} = S_{35} = S_{46} = S_{56} = 0$$

可见柔度系数也减少了 8 个,即只有 13 个独立的柔度系数。

于是得到结论:对于具有一个弹性对称面的各向异性材料,其独立的弹性常数只有 13 个。刚度矩阵和柔度矩阵可分别简化为

$$[\boldsymbol{C}] = \begin{bmatrix} C_{11} & C_{12} & C_{13} & 0 & 0 & C_{16} \\ C_{12} & C_{22} & C_{23} & 0 & 0 & C_{26} \\ C_{13} & C_{23} & C_{33} & 0 & 0 & C_{36} \\ 0 & 0 & 0 & C_{44} & C_{45} & 0 \\ 0 & 0 & 0 & C_{45} & C_{55} & 0 \\ C_{16} & C_{26} & C_{36} & 0 & 0 & C_{66} \end{bmatrix} \qquad (2-14)$$

$$[\boldsymbol{S}] = \begin{bmatrix} S_{11} & S_{12} & S_{13} & 0 & 0 & S_{16} \\ S_{12} & S_{22} & S_{23} & 0 & 0 & S_{26} \\ S_{13} & S_{23} & S_{33} & 0 & 0 & S_{36} \\ 0 & 0 & 0 & S_{44} & S_{45} & 0 \\ 0 & 0 & 0 & S_{45} & S_{55} & 0 \\ S_{16} & S_{26} & S_{36} & 0 & 0 & S_{66} \end{bmatrix} \qquad (2-15)$$

2.1.4　正交各向异性材料

如果材料具有两个正交的弹性对称面,例如将 y 轴转成 y' 轴,由对 Oxz 平面的弹性对称,则同样又可证明下列刚度系数等于零:

$$C_{14} = C_{16} = C_{24} = C_{26} = C_{34} = C_{36} = C_{45} = C_{56} = 0$$

其中有4个系数原已等于零,只增加了4个新的系数等于零,这样刚度矩阵就只有9个独立的系数。如果材料有3个互相正交的弹性对称面,即存在3个正交的弹性主轴,则称这种材料为正交各向异性材料。对于弹性对称面 Oxy 和 Oxz 的情况已如前述,可以证明,若 Oyz 也为弹性对称面,不会得出新的结果,即没有新的刚度系数为零,也只有9个独立的刚度系数。这说明如果一种材料有2个正交的弹性对称平面,则对于和该两平面垂直的第3个平面也必具有弹性对称性。正交各向异性(orthotropic)材料的刚度矩阵为

$$[\boldsymbol{C}] = \begin{bmatrix} C_{11} & C_{12} & C_{13} & 0 & 0 & 0 \\ C_{12} & C_{22} & C_{23} & 0 & 0 & 0 \\ C_{13} & C_{23} & C_{33} & 0 & 0 & 0 \\ 0 & 0 & 0 & C_{44} & 0 & 0 \\ 0 & 0 & 0 & 0 & C_{55} & 0 \\ 0 & 0 & 0 & 0 & 0 & C_{66} \end{bmatrix} \qquad (2-16)$$

同样正交各向异性材料的柔度系数也只有9个是独立的,其柔度矩阵为

$$[\boldsymbol{S}] = \begin{bmatrix} S_{11} & S_{12} & S_{13} & 0 & 0 & 0 \\ S_{12} & S_{22} & S_{23} & 0 & 0 & 0 \\ S_{13} & S_{23} & S_{33} & 0 & 0 & 0 \\ 0 & 0 & 0 & S_{44} & 0 & 0 \\ 0 & 0 & 0 & 0 & S_{55} & 0 \\ 0 & 0 & 0 & 0 & 0 & S_{66} \end{bmatrix} \qquad (2-17)$$

对于正交各向异性材料,当坐标轴方向与弹性主轴方向一致时,应力—应变关系很简单,由式(2-8)和式(2-17)可得其展开式为

$$\begin{cases} \varepsilon_1 = S_{11}\sigma_1 + S_{12}\sigma_2 + S_{13}\sigma_3 \\ \varepsilon_2 = S_{12}\sigma_1 + S_{22}\sigma_2 + S_{23}\sigma_3 \\ \varepsilon_3 = S_{13}\sigma_1 + S_{23}\sigma_2 + S_{33}\sigma_3 \\ \varepsilon_4 = S_{44}\sigma_4 \\ \varepsilon_5 = S_{55}\sigma_5 \\ \varepsilon_6 = S_{66}\sigma_6 \end{cases} \qquad (2-18)$$

或由式(2-9)和式(2-16)可得

$$\begin{cases} \sigma_1 = C_{11}\varepsilon_1 + C_{12}\varepsilon_2 + C_{13}\varepsilon_3 \\ \sigma_2 = C_{12}\varepsilon_1 + C_{22}\varepsilon_2 + C_{23}\varepsilon_3 \\ \sigma_3 = C_{13}\varepsilon_1 + C_{23}\varepsilon_2 + C_{33}\varepsilon_3 \\ \sigma_4 = C_{44}\varepsilon_4 \\ \sigma_5 = C_{55}\varepsilon_5 \\ \sigma_6 = C_{66}\varepsilon_6 \end{cases} \qquad (2-19)$$

从上述关系可以看出,当坐标轴是弹性主轴时,正应力只引起线应变,切应力只引起切应变;反过来,线应变只引起正应力,切应变只引起切应力。既没有"拉压—剪切耦合"现象,也没有"不同平面内的剪切耦合"现象。但应注意:在非材料主轴坐标系中,正交各向异性材料仍有耦合现象。

2.1.5 横观各向同性材料

若平面内各个方向的弹性特性均相同,则此平面称为各向同性面。如果过材料的每一点都有一个相互平行的各向同性面,则此材料称为横观各向同性材料。(定义二:若经过弹性体材料一轴线,在垂直该轴线的平面内,各点的弹性性能在各方向上都相同,则此材料称为横观各向同性材料,此平面称为各向同性面。)横观各向同性材料也具有3个互相垂直的弹性对称面,但其中一个是各向同性面。

当取1-2面为各向同性面时,若1和2互换,描述材料弹性特性的刚度矩阵[C]不会变化,而且应变势能密度 U 的表达式不变。因此,将 ε_1 换为 ε_2,$\gamma_{23}(\varepsilon_4)$ 换为 $\gamma_{31}(\varepsilon_5)$,应变势能密度表达式(2-12)不变,则必然有:$C_{11}=C_{22}$,$C_{13}=C_{23}$,$C_{44}=C_{55}$。

由于1-2面为各向同性面,也就是说,在这个平面内沿着任何方向都有相同的材料性质,因此不论坐标轴转过任何角度,应力、应变间都有相同的关系。通过进一步的分析,可以得到

$$C_{66} = \frac{1}{2}(C_{11} - C_{12}) \qquad (2-20)$$

因此,独立的弹性常数减少为5个,则横观各向同性材料的刚度矩阵为

$$[C] = \begin{bmatrix} C_{11} & C_{12} & C_{13} & 0 & 0 & 0 \\ C_{12} & C_{11} & C_{13} & 0 & 0 & 0 \\ C_{13} & C_{13} & C_{33} & 0 & 0 & 0 \\ 0 & 0 & 0 & C_{44} & 0 & 0 \\ 0 & 0 & 0 & 0 & C_{44} & 0 \\ 0 & 0 & 0 & 0 & 0 & \frac{1}{2}(C_{11}-C_{12}) \end{bmatrix} \qquad (2-21)$$

同样，由于 1 − 2 面为各向同性面，则有 $S_{11} = S_{22}$，$S_{13} = S_{23}$，$S_{44} = S_{55}$。通过分析也可证明得到

$$S_{66} = 2(S_{11} - S_{12}) \qquad (2-22)$$

则横观各向同性材料的柔度矩阵为

$$[\boldsymbol{S}] = \begin{bmatrix} S_{11} & S_{12} & S_{13} & 0 & 0 & 0 \\ S_{12} & S_{11} & S_{13} & 0 & 0 & 0 \\ S_{13} & S_{13} & S_{33} & 0 & 0 & 0 \\ 0 & 0 & 0 & S_{44} & 0 & 0 \\ 0 & 0 & 0 & 0 & S_{44} & 0 \\ 0 & 0 & 0 & 0 & 0 & 2(S_{11} - S_{12}) \end{bmatrix} \qquad (2-23)$$

因此，横观各向同性材料的刚度矩阵和柔度矩阵分别有 5 个独立的系数 C_{11}，C_{12}，C_{13}，C_{33}，C_{44} 和 S_{11}，S_{12}，S_{13}，S_{33}，S_{44}。在复合材料中经常遇到正交各向异性和横观各向同性两种性能的材料。

2.1.6 各向同性材料

如果通过物体内每一点所有方向的弹性性能完全相同，这就是我们大家所熟知的各向同性材料。这时任意方向都是弹性主方向，刚度系数有下列关系：

$$\begin{cases} C_{11} = C_{22} = C_{33} \\ C_{12} = C_{23} = C_{13} \\ C_{44} = C_{55} = C_{66} \end{cases}$$

将式(2−20)代入上式的第三式，可得

$$C_{44} = C_{55} = C_{66} = \frac{1}{2}(C_{11} - C_{12})$$

显然，各向同性材料只有 2 个独立的弹性常数，从而也说明了各向同性材料是各向异性材料的特殊情形。各向同性材料的刚度矩阵为

$$[\boldsymbol{C}] = \begin{bmatrix} C_{11} & C_{12} & C_{12} & 0 & 0 & 0 \\ C_{12} & C_{11} & C_{12} & 0 & 0 & 0 \\ C_{12} & C_{12} & C_{11} & 0 & 0 & 0 \\ 0 & 0 & 0 & \frac{1}{2}(C_{11} - C_{12}) & 0 & 0 \\ 0 & 0 & 0 & 0 & \frac{1}{2}(C_{11} - C_{12}) & 0 \\ 0 & 0 & 0 & 0 & 0 & \frac{1}{2}(C_{11} - C_{12}) \end{bmatrix} \qquad (2-24)$$

柔度系数有下列关系:

$$S_{11} = S_{22} = S_{33} , \quad S_{12} = S_{23} = S_{13}$$
$$S_{44} = S_{55} = S_{66} = 2(S_{11} - S_{12})$$

则各向同性材料的柔度矩阵为

$$[S] = \begin{bmatrix} S_{11} & S_{12} & S_{12} & 0 & 0 & 0 \\ S_{12} & S_{11} & S_{12} & 0 & 0 & 0 \\ S_{12} & S_{12} & S_{11} & 0 & 0 & 0 \\ 0 & 0 & 0 & 2(S_{11}-S_{12}) & 0 & 0 \\ 0 & 0 & 0 & 0 & 2(S_{11}-S_{12}) & 0 \\ 0 & 0 & 0 & 0 & 0 & 2(S_{11}-S_{12}) \end{bmatrix} \quad (2-25)$$

2.2　正交各向异性材料的工程弹性常数

2.2.1　正交各向异性材料的工程弹性常数

对于正交各向异性材料,除了上述表示材料弹性特性的刚度系数 C_{ij} 和柔度系数 S_{ij} 外,在实际工程中,一般都采用工程弹性常数来表示材料的弹性特性,可以直观地找到刚度系数(或柔度系数)与各个工程弹性常数之间的关系,即工程常数表示法。工程弹性常数是拉压弹性模量 E_i、泊松比 ν_{ij} 以及剪切弹性模量 G_{ij} 的统称。这些常数可用简单的拉伸及纯剪试验直接测定。因为通常最简单的试验是在给定载荷或应力下测量试件相应的位移或应变,因此确定柔度系数要比确定刚度系数更直接一些。

对于正交各向异性材料,工程弹性常数与柔度系数的关系表示为

$$[S] = \begin{bmatrix} S_{11} & S_{12} & S_{13} & 0 & 0 & 0 \\ S_{12} & S_{22} & S_{23} & 0 & 0 & 0 \\ S_{13} & S_{23} & S_{33} & 0 & 0 & 0 \\ 0 & 0 & 0 & S_{44} & 0 & 0 \\ 0 & 0 & 0 & 0 & S_{55} & 0 \\ 0 & 0 & 0 & 0 & 0 & S_{66} \end{bmatrix} = \begin{bmatrix} \dfrac{1}{E_1} & -\dfrac{\nu_{21}}{E_2} & -\dfrac{\nu_{31}}{E_3} & 0 & 0 & 0 \\ -\dfrac{\nu_{12}}{E_1} & \dfrac{1}{E_2} & -\dfrac{\nu_{32}}{E_3} & 0 & 0 & 0 \\ -\dfrac{\nu_{13}}{E_1} & -\dfrac{\nu_{23}}{E_2} & \dfrac{1}{E_3} & 0 & 0 & 0 \\ 0 & 0 & 0 & \dfrac{1}{G_{23}} & 0 & 0 \\ 0 & 0 & 0 & 0 & \dfrac{1}{G_{31}} & 0 \\ 0 & 0 & 0 & 0 & 0 & \dfrac{1}{G_{12}} \end{bmatrix}$$

$$(2-26)$$

式中:E_1,E_2,E_3分别为材料在1,2,3弹性方向上的弹性模量,其定义为只有一个主方向上有正应力作用时(即$\sigma_i \neq 0$,其它应力分量均为零),正应力与该方向线应变的比值:

$$E_i = \sigma_i / \varepsilon_i \quad (i = 1,\ 2,\ 3)$$

ν_{ij}为单独在i方向作用正应力σ_i而无其他应力分量时(即$\sigma_i \neq 0$,其它应力分量均为零),j方向应变与i方向应变之比的负值,称为泊松比,即

$$\nu_{ij} = -\varepsilon_j / \varepsilon_i \quad (i = 1,\ 2,\ 3) \tag{2-27}$$

其中,ν_{12},ν_{23},ν_{13}以及ν_{21},ν_{32},ν_{31}分别称为主泊松比和副泊松比。G_{23},G_{31},G_{12}分别为2-3,3-1,1-2平面内的剪切弹性模量。注意:不同的教材中对泊松比的记法及下标的顺序有所不同,不要混淆。

对于正交各向异性材料,只有9个独立的弹性系数,由于柔度矩阵是对称的,即$S_{ij} = S_{ji}$,故工程弹性常数有如下的关系:

$$\begin{cases} \dfrac{\nu_{12}}{E_1} = \dfrac{\nu_{21}}{E_2} \\[2mm] \dfrac{\nu_{13}}{E_1} = \dfrac{\nu_{31}}{E_3} \quad 即 \quad \dfrac{\nu_{ij}}{E_i} = \dfrac{\nu_{ji}}{E_j} \ (i,j = 1,2,3,但\ i \neq j) \\[2mm] \dfrac{\nu_{23}}{E_2} = \dfrac{\nu_{32}}{E_3} \end{cases} \tag{2-28}$$

式(2-28)中的3个互等关系通常称为麦克斯韦定理,其中ν_{ij}共有6个,但其中3个可由另3个泊松比和E_1,E_2,E_3表示(因为一般$E_i \neq E_j$,所以$\nu_{ji} \neq \nu_{ij}$)。因此,正交各向异性材料独立的工程弹性常数也是9个,即3个拉压弹性模量、3个主泊松比和3个剪切弹性模量。麦克斯韦定理通常用于检验试验结果的可靠性或判断材料是否为正交各向异性材料。

由于刚度矩阵与柔度矩阵互逆,即$[S]^{-1} = [C]$,可根据线性代数求得两矩阵各系数有如下的关系:

$$\begin{cases} C_{11} = \dfrac{S_{22}S_{33} - S_{23}^2}{S}, \ C_{12} = \dfrac{S_{13}S_{23} - S_{12}S_{33}}{S} \\[2mm] C_{22} = \dfrac{S_{33}S_{11} - S_{13}^2}{S}, \ C_{13} = \dfrac{S_{12}S_{23} - S_{13}S_{22}}{S} \\[2mm] C_{33} = \dfrac{S_{11}S_{22} - S_{12}^2}{S}, \ C_{23} = \dfrac{S_{12}S_{13} - S_{23}S_{11}}{S} \end{cases} \tag{2-29}$$

式中:$S = S_{11}S_{22}S_{33} - S_{11}S_{23}^2 - S_{22}S_{13}^2 - S_{33}S_{12}^2 + 2S_{12}S_{13}S_{23}$。

或用行列式写为

$$S = \begin{vmatrix} S_{11} & S_{12} & S_{13} \\ S_{12} & S_{22} & S_{23} \\ S_{13} & S_{23} & S_{33} \end{vmatrix} \qquad (2-30)$$

同样,可将式(2-29)中 S 与 C 互换,可得到由 C_{ij} 求 S_{ij} 的表达式。

现将式(2-26)中工程弹性常数与柔度系数的关系代入式(2-29)中,则可得到用工程弹性常数表示的正交各向异性材料的刚度系数,即

$$\begin{cases} C_{11} = \dfrac{S_{22}S_{33} - S_{23}^2}{S} = \dfrac{(1/E_2)(1/E_3) - (\nu_{23}/E_2)(\nu_{32}/E_3)}{S} \\[2mm] \qquad = \dfrac{1 - \nu_{23}\nu_{32}}{E_2 E_3 S} = \dfrac{1 - \nu_{23}\nu_{32}}{E_2 E_3 \Delta} \\[2mm] C_{12} = \dfrac{\nu_{21} + \nu_{31}\nu_{23}}{E_2 E_3 \Delta} = \dfrac{\nu_{12} + \nu_{32}\nu_{13}}{E_1 E_3 \Delta} \\[2mm] C_{13} = \dfrac{\nu_{31} + \nu_{21}\nu_{32}}{E_2 E_3 \Delta} = \dfrac{\nu_{13} + \nu_{12}\nu_{23}}{E_1 E_2 \Delta} \\[2mm] C_{23} = \dfrac{\nu_{32} + \nu_{12}\nu_{31}}{E_1 E_3 \Delta} = \dfrac{\nu_{23} + \nu_{21}\nu_{13}}{E_1 E_2 \Delta} \\[2mm] C_{22} = \dfrac{1 - \nu_{13}\nu_{31}}{E_1 E_3 \Delta}, \quad C_{33} = \dfrac{1 - \nu_{12}\nu_{21}}{E_1 E_2 \Delta} \\[2mm] C_{44} = G_{23}, \quad C_{55} = G_{31}, \quad C_{66} = G_{12} \end{cases} \qquad (2-31)$$

式中

$$\Delta = S = \begin{vmatrix} \dfrac{1}{E_1} & -\dfrac{\nu_{21}}{E_2} & -\dfrac{\nu_{31}}{E_3} \\[2mm] -\dfrac{\nu_{12}}{E_1} & \dfrac{1}{E_2} & -\dfrac{\nu_{32}}{E_3} \\[2mm] -\dfrac{\nu_{13}}{E_1} & -\dfrac{\nu_{23}}{E_2} & \dfrac{1}{E_3} \end{vmatrix} = \dfrac{1 - \nu_{12}\nu_{21} - \nu_{23}\nu_{32} - \nu_{13}\nu_{31} - 2\nu_{21}\nu_{32}\nu_{13}}{E_1 E_2 E_3} \qquad (2-32)$$

对于正交各向异性材料可以通过力学试验测定各工程弹性常数,然后按以上公式计算刚度系数 C_{ij} 和柔度系数 S_{ij}。

例 2-1 由碳纤维增强聚合物制得的正交各向异性材料的工程弹性常数为 $E_1 = 140\text{GPa}$,$E_2 = 20\text{GPa}$,$E_3 = 10\text{GPa}$,$G_{23} = 4\text{GPa}$,$G_{31} = 8\text{GPa}$,$G_{12} = 10\text{GPa}$,$\nu_{12} = 0.25$,$\nu_{13} = 0.28$,

$\nu_{23} = 0.32$,计算刚度矩阵$[C]$和柔度矩阵$[S]$。

解:根据式(2 –26)计算柔度系数S_{ij},得

$$S_{11} = 1/E_1 = 7.143 \times 10^{-3} (\text{GPa})^{-1}$$

$$S_{12} = -\nu_{12}/E_1 = -1.786 \times 10^{-3} (\text{GPa})^{-1}$$

$$S_{13} = -\nu_{13}/E_1 = -2.0 \times 10^{-3} (\text{GPa})^{-1}$$

$$S_{22} = 1/E_2 = 50 \times 10^{-3} (\text{GPa})^{-1}$$

$$S_{23} = -\nu_{23}/E_2 = -16.0 \times 10^{-3} (\text{GPa})^{-1}$$

$$S_{33} = 1/E_3 = 100 \times 10^{-3} (\text{GPa})^{-1}$$

$$S_{44} = 1/G_{23} = 250 \times 10^{-3} (\text{GPa})^{-1}$$

$$S_{55} = 1/G_{31} = 125 \times 10^{-3} (\text{GPa})^{-1}$$

$$S_{66} = 1/G_{12} = 100 \times 10^{-3} (\text{GPa})^{-1}$$

由式(2 –28)计算其他泊松比,得

$$\nu_{21} = \nu_{12}\frac{E_2}{E_1} = 0.0357$$

$$\nu_{31} = \nu_{13}\frac{E_3}{E_1} = 0.02$$

$$\nu_{32} = \nu_{23}\frac{E_3}{E_2} = 0.16$$

由式(2 –32)计算Δ,可得

$$\Delta = S = \frac{1 - \nu_{12}\nu_{21} - \nu_{23}\nu_{32} - \nu_{13}\nu_{31} - 2\nu_{21}\nu_{32}\nu_{13}}{E_1 E_2 E_3}$$

$$= \frac{1 - 0.25 \times 0.0357 - 0.32 \times 0.16 - 0.28 \times 0.02 - 2 \times 0.0357 \times 0.16 \times 0.28}{140 \times 20 \times 10}$$

$$= 33.25 \times 10^{-6} (\text{GPa})^{-3}$$

由式(2 –31)计算刚度系数C_{ij},得

$$C_{11} = \frac{1 - \nu_{23}\nu_{32}}{E_2 E_3 \Delta} = \frac{1 - 0.32 \times 0.16}{20 \times 10 \times 33.25 \times 10^{-6}} = 142.68 (\text{GPa})$$

$$C_{12} = \frac{\nu_{21} + \nu_{31}\nu_{23}}{E_2 E_3 \Delta} = \frac{0.0357 + 0.02 \times 0.32}{20 \times 10 \times 33.25 \times 10^{-6}} = 6.33 \ (\text{GPa})$$

$$C_{13} = \frac{\nu_{13} + \nu_{12}\nu_{23}}{E_1 E_2 \Delta} = \frac{0.28 + 0.25 \times 0.32}{140 \times 20 \times 33.25 \times 10^{-6}} = 3.87 \ (\text{GPa})$$

$$C_{23} = \frac{\nu_{32} + \nu_{12}\nu_{31}}{E_1 E_3 \Delta} = \frac{0.16 + 0.25 \times 0.02}{140 \times 10 \times 33.25 \times 10^{-6}} = 3.54 \ (\text{GPa})$$

$$C_{22} = \frac{1 - \nu_{13}\nu_{31}}{E_1 E_3 \Delta} = \frac{1 - 0.28 \times 0.02}{140 \times 10 \times 33.25 \times 10^{-6}} = 21.38 \ (\text{GPa})$$

$$C_{33} = \frac{1 - \nu_{12}\nu_{21}}{E_1 E_2 \Delta} = \frac{1 - 0.25 \times 0.0357}{140 \times 20 \times 33.25 \times 10^{-6}} = 10.65 \ (\text{GPa})$$

$$C_{44} = G_{23} = 4\text{GPa}$$

$$C_{55} = G_{31} = 8\text{GPa}$$

$$C_{66} = G_{12} = 10\text{GPa}$$

则刚度矩阵[$\boldsymbol{C}$]和柔度矩阵[$\boldsymbol{S}$]分别为

$$[\boldsymbol{C}] = \begin{bmatrix} 142.68 & 6.33 & 3.87 & 0 & 0 & 0 \\ 6.33 & 21.38 & 3.54 & 0 & 0 & 0 \\ 3.87 & 3.54 & 10.65 & 0 & 0 & 0 \\ 0 & 0 & 0 & 4 & 0 & 0 \\ 0 & 0 & 0 & 0 & 8 & 0 \\ 0 & 0 & 0 & 0 & 0 & 10 \end{bmatrix} \text{GPa}$$

$$[\boldsymbol{S}] = \begin{bmatrix} 7.143 & -1.786 & -2.0 & 0 & 0 & 0 \\ -1.786 & 50 & -16 & 0 & 0 & 0 \\ -2.0 & -16 & 100 & 0 & 0 & 0 \\ 0 & 0 & 0 & 250 & 0 & 0 \\ 0 & 0 & 0 & 0 & 125 & 0 \\ 0 & 0 & 0 & 0 & 0 & 100 \end{bmatrix} \times 10^{-3} (\text{GPa})^{-1}$$

2.2.2 正交各向异性材料工程弹性常数的限制

1. 各向同性材料

对于各向同性材料,弹性常数必须满足下列关系式,即

$$G = \frac{E}{2(1+\nu)} \quad (E>0, \ G>0) \tag{2-33}$$

于是可得 $\nu > -1$。另外,由三向压力 p 作用,各向同性体的体积应变为

$$\Theta = \varepsilon_1 + \varepsilon_2 + \varepsilon_3 = \frac{-p}{E/3(1-2\nu)} = -\frac{p}{K} \tag{2-34}$$

式中:K 为体积模量,应为正值,则有 $K = \dfrac{E}{3(1-2\nu)} > 0$,可得 $\nu < \dfrac{1}{2}$。因此,各向同性材料泊松比的范围为

$$-1 < \nu < \frac{1}{2} \tag{2-35}$$

2. 正交各向异性材料

对于正交各向异性材料,弹性常数之间的关系很复杂,且有些与各向同性材料大不相同。可以证明正交各向异性材料的刚度矩阵 $[C]$ 和柔度矩阵 $[S]$ 都是正定矩阵。正定矩阵主对角线上的元素必须为正值,于是有

$$S_{11}, \ S_{22}, \ S_{33}, \ S_{44}, \ S_{55}, \ S_{66} > 0 \tag{2-36}$$

由式(2-26)可知

$$E_1, \ E_2, \ E_3, \ G_{23}, \ G_{31}, \ G_{12} > 0 \tag{2-37}$$

同理

$$C_{11}, \ C_{22}, \ C_{33}, \ C_{44}, \ C_{55}, \ C_{66} > 0 \tag{2-38}$$

由式(2-31)可得

$$\begin{cases} \Delta = S = \dfrac{1 - \nu_{12}\nu_{21} - \nu_{23}\nu_{32} - \nu_{13}\nu_{31} - 2\nu_{12}\nu_{23}\nu_{31}}{E_2 E_3 E_3} > 0 \\[2mm] 1 - \nu_{23}\nu_{32} > 0 \\[2mm] 1 - \nu_{13}\nu_{31} > 0 \\[2mm] 1 - \nu_{12}\nu_{21} > 0 \end{cases} \tag{2-39}$$

将工程弹性常数的 3 个互等关系式(2-28)代入式(2-39),便可得到正交各向异性材料泊松比的限制条件为

$$\begin{cases} |\nu_{21}| < \left(\dfrac{E_2}{E_1}\right)^{1/2}, \quad |\nu_{12}| < \left(\dfrac{E_1}{E_2}\right)^{1/2} \\[3mm] |\nu_{32}| < \left(\dfrac{E_3}{E_2}\right)^{1/2}, \quad |\nu_{23}| < \left(\dfrac{E_2}{E_3}\right)^{1/2} \\[3mm] |\nu_{13}| < \left(\dfrac{E_1}{E_3}\right)^{1/2}, \quad |\nu_{31}| < \left(\dfrac{E_3}{E_1}\right)^{1/2} \end{cases} \tag{2-40}$$

利用正交各向异性材料工程弹性常数的限制条件,可用来检验工程弹性常数的试验数据,这与各向同性材料很不相同。例如迪克森(Dickerson)等人通过试验得到硼/环氧复合材料的 $E_1 = 81.8\mathrm{GPa}$, $E_2 = 9.17\mathrm{GPa}$, $\nu_{12} = 1.97$, $\nu_{21} = 0.22$。如此高的泊松比对各向同性材料是不可思议的,但对于复合材料,由式(2-40)计算得

$$\nu_{12} = 1.97 < \left(\frac{E_1}{E_2}\right)^{1/2} = 2.99$$

$$\nu_{21} = 0.22 < \left(\frac{E_2}{E_1}\right)^{1/2} = 0.335$$

即满足限制条件,另外有

$$\frac{\nu_{12}}{E_1} = \frac{1.97}{81.8 \times 10^3 \mathrm{MPa}} = 0.2408 \times 10^{-4} (\mathrm{MPa})^{-1}$$

$$\frac{\nu_{21}}{E_2} = \frac{0.22}{9.17 \times 10^3 \mathrm{MPa}} = 0.2399 \times 10^{-4} (\mathrm{MPa})^{-1}$$

两者接近相等,即也满足式(2-28)的互等关系,说明试验数据是合理的。

只有测定的材料性能满足了限制条件,我们才有信心利用这些实测进行结构设计,否则就有理由怀疑材料模型或试验数据,或者对两者都怀疑。

工程弹性常数的限制条件也可用来解决实际的工程分析问题。例如,考虑一个有几个解的微分方程,这些解依赖于微分方程系数的相对值。在变形体物理问题中的这些系数包含着工程弹性常数。因此,弹性常数的限制条件可用来决定微分方程的哪些解是适用的。

习　题

2-1　各向同性弹性理论与各向异性弹性理论有何异同之处?

2-2　一般各向异性材料、正交各向异性材料、横观各向同性材料和各向同性材料有多少个独立的弹性常数? 能否予以证明?

2-3　各向异性材料通常具有哪几种基本的弹性对称性?

2-4　何谓弹性主方向? 何谓材料主轴?

2-5　证明正交各向异性材料的工程弹性常数存在下列互等关系:

$$\frac{\nu_{12}}{E_1} = \frac{\nu_{21}}{E_2}, \frac{\nu_{13}}{E_1} = \frac{\nu_{31}}{E_3}, \frac{\nu_{23}}{E_2} = \frac{\nu_{32}}{E_3}$$

2-6　试推导正交各向异性材料的刚度系数与柔度系数关系式(2-27),并进一步推导刚度系数与工程弹性常数的关系式(2-29)。

2-7 已知正交各向异性材料的工程弹性常数为 $E_1 = 140\text{GPa}$, $E_2 = 20\text{GPa}$, $E_3 = 10\text{GPa}$, $G_{23} = 4\text{GPa}$, $G_{31} = 8\text{GPa}$, $G_{12} = 10\text{GPa}$, $\nu_{12} = 0.25$, $\nu_{13} = 0.28$, $\nu_{23} = 0.32$, 计算刚度系数 C_{ij} 和柔度系数 S_{ij}, 并验证刚度矩阵 $[C]$ 和柔度矩阵 $[S]$ 的可逆性。

2-8 试验测定某玻璃钢单层薄板的 $E_1 = 19.45\text{GPa}$, $E_2 = 4.16\text{GPa}$, $\nu_{21} = 0.05$, $\nu_{12} = 0.236$, 检验数据是否合理可靠。

第 3 章　单层板的宏观力学分析

复合材料单层板是一种扁平的薄层片,由基体和按同一方向排列的纤维粘合而成,或由基体和编织的纤维布组成,前者称为单向单层板,后者称为双向单层板。由于双向单层板可以简化为厚度按经纬向纤维含量不同比列分配的两个相互垂直的单向板的层合,因此单层板更具有一般性。本章中的单层板均是指单向单层板。

在大多数情形下单层板不单独使用,而作为层合板或层合结构组的基本单元使用,对它的宏观力学研究是分析层合结构的基础。连续纤维增强复合材料的层合板或层合壳是由若干单向纤维复合材料薄层叠合而成的,薄层的弹性特性决定了层合板或层合壳的弹性特性。本章主要从三维各向异性材料的应力—应变关系出发,得到复合材料单层板在材料主轴方向和非材料主轴方向(偏轴方向)的应力—应变关系。

3.1　复合材料单层板主轴方向的应力—应变关系

单层板在宏观上属于横观各向同性体或正交各向异性体。其 3 个弹性主方向分别为单层板的厚度方向,记为 3 方向(即法向),纤维方向为 1 方向(即纵向),垂直纤维方向为 2 方向(即横向),如图 3 – 1 所示,即 1,2 坐标轴方向为板的面内主轴方向。在平面应力状态下,3 方向和其他 2 个方向(1,2 方向)尺寸相比,一般是很小的,因此有

$$\sigma_3 = 0, \quad \tau_{23} = \sigma_4 = \tau_{31} = \sigma_5 = 0$$

对正交各向异性材料,单层板内一点的应力状态如图 3 –2 所示。根据应力正负号的规定原则——"正面正向为正,负面负向为正",图 3 –2 中表示的应力均为正。由式(2 – 6)和式(2 –17)可得正交各向异性材料平面应力状态下应变—应力关系为

$$\begin{Bmatrix} \varepsilon_1 \\ \varepsilon_2 \\ \varepsilon_3 \\ \gamma_{23} \\ \gamma_{31} \\ \gamma_{12} \end{Bmatrix} = \begin{bmatrix} S_{11} & S_{12} & S_{13} & 0 & 0 & 0 \\ S_{12} & S_{22} & S_{23} & 0 & 0 & 0 \\ S_{13} & S_{23} & S_{33} & 0 & 0 & 0 \\ 0 & 0 & 0 & S_{44} & 0 & 0 \\ 0 & 0 & 0 & 0 & S_{55} & 0 \\ 0 & 0 & 0 & 0 & 0 & S_{66} \end{bmatrix} \begin{Bmatrix} \sigma_1 \\ \sigma_2 \\ 0 \\ 0 \\ 0 \\ \tau_{12} \end{Bmatrix} \qquad (3-1)$$

由式(3 –1)可得到面外应变为

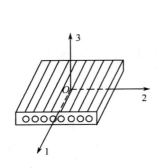

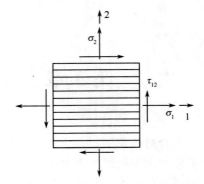

图 3-1 复合材料单层的坐标系示意图　　　　图 3-2 单层内一点的应力状态

$$\gamma_{31} = \gamma_{23} = 0 \ , \ \varepsilon_3 = S_{13}\sigma_1 + S_{23}\sigma_2 \tag{3-2}$$

面内应变为

$$\begin{Bmatrix} \varepsilon_1 \\ \varepsilon_2 \\ \gamma_{12} \end{Bmatrix} = \begin{bmatrix} S_{11} & S_{12} & 0 \\ S_{12} & S_{22} & 0 \\ 0 & 0 & S_{66} \end{bmatrix} \begin{Bmatrix} \sigma_1 \\ \sigma_2 \\ \tau_{12} \end{Bmatrix} = [\boldsymbol{S}]\{\boldsymbol{\sigma}\} \tag{3-3}$$

由式(2-26),柔度系数 $S_{ij}(i, j = 1, 2, 6)$ 可用工程弹性常数来表示,即

$$\begin{cases} S_{11} = \dfrac{1}{E_1} \ , \ S_{22} = \dfrac{1}{E_2} \\ S_{12} = -\dfrac{\nu_{12}}{E_1} = -\dfrac{\nu_{21}}{E_2} \\ S_{66} = \dfrac{1}{G_{12}} \end{cases} \tag{3-4}$$

式中:E_1,E_2,ν_{12},ν_{21},G_{12} 为单层的 5 个面内工程弹性常数(注意:只有 4 个是独立的),分别为单层的面内拉压弹性模量、面内泊松比和面内剪切弹性模量。

式(3-3)也可写成用应变表示应力的关系式,即应力—应变关系:

$$\begin{Bmatrix} \sigma_1 \\ \sigma_2 \\ \tau_{12} \end{Bmatrix} = \begin{bmatrix} Q_{11} & Q_{12} & 0 \\ Q_{12} & Q_{22} & 0 \\ 0 & 0 & Q_{66} \end{bmatrix} \begin{Bmatrix} \varepsilon_1 \\ \varepsilon_2 \\ \gamma_{12} \end{Bmatrix} = [\boldsymbol{Q}]\{\boldsymbol{\varepsilon}\} \tag{3-5}$$

式中:$[\boldsymbol{Q}]$ 是二维刚度矩阵;$Q_{ij}(i, j = 1, 2, 6)$ 为二维刚度矩阵的刚度系数,可由二维柔度矩阵 $[\boldsymbol{S}]$ 求逆得出,即存在下面关系式:

$$[\boldsymbol{Q}] = [\boldsymbol{S}]^{-1}$$

其中刚度系数与柔度系数的关系为

$$
\begin{cases}
Q_{11} = \dfrac{S_{22}}{\Delta}, \ Q_{22} = \dfrac{S_{11}}{\Delta} \\[2mm]
Q_{12} = -\dfrac{S_{12}}{\Delta}, \ Q_{66} = \dfrac{1}{S_{66}} \\[2mm]
\Delta = S_{11}S_{22} - S_{12}^2
\end{cases}
\tag{3-6}
$$

这里之所以用 Q_{ij} 而不用 C_{ij} 作为刚度系数矩阵, 是因为在平面应力状态下两者实际上有差别, 一般有所减小, 即 $Q_{ij} \neq C_{ij}$, 因此称 $[\boldsymbol{Q}]$ 为折减刚度矩阵 (reduced stiffness matrix), Q_{ij} 为折减刚度系数。而柔度矩阵仍用 $[\boldsymbol{S}]$ 表示。如将全部 S_{ij} 系数组成 $[\boldsymbol{S}]$ (包括 S_{13}, S_{23}) 总体求逆, 由 $[\boldsymbol{C}] = [\boldsymbol{S}]^{-1}$, 可求得平面应力问题的二维刚度矩阵 $[\boldsymbol{Q}]$ 中的折减刚度系数 Q_{ij} 与三维刚度矩阵 $[\boldsymbol{C}]$ 中的刚度系数 C_{ij} 之间有下列关系:

$$
\begin{cases}
Q_{11} = C_{11} - \dfrac{C_{13}^2}{C_{33}}, \ Q_{12} = C_{12} - \dfrac{C_{12}C_{23}}{C_{33}} \\[3mm]
Q_{22} = C_{22} - \dfrac{C_{23}^2}{C_{33}}, \ Q_{66} = C_{66}
\end{cases}
\tag{3-7}
$$

即

$$
Q_{ij} = C_{ij} - \frac{C_{i3}C_{j3}}{C_{33}} \quad (i, j = 1, 2, 6)
$$

式中, 下标 "3" 所表示的方向为垂直于板平面的法线方向。

由上式可见, 除 $Q_{66} = C_{66}$ 外, 一般 $Q_{ij} < C_{ij}$。也就是说, 在二维情况下的刚度系数与三维情况下是不同的。

对 $[\boldsymbol{S}]$ 求逆, 并考虑式 (3-4), 不难得到折减刚度系数 Q_{ij} 与单层的面内工程弹性常数之间的关系式:

$$
\begin{cases}
Q_{11} = \dfrac{E_1}{1 - \nu_{12}\nu_{21}}, \ Q_{22} = \dfrac{E_2}{1 - \nu_{12}\nu_{21}} \\[3mm]
Q_{12} = \dfrac{\nu_{12}E_2}{1 - \nu_{12}\nu_{21}} = \dfrac{\nu_{21}E_1}{1 - \nu_{12}\nu_{21}} \\[3mm]
Q_{66} = G_{12}
\end{cases}
\tag{3-8}
$$

对于复合材料单层板, 由于存在 $\dfrac{\nu_{12}}{E_1} = \dfrac{\nu_{21}}{E_2}$, 因此平面应力问题中对正交各向异性材料来说, 独立的工程弹性常数只有 4 个, 一般取 E_1, E_2, ν_{12} 和 G_{12}。则相应独立的折减刚度系数和柔度系数也只有 4 个, 即 Q_{11}, Q_{22}, Q_{12}, Q_{66} 和 S_{11}, S_{22}, S_{12}, S_{66}。

对于各向同性材料, 在平面应力状态下应变—应力关系为

$$\begin{Bmatrix} \varepsilon_1 \\ \varepsilon_2 \\ \gamma_{12} \end{Bmatrix} = \begin{bmatrix} S_{11} & S_{12} & 0 \\ S_{12} & S_{11} & 0 \\ 0 & 0 & 2(S_{11}-S_{12}) \end{bmatrix} \begin{Bmatrix} \sigma_1 \\ \sigma_2 \\ \tau_{12} \end{Bmatrix} \qquad (3-9)$$

式中:$S_{11}=\dfrac{1}{E}$，$S_{12}=-\dfrac{\nu}{E}$，$2(S_{11}-S_{12})=\dfrac{1}{G}=\dfrac{2(1+\nu)}{E}$。反过来,应力—应变关系为

$$\begin{Bmatrix} \sigma_1 \\ \sigma_2 \\ \tau_{12} \end{Bmatrix} = \begin{bmatrix} Q_{11} & Q_{12} & 0 \\ Q_{12} & Q_{11} & 0 \\ 0 & 0 & Q_{66} \end{bmatrix} \begin{Bmatrix} \varepsilon_1 \\ \varepsilon_2 \\ \gamma_{12} \end{Bmatrix} \qquad (3-10)$$

其中

$$Q_{11}=\frac{E}{1-\nu^2}, \quad Q_{12}=\frac{\nu E}{1-\nu^2}, \quad Q_{66}=G=\frac{E}{2(1+\nu)}$$

例3-1 已知 T300/648 单层板的工程弹性常数，$E_1=134.3\text{GPa}$，$E_2=8.50\text{GPa}$，$G_{12}=5.80\text{GPa}$，$\nu_{12}=0.34$，试求该单层板的折减刚度系数 Q_{ij} 和柔度系数 S_{ij}。

解:柔度系数 $S_{ij}(i,j=1,2,6)$

$S_{11}=1/E_1=0.00745(\text{GPa})^{-1}=7.45(\text{TPa})^{-1}$，$S_{22}=1/E_2=117.6(\text{TPa})^{-1}$

$S_{12}=S_{21}=-\nu_{12}/E_1=-2.53(\text{TPa})^{-1}$

$S_{66}=1/G_{12}=172.4(\text{TPa})^{-1}$

折减刚度系数 $Q_{ij}(i,j=1,2,6)$

$$Q_{11}=\frac{E_1}{1-\nu_{12}\nu_{21}}=E_1\times\frac{1}{1-\nu_{12}\nu_{21}}=134.3\times1.0074=135.3\text{GPa}$$

$$Q_{22}=\frac{E_2}{1-\nu_{12}\nu_{21}}=8.56\text{GPa}$$

$$Q_{12}=Q_{21}=\frac{\nu_{12}E_2}{1-\nu_{12}\nu_{21}}=2.91\text{GPa}$$

$$Q_{66}=G_{12}=5.80\text{GPa}$$

例3-2 已知 HT3/5224 碳纤维增强复合材料单层的工程弹性常数，$E_1=140\text{GPa}$，$E_2=8.60\text{GPa}$，$G_{12}=5.0\text{GPa}$，$\nu_{12}=0.35$，试求单层受到面内应力分量为 $\sigma_1=500\text{GPa}$，$\sigma_2=100\text{GPa}$，$\tau_{12}=10\text{GPa}$ 时的面内应变分量。

解:柔度系数 $S_{ij}(i,j=1,2,6)$

$S_{11}=1/E_1=7.14(\text{TPa})^{-1}$，$S_{22}=1/E_2=116.28(\text{TPa})^{-1}$

$$S_{12} = S_{21} = -\nu_{12}/E_1 = -2.5 \ (\text{TPa})^{-1}$$

$$S_{66} = 1/G_{12} = 200 \ (\text{TPa})^{-1}$$

由式(3-3),可得单层的应变分量

$$\varepsilon_1 = S_{11}\sigma_1 + S_{12}\sigma_2 = 3.32 \times 10^{-3}$$

$$\varepsilon_2 = S_{12}\sigma_1 + S_{22}\sigma_2 = 10.38 \times 10^{-3}$$

$$\gamma_{12} = S_{66}\tau_{12} = 2.0 \times 10^{-3}$$

表3-1中列出了一些复合材料单层板工程弹性常数的实验数据供参考。由 E_1，E_2，ν_{12} 和 G_{12} 可按式(3-8)和式(3-9)计算 S_{ij} 和 Q_{ij} 值,分别列在表3-2和表3-3中。

表3-1 几种复合材料单层板的工程弹性常数

序号	材料	型号	E_1/GPa	E_2/GPa	ν_{12}	G_{12}/GPa
1	石墨/环氧(T)	T300/5280	185	10.5	0.28	7.30
2	石墨/环氧(A)	A5/3501	141	9.10	0.30	7.20
3	硼/环氧(B)	B(4)/5505	208	18.9	0.23	5.70
4	玻璃/环氧(S)	S1002	39	8.40	0.26	4.20
5	芳纶/环氧(K)	K-49/EP	76	5.60	0.34	2.30
6	碳/环氧	HT3/5224	140	8.60	0.35	5.00
7	碳/双马来酰亚胺	HT3/QY8911	135	8.80	0.33	4.47

表3-2 几种复合材料单层板的柔度系数 S_{ij} (单位:GPa^{-1})

序号	材料	$S_{11} = 1/E_1$	$S_{22} = 1/E_2$	$S_{12} = -\nu_{12}/E_1$	$S_{66} = 1/G_{12}$
1	石墨/环氧(T)	5.41×10^{-3}	95.2×10^{-3}	-1.51×10^{-3}	0.137
2	石墨/环氧(A)	7.09×10^{-3}	109.9×10^{-3}	-2.13×10^{-3}	0.139
3	硼/环氧(B)	4.81×10^{-3}	52.9×10^{-3}	-1.11×10^{-3}	0.175
4	玻璃/环氧(S)	25.6×10^{-3}	119×10^{-3}	-6.67×10^{-3}	0.238
5	芳纶/环氧(K)	13.2×10^{-3}	178.6×10^{-3}	-4.47×10^{-3}	0.435
6	碳/环氧	7.1×10^{-3}	116×10^{-3}	-2.50×10^{-3}	0.200
7	碳/双马来酰亚胺	7.41×10^{-3}	114×10^{-3}	-2.44×10^{-3}	0.224

表 3-3   几种复合材料单层板的折减刚度系数 Q_{ij} （单位:GPa）

序号	材 料	Q_{11}	Q_{22}	Q_{12}	Q_{66}
1	石墨/环氧(T)	186	10.6	2.94	7.30
2	石墨/环氧(A)	142	9.15	2.75	7.20
3	硼/环氧(B)	209	19.0	4.38	5.70
4	玻璃/环氧(S)	39.6	8.53	2.22	4.20
5	芳纶/环氧(K)	76.4	5.65	1.91	2.30
6	碳/环氧	141.9	8.66	3.06	5.00
7	碳/双马来酰亚胺	136	8.86	2.92	4.47

3.2   复合材料单层板偏轴方向的应力—应变关系

各向异性弹性体最突出的特点就是它的方向性,所以各向异性体的弹性系数是方向的函数。

上一节讨论的是正交各向异性单层板主轴方向的应力—应变关系,也就是假定参考坐标系的方向与弹性体材料的弹性主方向相一致。但在复合材料层合结构中,组成其单层材料的主轴方向往往与参考坐标不一致,因此为了能在统一的参考坐标系(如 $x-y$)中计算材料的刚度,需要知道单层材料在非材料主轴方向(偏轴方向)即 x,y 方向上的弹性常数(称为偏轴向弹性常数)与材料主轴方向的弹性常数之间的关系,由此获得单层材料在非材料主轴方向的应力—应变关系。为了求得在参考坐标系时的弹性关系,就必须研究它们之间的转换关系。

两个不同直角坐标系之间的应力转换是静力平衡问题,应变转换则纯粹是几何问题,均与材料的物理性质无关,因此,材料力学或弹性力学教材中对各向同性材料所推导的转换公式完全适用于各向异性材料。

在单层板应力(应变)转换中,经常遇到的是怎样从任意的直角坐标系 $x-y$(称为偏轴)的应力(应变)求 1-2 坐标系(称为主轴)的应力(应变)。下面首先简要讨论平面应力状态下的应力和应变转换公式。

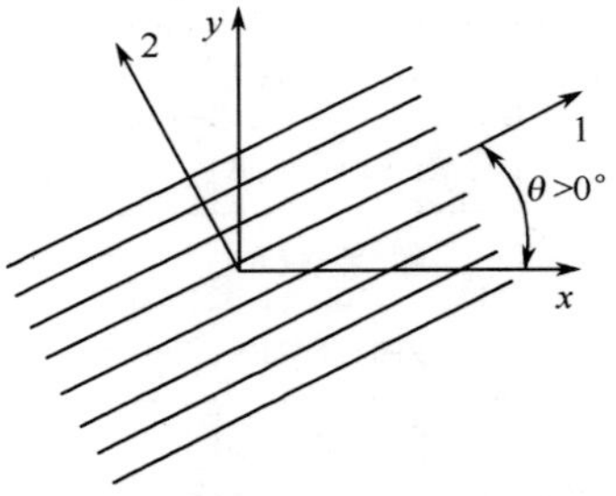

图 3-3   材料主方向坐标系与参考坐标系的关系

3.2.1   应力转换公式

设复合材料单层的材料主方向坐标系 1-2 与参考坐标系 $x-y$ 的夹角为 θ,如图 3-3 所示,θ 表示从 x 轴转向 1 轴的角度,以逆时针转为正,且有 $-180° \leqslant \theta \leqslant 180°$。

在复合材料单层中取出一单元体,其应力分布如图 3 – 4 所示。根据材料力学知识,分别沿垂直于纤维方向(即 1 方向)和平行于纤维方向(即 2 方向)的截面将单元体截出一楔形体,如图 3 – 5 所示。考虑楔形体沿材料主方向的平衡,可得

$$\sigma_1 = \sigma_x\cos^2\theta + \sigma_y\sin^2\theta + 2\tau_{xy}\sin\theta\cos\theta \tag{3 – 11}$$

同理可得

$$\sigma_2 = \sigma_x\sin^2\theta + \sigma_y\cos^2\theta + 2\tau_{xy}\sin\theta\cos\theta$$

$$\tau_{12} = -\sigma_x\sin\theta\cos\theta + \sigma_y\sin\theta\cos\theta + \tau_{xy}(\cos^2\theta - \sin^2\theta)$$

即得用 $x – y$ 坐标中应力分量表示 1 – 2(主轴方向)坐标中应力分量的转换公式:

$$\left\{\begin{array}{c}\sigma_1\\\sigma_2\\\tau_{12}\end{array}\right\} = \left[\begin{array}{ccc}\cos^2\theta & \sin^2\theta & 2\sin\theta\cos\theta\\\sin^2\theta & \cos^2\theta & -2\sin\theta\cos\theta\\-\sin\theta\cos\theta & \sin\theta\cos\theta & \cos^2\theta - \sin^2\theta\end{array}\right]\left\{\begin{array}{c}\sigma_x\\\sigma_y\\\tau_{xy}\end{array}\right\} \tag{3 – 12}$$

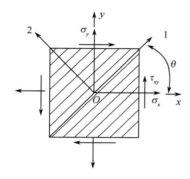

图 3 – 4　单元体应力分布

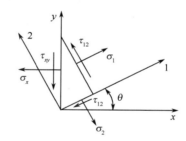

图 3 – 5　单元体的平衡

将式(3 – 12)写成

$$\left\{\begin{array}{c}\sigma_1\\\sigma_2\\\tau_{12}\end{array}\right\} = [\boldsymbol{T}]\left\{\begin{array}{c}\sigma_x\\\sigma_y\\\tau_{xy}\end{array}\right\} \tag{3 – 13}$$

由式(3 – 13)可得用 1 – 2 坐标中应力分量表示 $x – y$ 坐标中应力分量的转换公式:

$$\left\{\begin{array}{c}\sigma_x\\\sigma_y\\\tau_{xy}\end{array}\right\} = [\boldsymbol{T}]^{-1}\left\{\begin{array}{c}\sigma_1\\\sigma_2\\\tau_{12}\end{array}\right\} \tag{3 – 14}$$

式中:$[\boldsymbol{T}]$ 称为坐标转换矩阵,$[\boldsymbol{T}]^{-1}$ 是此矩阵的逆矩阵,它们分别为

$$[\boldsymbol{T}] = \begin{bmatrix} \cos^2\theta & \sin^2\theta & 2\sin\theta\cos\theta \\ \sin^2\theta & \cos^2\theta & -2\sin\theta\cos\theta \\ -\sin\theta\cos\theta & \sin\theta\cos\theta & \cos^2\theta - \sin^2\theta \end{bmatrix} \qquad (3-15)$$

$$[\boldsymbol{T}]^{-1} = \begin{bmatrix} \cos^2\theta & \sin^2\theta & -2\sin\theta\cos\theta \\ \sin^2\theta & \cos^2\theta & 2\sin\theta\cos\theta \\ \sin\theta\cos\theta & -\sin\theta\cos\theta & \cos^2\theta - \sin^2\theta \end{bmatrix} \qquad (3-16)$$

3.2.2 应变转换公式

应变转换是求出两个不同直角坐标系的应变之间的关系,是一种几何转换。

平面应力状态下,单层板在 $x-y$ 坐标中应变分量为 ε_x, ε_y, γ_{xy},主方向与 x 轴夹角为 θ,主方向应变分量为 ε_1, ε_2, γ_{12},对于边长为 $\mathrm{d}x$, $\mathrm{d}y$,对角线 $\mathrm{d}l$ 沿主方向 1 的矩形单层板单元,如图 3-6 所示。由应变的结果可得单层板对角线长度 $\mathrm{d}l$ 的增量为

$$\varepsilon_1 \mathrm{d}l = \varepsilon_x \mathrm{d}x\cos\theta + \varepsilon_y \mathrm{d}y\sin\theta + \gamma_{xy} \mathrm{d}y\cos\theta$$

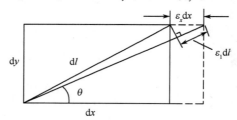

图 3-6　应变之间的关系

考虑到 $\mathrm{d}x = \mathrm{d}l\cos\theta$, $\mathrm{d}y = \mathrm{d}l\sin\theta$,则得出

$$\varepsilon_1 = \varepsilon_x\cos^2\theta + \varepsilon_y\sin^2\theta + \gamma_{xy}\sin\theta\cos\theta$$

同理有

$$\varepsilon_2 = \varepsilon_x\sin^2\theta + \varepsilon_y\cos^2\theta - \gamma_{xy}\sin\theta\cos\theta$$

$$\gamma_{12} = -2\varepsilon_x\sin\theta\cos\theta + 2\varepsilon_y\sin\theta\cos\theta + \gamma_{xy}(\cos^2\theta - \sin^2\theta)$$

将以上三式写成矩阵形式,有

$$\begin{Bmatrix} \varepsilon_1 \\ \varepsilon_2 \\ \gamma_{12} \end{Bmatrix} = \begin{bmatrix} \cos^2\theta & \sin^2\theta & \sin\theta\cos\theta \\ \sin^2\theta & \cos^2\theta & -\sin\theta\cos\theta \\ -2\sin\theta\cos\theta & 2\sin\theta\cos\theta & \cos^2\theta - \sin^2\theta \end{bmatrix} \begin{Bmatrix} \varepsilon_x \\ \varepsilon_y \\ \gamma_{xy} \end{Bmatrix} \qquad (3-17)$$

反过来有

$$\begin{Bmatrix} \varepsilon_x \\ \varepsilon_y \\ \gamma_{xy} \end{Bmatrix} = \begin{bmatrix} \cos^2\theta & \sin^2\theta & -\sin\theta\cos\theta \\ \sin^2\theta & \cos^2\theta & \sin\theta\cos\theta \\ 2\sin\theta\cos\theta & -2\sin\theta\cos\theta & \cos^2\theta - \sin^2\theta \end{bmatrix} \begin{Bmatrix} \varepsilon_1 \\ \varepsilon_2 \\ \gamma_{12} \end{Bmatrix} \qquad (3-18)$$

对比式(3-16)和式(3-17),可得

$$\begin{Bmatrix} \varepsilon_1 \\ \varepsilon_2 \\ \gamma_{12} \end{Bmatrix} = \left([\boldsymbol{T}]^{-1} \right)^{\mathrm{T}} \begin{Bmatrix} \varepsilon_x \\ \varepsilon_y \\ \gamma_{xy} \end{Bmatrix} \qquad (3-19)$$

对比式(3-15)和式(3-18),可得

$$\begin{Bmatrix} \varepsilon_x \\ \varepsilon_y \\ \gamma_{xy} \end{Bmatrix} = [\boldsymbol{T}]^{\mathrm{T}} \begin{Bmatrix} \varepsilon_1 \\ \varepsilon_2 \\ \gamma_{12} \end{Bmatrix} \qquad (3-20)$$

式中:符号"T"表示转置。

顺便指出,上面所给出的应力转换公式和应变转换公式适用于两个任意直角坐标系之间的转换,并不局限于从偏轴方向(非材料主轴方向)到主轴方向(材料主轴方向)的转换。对于基本参数正负号的正确判断在纤维增强复合材料的应力和强度计算中显得格外重要。对 θ 角正负判断的错误可能在强度估算中得到完全相反的结论。

例 3-3 单层板受面内应力作用,已知 $\sigma_x = 150\mathrm{MPa}$,$\sigma_y = 50\mathrm{MPa}$,$\tau_{xy} = 75\mathrm{MPa}$,$\theta = 45°$,求材料主方向的应力分量。

解:

$$因 [\boldsymbol{T}] = \begin{bmatrix} \cos^2\theta & \sin^2\theta & 2\sin\theta\cos\theta \\ \sin^2\theta & \cos^2\theta & -2\sin\theta\cos\theta \\ -\sin\theta\cos\theta & \sin\theta\cos\theta & \cos^2\theta - \sin^2\theta \end{bmatrix} = \begin{bmatrix} 0.5 & 0.5 & 1 \\ 0.5 & 0.5 & -1 \\ -0.5 & 0.5 & 0 \end{bmatrix}$$

由式(3-12),得到

$$\begin{Bmatrix} \sigma_1 \\ \sigma_2 \\ \tau_{12} \end{Bmatrix} = [\boldsymbol{T}] \begin{Bmatrix} \sigma_x \\ \sigma_y \\ \tau_{xy} \end{Bmatrix} = \begin{bmatrix} 0.5 & 0.5 & 1 \\ 0.5 & 0.5 & -1 \\ -0.5 & 0.5 & 0 \end{bmatrix} \begin{Bmatrix} 150 \\ 50 \\ -75 \end{Bmatrix} = \begin{Bmatrix} 175 \\ 25 \\ -50 \end{Bmatrix} \mathrm{MPa}$$

例 3-4 试求图3-7所示 T300/648 单层板的材料主方向应力。

解:由图3-7可知,$\theta = -30°$,$\tau_{xy} = 100\mathrm{MPa}$,$\sigma_x = \sigma_y = 0$

代入式(3-12),可得

$$\sigma_1 = -86.6\mathrm{MPa}, \sigma_2 = 86.6\mathrm{MPa}, \tau_{12} = 50\mathrm{MPa}$$

如果把 θ 角错判为 $+30°$(或错误认为 $\tau_{xy} = -100\mathrm{MPa}$),则

$$\sigma_2 = -86.6\mathrm{MPa}$$

T300/648 单层板的横向拉伸强度为 38.5MPa,横向压缩强度为 176.1MPa。因此,本例的受力情况将使板发生横向断裂,但对 θ 角正负号的错判或对 τ_{xy} 正负号的错判将得到板不会发生破坏的错误结论。

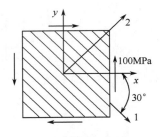

图 3-7 单层板受力图

3.2.3 单层板偏轴方向的应力—应变关系

上节讨论了单层材料在主轴方向上的应力—应变关系,但在实际问题中,单层材料的主轴方向与层合板总的参考坐标轴 x、y 不一致。为了能在统一的 $x-y$ 坐标中计算材料的刚度,需要研究单层材料在偏轴方向即任意方向的应力—应变关系。

单层复合材料的特点之一是不同方向上的刚度不同。在研究单层板的宏观力学特性时,通常总是通过试验手段测定出它在面内弹性主方向上的 4 个独立的工程弹性常数 E_1,E_2,G_{12} 和 ν_{12},由此可认为单层板的柔度系数 S_{ij} 或折减刚度系数 Q_{ij} 是已知值。

在特殊情况下,正交各向异性单层板的弹性主方向与弹性体的参考坐标一致,可称为特殊正交(specially orthotropic)各向异性单层板,这时

$$\begin{Bmatrix} \sigma_x \\ \sigma_y \\ \tau_{xy} \end{Bmatrix} = \begin{Bmatrix} \sigma_1 \\ \sigma_2 \\ \tau_{12} \end{Bmatrix} = \begin{bmatrix} Q_{11} & Q_{12} & 0 \\ Q_{12} & Q_{22} & 0 \\ 0 & 0 & Q_{66} \end{bmatrix} \begin{Bmatrix} \varepsilon_1 \\ \varepsilon_2 \\ \gamma_{12} \end{Bmatrix} = [\boldsymbol{Q}] \{\boldsymbol{\varepsilon}\} \qquad (3-21)$$

但是,在一般情况下,正交各向异性单层板的材料主轴方向与弹性体的参考坐标不一致,可称为一般正交(generally orthotropic)正交各向异性单层板。

现应用式(3-5)、式(3-14)和式(3-19)可得出在正交各向异性材料非材料主轴方向(偏轴方向)单层板的应力—应变关系:

$$\begin{Bmatrix} \sigma_x \\ \sigma_y \\ \tau_{xy} \end{Bmatrix} = [\boldsymbol{T}]^{-1} \begin{Bmatrix} \sigma_1 \\ \sigma_2 \\ \tau_{12} \end{Bmatrix} = [\boldsymbol{T}]^{-1} [\boldsymbol{Q}] \begin{Bmatrix} \varepsilon_1 \\ \varepsilon_2 \\ \gamma_{12} \end{Bmatrix} = [\boldsymbol{T}]^{-1} [\boldsymbol{Q}] ([\boldsymbol{T}]^{-1})^{\mathrm{T}} \begin{Bmatrix} \varepsilon_x \\ \varepsilon_y \\ \gamma_{xy} \end{Bmatrix} \qquad (3-22)$$

令 $[\overline{\boldsymbol{Q}}] = [\boldsymbol{T}]^{-1} [\boldsymbol{Q}] ([\boldsymbol{T}]^{-1})^{\mathrm{T}}$,称 $[\overline{\boldsymbol{Q}}]$ 为转换折算刚度矩阵,则在弹性体的参考坐标系 $x-y$ 中应力—应变关系可表示为

$$\begin{Bmatrix} \sigma_x \\ \sigma_y \\ \tau_{xy} \end{Bmatrix} = [\overline{\boldsymbol{Q}}] \begin{Bmatrix} \varepsilon_x \\ \varepsilon_y \\ \gamma_{xy} \end{Bmatrix} = \begin{bmatrix} \overline{Q}_{11} & \overline{Q}_{12} & \overline{Q}_{16} \\ \overline{Q}_{12} & \overline{Q}_{22} & \overline{Q}_{26} \\ \overline{Q}_{16} & \overline{Q}_{26} & \overline{Q}_{66} \end{bmatrix} \begin{Bmatrix} \varepsilon_x \\ \varepsilon_y \\ \gamma_{xy} \end{Bmatrix} \qquad (3-23)$$

将式(3-16)代入转换折算刚度矩阵定义式(3-23),可得转换折算刚度系数 $\overline{Q}_{ij}(i,j=$

1,2,6)为

$$
\begin{cases}
\overline{Q}_{11} = Q_{11}\cos^4\theta + 2(Q_{12}+2Q_{66})\sin^2\theta\cos^2\theta + Q_{22}\sin^4\theta \\
\overline{Q}_{12} = (Q_{11}+Q_{22}-4Q_{66})\sin^2\theta\cos^2\theta + Q_{12}(\sin^4\theta+\cos^4\theta) \\
\overline{Q}_{22} = Q_{11}\sin^4\theta + 2(Q_{12}+2Q_{66})\sin^2\theta\cos^2\theta + Q_{22}\cos^4\theta \\
\overline{Q}_{16} = (Q_{11}-Q_{12}-2Q_{66})\sin\theta\cos^3\theta + (Q_{12}-Q_{22}+2Q_{66})\sin^3\theta\cos\theta \\
\overline{Q}_{26} = (Q_{11}-Q_{12}-2Q_{66})\sin^3\theta\cos\theta + (Q_{12}-Q_{22}+2Q_{66})\sin\theta\cos^3\theta \\
\overline{Q}_{66} = (Q_{11}+Q_{22}-2Q_{12}-2Q_{66})\sin^2\theta\cos^2\theta + Q_{66}(\sin^4\theta+\cos^4\theta)
\end{cases}
\tag{3-24}
$$

若令 $m = \cos\theta, n = \sin\theta$,上式也可表示为矩阵形式,即

$$
[\overline{\boldsymbol{Q}}] =
\begin{Bmatrix}
\overline{Q}_{11} \\
\overline{Q}_{12} \\
\overline{Q}_{22} \\
\overline{Q}_{16} \\
\overline{Q}_{26} \\
\overline{Q}_{66}
\end{Bmatrix}
=
\begin{bmatrix}
m^4 & 2m^2n^2 & n^4 & 4m^2n^2 \\
m^2n^2 & m^4+n^4 & m^2n^2 & -4m^2n^2 \\
n^4 & 2m^2n^2 & m^4 & 4m^2n^2 \\
m^3n & mn^3-m^3n & -mn^3 & 2(mn^3-m^3n) \\
mn^3 & m^3n-mn^3 & -m^3n & 2(m^3n-mn^3) \\
m^2n^2 & -2m^2n^2 & m^2n^2 & (m^2-n^2)^2
\end{bmatrix}
\begin{Bmatrix}
Q_{11} \\
Q_{12} \\
Q_{22} \\
Q_{66}
\end{Bmatrix}
\tag{3-25}
$$

值得注意的是,式(3-25)中转换折算刚度矩阵的系数排列与折减刚度矩阵向量的排列有关。

转换折算刚度矩阵 $[\overline{\boldsymbol{Q}}]$ 表示代表主轴方向的二维刚度矩阵 $[\boldsymbol{Q}]$ 的转换矩阵,它有9个系数,一般都不为零,并有对称性,有6个不同系数。$[\overline{\boldsymbol{Q}}]$ 的6个系数中 $\overline{Q}_{11}$,$\overline{Q}_{12}$,$\overline{Q}_{22}$,$\overline{Q}_{66}$ 是 θ 的偶函数,$\overline{Q}_{16}$,$\overline{Q}_{26}$ 是 θ 的奇函数。

现再用应力表示应变,由式(3-3)可知正交各向异性单层材料在材料主轴方向有下列关系式:

$$
\begin{Bmatrix}
\varepsilon_1 \\
\varepsilon_2 \\
\gamma_{12}
\end{Bmatrix}
=
\begin{bmatrix}
S_{11} & S_{12} & 0 \\
S_{12} & S_{22} & 0 \\
0 & 0 & S_{66}
\end{bmatrix}
\begin{Bmatrix}
\sigma_1 \\
\sigma_2 \\
\tau_{12}
\end{Bmatrix}
= [\boldsymbol{S}]
\begin{Bmatrix}
\sigma_1 \\
\sigma_2 \\
\tau_{12}
\end{Bmatrix}
$$

对于材料主方向与弹性体参考坐标轴 x,y 不一致的正交各向异性单层板,由式(3-13)和式(3-20),可得

$$
\begin{Bmatrix}
\varepsilon_x \\
\varepsilon_y \\
\gamma_{xy}
\end{Bmatrix}
= [\boldsymbol{T}]^{\mathrm{T}}
\begin{Bmatrix}
\varepsilon_1 \\
\varepsilon_2 \\
\gamma_{12}
\end{Bmatrix}
= [\boldsymbol{T}]^{\mathrm{T}}[\boldsymbol{S}]
\begin{Bmatrix}
\sigma_1 \\
\sigma_2 \\
\tau_{12}
\end{Bmatrix}
= [\boldsymbol{T}]^{\mathrm{T}}[\boldsymbol{S}][\boldsymbol{T}]
\begin{Bmatrix}
\sigma_x \\
\sigma_y \\
\tau_{xy}
\end{Bmatrix}
\tag{3-26}
$$

令 $[\overline{\boldsymbol{S}}] = [\boldsymbol{T}]^{\mathrm{T}}[\boldsymbol{S}][\boldsymbol{T}]$,称 $[\overline{\boldsymbol{S}}]$ 为转换折算柔度矩阵,则在 $x-y$ 坐标中应变—应力关系为

$$\left\{\begin{array}{c}\varepsilon_x \\ \varepsilon_y \\ \gamma_{xy}\end{array}\right\} = [\overline{\boldsymbol{S}}]\left\{\begin{array}{c}\sigma_x \\ \sigma_y \\ \tau_{xy}\end{array}\right\} = \left[\begin{array}{ccc}\overline{S}_{11} & \overline{S}_{12} & \overline{S}_{16} \\ \overline{S}_{12} & \overline{S}_{22} & \overline{S}_{26} \\ \overline{S}_{16} & \overline{S}_{26} & \overline{S}_{66}\end{array}\right]\left\{\begin{array}{c}\sigma_x \\ \sigma_y \\ \tau_{xy}\end{array}\right\} \qquad (3-27)$$

将式(3-15)代入式转换折算柔度矩阵定义式中,可得转换折算柔度系数 $\overline{S}_{ij}(i,j=1, 2, 6)$ 为

$$\begin{cases}\overline{S}_{11} = S_{11}\cos^4\theta + (2S_{12} + S_{66})\sin^2\theta\cos^2\theta + S_{22}\sin^4\theta \\[2mm] \overline{S}_{12} = (S_{11} + S_{22} - S_{66})\sin^2\theta\cos^2\theta + S_{12}(\sin^4\theta + \cos^4\theta) \\[2mm] \overline{S}_{22} = S_{11}\sin^4\theta + (2S_{12} + S_{66})\sin^2\theta\cos^2\theta + S_{22}\cos^4\theta \\[2mm] \overline{S}_{16} = (2S_{11} - 2S_{12} - S_{66})\sin\theta\cos^3\theta - (-2S_{12} + 2S_{22} - S_{66})\sin^3\theta\cos\theta \\[2mm] \overline{S}_{26} = (2S_{11} - 2S_{12} - S_{66})\sin^3\theta\cos\theta - (-2S_{12} + 2S_{22} - S_{66})\sin\theta\cos^3\theta \\[2mm] \overline{S}_{66} = 4\left(S_{11} + S_{22} - 2S_{12} - \dfrac{1}{2}S_{66}\right)\sin^2\theta\cos^2\theta + S_{66}(\sin^4\theta + \cos^4\theta)\end{cases} \qquad (3-28)$$

上式也可表示为矩阵形式,即

$$[\overline{\boldsymbol{S}}] = \left\{\begin{array}{c}\overline{S}_{11} \\ \overline{S}_{12} \\ \overline{S}_{22} \\ \overline{S}_{16} \\ \overline{S}_{26} \\ \overline{S}_{66}\end{array}\right\} = \left[\begin{array}{cccc}m^4 & 2m^2n^2 & n^4 & 2m^2n^2 \\ m^2n^2 & m^4 + n^4 & m^2n^2 & -m^2n^2 \\ n^4 & 2m^2n^2 & m^4 & m^2n^2 \\ 2m^3n & 2(mn^3 - m^3n) & -2mn^3 & mn^3 - m^3n \\ 2mn^3 & 2(m^3n - mn^3) & -2m^3n & m^3n - mn^3 \\ 4m^2n^2 & -8m^2n^2 & 4m^2n^2 & (m^2 - n^2)^2\end{array}\right]\left\{\begin{array}{c}S_{11} \\ S_{12} \\ S_{22} \\ S_{66}\end{array}\right\} \qquad (3-29)$$

根据式(3-4),式(3-29)中 S_{ij} 可用工程弹性常数定义,即

$$S_{11} = \frac{1}{E_1}, \quad S_{12} = -\frac{\nu_{12}}{E_1} = -\frac{\nu_{21}}{E_2}, \quad S_{22} = \frac{1}{E_2}, \quad S_{66} = \frac{1}{G_{12}}$$

式中: $\overline{S}_{11}$, $\overline{S}_{12}$, $\overline{S}_{22}$, $\overline{S}_{66}$ 是 θ 的偶函数, $\overline{S}_{16}$, $\overline{S}_{26}$ 是 θ 的奇函数。

由式(3-23)及式(3-27)可以看出,转换折算刚度系数 $\overline{Q}_{ij}$ 和转换折算柔度系数 $\overline{S}_{ij}$ 都占据了三阶方阵中所有的 9 个位置项,这与刚度系数 Q_{ij} 和柔度系数 S_{ij} 是不同的。但是,由于单层板是正交各向异性的,所以它们仍然只有 4 个独立的弹性常数。当弹性体参考坐标轴 x 和 y 为一般情况时,切应变和正应力之间以及切应力和线应变之间存在耦合影响。因而在参考坐标中,即使是正交各向异性的单层板也显示出一般各向异性性质。但是它在材料主方向上具有正交各向异性特性,故称为广义正交各向异性单层材料,以与一般各向异性材料区别,它的解比特殊正交各向异性单层板的解要困难得多。

44

例3-5 若已知单层板的弹性常数为 $E_1 = 140\mathrm{MPa}$，$E_2 = 10\mathrm{MPa}$，$G_{12} = 5\mathrm{MPa}$，$\nu_{12} = 0.3$，纤维与 x 轴成45°。求转换折算刚度系数 $\overline{Q}_{ij}$ 和转换折算柔度系数 $\overline{S}_{ij}$。

解： 先由式(3-9)计算材料主轴方向的刚度系数，其结果为

$$[\boldsymbol{Q}] = \begin{bmatrix} Q_{11} & Q_{12} & 0 \\ Q_{12} & Q_{11} & 0 \\ 0 & 0 & Q_{66} \end{bmatrix} = \begin{bmatrix} 140.9 & 3.0 & 0 \\ 3.0 & 10.1 & 0 \\ 0 & 0 & 5.0 \end{bmatrix} \mathrm{GPa}$$

$\theta = 45°$，由式(3-24)求得转换折算刚度系数 $\overline{Q}_{ij}$

$$\overline{Q}_{11} = Q_{11}\cos^4 45° + 2(Q_{12} + 2Q_{66})\sin^2 45°\cos^2 45° + Q_{22}\sin^4 45° = 44.2\mathrm{GPa}$$

同理可得

$$\overline{Q}_{12} = 34.2\mathrm{GPa}\ ,\quad \overline{Q}_{22} = 44.2\mathrm{GPa}\ ,\quad \overline{Q}_{16} = 32.7\mathrm{GPa}$$

$$\overline{Q}_{26} = 32.7\mathrm{GPa}\ ,\quad \overline{Q}_{66} = 36.2\mathrm{GPa}$$

转换折算柔度系数 $\overline{S}_{ij}$ 可通过式(3-4)和式(3-28)得到，其结果为

$$[\overline{\boldsymbol{S}}] = \begin{bmatrix} \overline{S}_{11} & \overline{S}_{12} & \overline{S}_{16} \\ \overline{S}_{12} & \overline{S}_{22} & \overline{S}_{26} \\ \overline{S}_{16} & \overline{S}_{26} & \overline{S}_{66} \end{bmatrix} = \begin{bmatrix} 76.9 & -24.5 & -47.4 \\ & 76.9 & -47.4 \\ \mathrm{sym.} & & 113.6 \end{bmatrix} \times 10^3 (\mathrm{GPa})^{-1}$$

3.3 复合材料单层板偏轴方向的工程弹性常数

从理论上讲，单层复合材料偏轴方向的工程弹性常数也可像主轴方向的工程弹性常数一样用试验的方法测得。但是，由于单层纤维中纤维方向偏离材料主轴方向的可能性有无穷多种，不可能对每一种情况都去做试验。因此，单层复合材料偏轴方向的工程弹性常数，是根据其应力—应变关系式通过分析得到的。

由单层偏轴方向的应变—应力关系

$$\begin{Bmatrix} \varepsilon_x \\ \varepsilon_y \\ \gamma_{xy} \end{Bmatrix} = \begin{bmatrix} \overline{S}_{11} & \overline{S}_{12} & \overline{S}_{16} \\ \overline{S}_{12} & \overline{S}_{22} & \overline{S}_{26} \\ \overline{S}_{16} & \overline{S}_{26} & \overline{S}_{66} \end{bmatrix} \begin{Bmatrix} \sigma_x \\ \sigma_y \\ \tau_{xy} \end{Bmatrix} \tag{3-30}$$

可以看到当单层分别只有 σ_x，σ_y 或 τ_{xy} 作用时，由于 $\overline{S}_{16}$ 和 $\overline{S}_{26}$ 不为零，均会产生切应变 γ_{xy} 或线应变 ε_x 和 ε_y。引入描述这种耦合关系的新的工程弹性常数，即

$$\begin{cases} \eta_{xy,x} = \gamma_{xy}/\varepsilon_x, \quad \eta_{xy,y} = \gamma_{xy}/\varepsilon_y \\ \eta_{x,xy} = \varepsilon_x/\gamma_{xy}, \quad \eta_{y,xy} = \varepsilon_y/\gamma_{xy} \end{cases} \tag{3-31}$$

式中：$\eta_{xy,x}$ 表示只有 σ_x（其余应力分量为零）引起的 γ_{xy} 与 ε_x 的比值；$\eta_{xy,y}$ 表示只有 σ_y（其余应力分量为零）引起的 γ_{xy} 与 ε_y 的比值；$\eta_{x,xy}$ 表示只有 τ_{xy}（其余应力分量为零）引起的

ε_x 与 γ_{xy} 的比值;$\eta_{y,xy}$ 表示只有 τ_{xy}（其余应力分量为零）引起的 ε_y 与 γ_{xy} 的比值。

对沿 x 轴的单向拉伸,单层产生的应变为

$$\begin{cases} \varepsilon_x = \dfrac{\sigma_x}{E_x} \\[2mm] \varepsilon_y = -\dfrac{\nu_{xy}}{E_x}\sigma_x \\[2mm] \gamma_{xy} = \dfrac{\eta_{xy,x}}{E_x}\sigma_x \end{cases} \tag{3-32}$$

式中:E_x 为 x 方向的拉伸弹性模量;ν_{xy} 是与 x 方向拉伸引起 y 方向变形对应的泊松比。

对沿 y 轴的单向拉伸,单层产生的应变为

$$\begin{cases} \varepsilon_x = -\dfrac{\nu_{yx}}{E_y}\sigma_y \\[2mm] \varepsilon_y = \dfrac{\sigma_y}{E_y} \\[2mm] \gamma_{xy} = \dfrac{\eta_{xy,y}}{E_y}\sigma_y \end{cases} \tag{3-33}$$

式中:E_y 为 y 方向的拉伸弹性模量;ν_{yx} 是与 y 方向拉伸引起 x 方向变形对应的泊松比。

对 Oxy 面内纯剪切,单层产生的应变为

$$\begin{cases} \varepsilon_x = \dfrac{\eta_{x,xy}}{G_{xy}}\tau_{xy} \\[2mm] \varepsilon_y = \dfrac{\eta_{y,xy}}{G_{xy}}\tau_{xy} \\[2mm] \gamma_{xy} = \dfrac{\tau_{xy}}{G_{xy}} \end{cases} \tag{3-34}$$

式中:G_{xy} 是单层面内的剪切弹性模量。

由式(3-32)~式(3-34)可以得到用工程弹性常数表示的单层偏轴方向的应变—应力关系为

$$\begin{Bmatrix} \varepsilon_x \\ \varepsilon_y \\ \gamma_{xy} \end{Bmatrix} = \begin{bmatrix} \bar{S}_{11} & \bar{S}_{12} & \bar{S}_{16} \\ \bar{S}_{12} & \bar{S}_{22} & \bar{S}_{26} \\ \bar{S}_{16} & \bar{S}_{26} & \bar{S}_{66} \end{bmatrix} \begin{Bmatrix} \sigma_x \\ \sigma_y \\ \tau_{xy} \end{Bmatrix} = \begin{bmatrix} \dfrac{1}{E_x} & \dfrac{-\nu_{yx}}{E_y} & \dfrac{\eta_{x,xy}}{G_{xy}} \\[3mm] \dfrac{-\nu_{xy}}{E_x} & \dfrac{1}{E_y} & \dfrac{\eta_{y,xy}}{G_{xy}} \\[3mm] \dfrac{\eta_{xy,x}}{E_x} & \dfrac{\eta_{xy,y}}{E_y} & \dfrac{1}{G_{xy}} \end{bmatrix} \begin{Bmatrix} \sigma_x \\ \sigma_y \\ \tau_{xy} \end{Bmatrix} \tag{3-35}$$

由于柔度矩阵具有对称性,因此式(3-35)中柔度矩阵中的工程弹性常数具有以下关系:

46

$$\frac{\nu_{xy}}{E_x} = \frac{\nu_{yx}}{E_y}, \quad \frac{\eta_{xy,x}}{E_x} = \frac{\eta_{x,xy}}{G_{xy}}, \quad \frac{\eta_{xy,y}}{E_y} = \frac{\eta_{y,xy}}{G_{xy}} \tag{3-36}$$

其中

$$\begin{cases} \bar{S}_{11} = \dfrac{1}{E_x}, \quad \bar{S}_{22} = \dfrac{1}{E_y}, \quad \bar{S}_{12} = -\dfrac{\nu_{xy}}{E_x} = -\dfrac{\nu_{yx}}{E_y} \\[3mm] \bar{S}_{16} = \dfrac{\eta_{xy,x}}{E_x} = \dfrac{\eta_{x,xy}}{G_{xy}}, \quad \bar{S}_{26} = \dfrac{\eta_{xy,y}}{E_y} = \dfrac{\eta_{y,xy}}{G_{xy}}, \quad \bar{S}_{66} = \dfrac{1}{G_{xy}} \end{cases} \tag{3-37}$$

将式(3-4)代入式(3-28)并注意到式(3-37),可得

$$\begin{cases} \bar{S}_{11} = \dfrac{1}{E_x} = \dfrac{1}{E_1}\cos^4\theta + \left(\dfrac{1}{G_{12}} - \dfrac{2\nu_{12}}{E_1}\right)\sin^2\theta\cos^2\theta + \dfrac{1}{E_2}\sin^4\theta \\[3mm] \bar{S}_{22} = \dfrac{1}{E_y} = \dfrac{1}{E_1}\sin^4\theta + \left(\dfrac{1}{G_{12}} - \dfrac{2\nu_{12}}{E_1}\right)\sin^2\theta\cos^2\theta + \dfrac{1}{E_2}\cos^4\theta \\[3mm] \bar{S}_{12} = \dfrac{-\nu_{xy}}{E_x} = -\dfrac{\nu_{12}}{E_1}(\sin^4\theta + \cos^4\theta) + \left(\dfrac{1}{E_1} + \dfrac{1}{E_2} - \dfrac{1}{G_{12}}\right)\sin^2\theta\cos^2\theta \\[3mm] \bar{S}_{66} = \dfrac{1}{G_{xy}} = \dfrac{1}{G_{12}}(\sin^4\theta + \cos^4\theta) + 4\left(\dfrac{1+2\nu_{12}}{E_1} + \dfrac{1}{E_2} - \dfrac{1}{2G_{12}}\right)\sin^2\theta\cos^2\theta \\[3mm] \bar{S}_{16} = \dfrac{\eta_{xy,x}}{E_x} = \left(\dfrac{2}{E_1} + \dfrac{2\nu_{12}}{E_1} - \dfrac{1}{G_{12}}\right)\sin\theta\cos^3\theta - \left(\dfrac{2}{E_2} + \dfrac{2\nu_{12}}{E_1} - \dfrac{1}{G_{12}}\right)\sin^3\theta\cos\theta \\[3mm] \bar{S}_{26} = \dfrac{\eta_{xy,y}}{E_y} = \left(\dfrac{2}{E_1} + \dfrac{2\nu_{12}}{E_1} - \dfrac{1}{G_{12}}\right)\sin^3\theta\cos\theta - \left(\dfrac{2}{E_2} + \dfrac{2\nu_{12}}{E_1} - \dfrac{1}{G_{12}}\right)\sin\theta\cos^3\theta \end{cases} \tag{3-38}$$

由式(3-38)可得到偏轴方向无量纲工程常数 $E_x/E_2, E_y/E_2, G_{xy}/G_{12}, \nu_{xy}, \eta_{xy,x}, \eta_{xy,y}$ 与主轴方向的工程弹性常数 $E_1/E_2, G_{12}/E_2, \nu_{12}$ 以及 θ 之间的关系为

$$\begin{cases} \dfrac{E_x}{E_2} = \left[\dfrac{E_2}{E_1}\cos^4\theta + \left(\dfrac{E_2}{G_{12}} - 2\nu_{12}\dfrac{E_2}{E_1}\right)\sin^2\theta\cos^2\theta + \sin^4\theta\right]^{-1} \\[3mm] \dfrac{E_y}{E_2} = \left[\dfrac{E_2}{E_1}\sin^4\theta + \left(\dfrac{E_2}{G_{12}} - 2\nu_{12}\dfrac{E_2}{E_1}\right)\sin^2\theta\cos^2\theta + \cos^4\theta\right]^{-1} \\[3mm] \dfrac{G_{xy}}{G_{12}} = \left\{(\sin^4\theta + \cos^4\theta) + 4\left[(1+2\nu_{12})\dfrac{E_2 G_{12}}{E_1 E_2} + \dfrac{G_{12}}{E_2} - \dfrac{1}{2}\right]\sin^2\theta\cos^2\theta\right\}^{-1} \\[3mm] \nu_{xy} = \nu_{12}\dfrac{E_2 E_x}{E_1 E_2}(\sin^4\theta + \cos^4\theta) - \dfrac{E_x}{E_2}\left(1 + \dfrac{E_2}{E_1} - \dfrac{E_2}{G_{12}}\right)\sin^2\theta\cos^2\theta \\[3mm] \eta_{xy,x} = \dfrac{E_x}{E_2}\left[\left(2\dfrac{E_2}{E_1} + 2\nu_{12}\dfrac{E_2}{E_1} - \dfrac{E_2}{G_{12}}\right)\sin\theta\cos^3\theta - \left(2 + 2\nu_{12}\dfrac{E_2}{E_1} - \dfrac{E_2}{G_{12}}\right)\sin^3\theta\cos\theta\right] \\[3mm] \eta_{xy,y} = \dfrac{E_y}{E_2}\left[\left(2\dfrac{E_2}{E_1} + 2\nu_{12}\dfrac{E_2}{E_1} - \dfrac{E_2}{G_{12}}\right)\sin^3\theta\cos\theta - \left(2 + 2\nu_{12}\dfrac{E_2}{E_1} - \dfrac{E_2}{G_{12}}\right)\sin\theta\cos^3\theta\right] \end{cases} \tag{3-39}$$

为了估计单层板在面内偏轴方向上工程弹性常数随 θ 的变化情况,下面以某种玻璃/环氧单层材料($E_1/E_2 = 3$,$G_{12}/E_2 = 0.5$,$\nu_{12} = 0.25$)和某种硼/环氧单层材料($E_1/E_2 = 10$,$G_{12}/E_2 = 1/3$,$\nu_{12} = 0.3$)为例,按式(3-39)可画出相应的关系曲线。

由图3-8~图3-11可见,对不同的复合材料,偏轴方向上工程弹性常数随 θ 的变化情况不全相同。比如对于图3-8所示的玻璃/环氧单层材料,$\theta = 0°$,E_x 有极大值(E_1);$\theta = 90°$,E_x 有极小值(E_2)。符合通常的想象:沿纤维方向弹性模量最大,垂直于纤维方向弹性模量最小。但对于图3-9所示的硼/环氧单层材料,便出现了反常现象:$\theta = 0°$,E_x 有极大值(E_1);$\theta = 90°$,E_x 却有另一极大值(E_2),而在 $\theta = 60°$ 附近($\theta = 59.64°$),E_x 才有极小值。

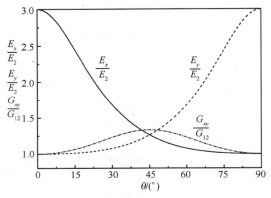

图3-8　玻璃/环氧$\left(\dfrac{E_1}{E_2} = 3, \dfrac{G_{12}}{E_2} = 0.5, \nu_{12} = 0.25\right)$的无量纲工程常数$\dfrac{E_x}{E_2}, \dfrac{E_y}{E_2}, \dfrac{G_{xy}}{G_{12}}$与 θ 的关系曲线

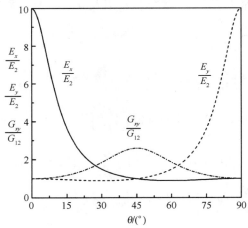

图3-9　硼/环氧$\left(\dfrac{E_1}{E_2} = 10, \dfrac{G_{12}}{E_2} = \dfrac{1}{3}, \nu_{12} = 0.3\right)$的无量纲工程常数$\dfrac{E_x}{E_2}, \dfrac{E_y}{E_2}, \dfrac{G_{xy}}{G_{12}}$与 θ 的关系曲线

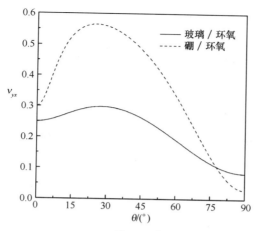

图 3-10　玻璃/环氧 $\left(\dfrac{E_1}{E_2}=3,\dfrac{G_{12}}{E_2}=0.5,\nu_{12}=0.25\right)$

与硼/环氧 $\left(E_1/E_2=10,G_{12}/E_2=\dfrac{1}{3},\nu_{12}=0.3\right)$ 工程常数 ν_{xy} 与 θ 的关系曲线

图 3-8、图 3-9 中 E_x/E_2 曲线和 E_y/E_2 曲线相互对称,这是因为以 $(90°-\theta)$ 代替 θ 算得的 $E_y(90°-\theta)=E_x(\theta)$,$-\eta_{xy,x}$ 与 $-\eta_{xy,y}$ 两曲线亦如此。

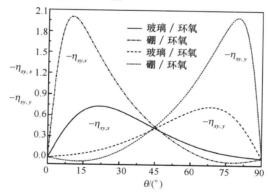

图 3-11　玻璃/环氧 $\left(\dfrac{E_1}{E_2}=3,\dfrac{G_{12}}{E_2}=0.5,\nu_{12}=0.25\right)$

与硼/环氧 $\left(\dfrac{E_1}{E_2}=10,\dfrac{G_{12}}{E_2}=\dfrac{1}{3},\nu_{12}=0.3\right)$ 工程常数 $\eta_{xy,x}$,$\eta_{xy,y}$ 与 θ 的关系曲线

3.4　复合材料静态力学性能测试

复合材料基本力学性能的试验研究是建立复合材料力学分析方法的基础,同时也是获得所需性能数据的手段。结构设计与制造的鉴定最终也是通过试验的方法来完成的。

下面介绍的一些常用的试验方法,大部分是用于室温下石墨/环氧复合材料的,对其他复合材料可以参照进行。

试验方法决不是无关紧要的和常规的例行公事。因为复合材料结构的设计直接取决于材料的性能数据,而材料性能数据的取得又总是与试验方法密切相关。同时,许多试验是专门用于质量控制的,并不给出设计数据。

复合材料静态力学性能包括:拉伸、压缩、面内剪切、弯曲、层间剪切等性能。拉伸、压缩和面内剪切性能试验是确定材料规范和结构设计所需性能数据的最基本的性能试验。弯曲、层间剪切试验多用于质量控制。在材料筛选和研制过程中,这些试验方法都会用到。为保证试验结果的再现性,对试样制备、外观检查和试样数量、试验标准环境条件和试样状态调节、测量精度、试验设备、试验结果处理等都作了规定。详见 GB 1446—83。

对于拉伸和压缩性能相同的正交各向异性单层板,其刚度特性有:E_1——1 方向弹性模量;E_2——2 方向弹性模量;ν_{12}——主泊松比;ν_{21}——次泊松比;G_{12}——在 1 - 2 平面内的剪切模量。上述 E_1,E_2,ν_{21},ν_{12},G_{12} 中只有 4 个是独立的,因为有 $\dfrac{\nu_{12}}{E_1} = \dfrac{\nu_{21}}{E_2}$。

强度特性有:X——轴向(1 方向)强度;Y——横向(2 方向)强度;S——剪切强度(1 - 2 平面内)。

对于拉压性能不同的单层板,弹性常数 E_1,E_2 分别有两个 E_{1t},E_{1c} 和 E_{2t},E_{2c},强度有 X_t,X_c,Y_t,Y_c,S(只有一个)。脚标 t 代表拉伸,c 代表压缩。

上述基本刚度和强度特性可以通过试验测定。测定用的试件通常分为两大类,一类是单向环试件,另一类是单向薄平板试件。由于环形试件只能测拉压性能而不能排除附加弯曲的影响,现在都采用单向薄板试件测量其各项性能。

3.4.1 拉伸性能测试

拉伸性能是最基本的材料力学性能。要求试件两端用金属铝片或玻璃钢片作加强片加固,加强片厚度 1 ~ 2mm,采用粘结剂粘结,要求在试验过程中加强片不脱落。试件尺寸规定参见表 3 - 4。不同纤维方向的试件尺寸是不同的,试件形状如图 3 - 12 所示。使用拉伸试件可测定 E_{1t},E_{2t} 和 X_t,Y_t,ν_{12} 或 ν_{21}。

表 3 - 4 拉伸试件尺寸

试件类别	尺寸					
	L/mm	b/mm	t/mm	l/mm	a/mm	θ
0°	230	12.5 ± 0.5	1 ~ 3	100	50	≥15°
90°	170	25 ± 0.5	2 ~ 4	50	50	≥15°
0°/90°	230	25 ± 0.5	2 ~ 4	80	50	≥15°
注:测定 0°泊松比时试件宽可采用 25 ± 0.5mm						

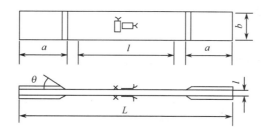

图 3 – 12 拉伸试件形状示意图

（1）0°试件，用引伸计或电阻应变计测量 ε_1，ε_2。测定 E_{1t}，X_t 和 ν_{12} 的计算公式如下：

$$E_{1t} = \frac{P_1}{\varepsilon_1 bt}, \quad X_t = \frac{P_{L1}}{bt}, \quad \nu_{12} = -\frac{\varepsilon_2}{\varepsilon_1} \qquad (3 - 40)$$

式中：b 为试件宽度；t 为厚度；P_1 为 1 方向载荷；P_{L1} 为 1 方向极限载荷；ε_1，ε_2 分别为 1，2 方向的应变。如用应变计测量 ε_1，ε_2，应考虑应变计横向效应修正。

（2）90°试件，测定 E_{2t}，Y_t 和 ν_{21} 的公式如下：

$$E_{2t} = \frac{P_2}{\varepsilon_2 bt}, \quad X_t = \frac{P_{L2}}{bt}, \quad \nu_{21} = -\frac{\varepsilon_1}{\varepsilon_2} \qquad (3 - 41)$$

式中：P_2 为 2 方向载荷；P_{L2} 为 2 方向极限载荷。

0°，90°拉伸试验分别用图 3 – 13 及图 3 – 14 所示试件及试验曲线。对于单向纤维复合材料，Y_t 一般较低。

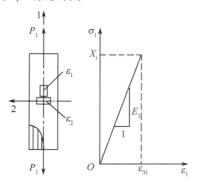

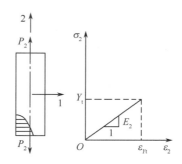

图 3 – 13 0°（纵向）拉伸试验　　　　图 3 – 14 90°（横向）拉伸试验

3.4.2 压缩性能测试

压缩性能与拉伸性能相对应，也是最基本的材料力学性能。压缩试验可测量 E_{1c}，E_{2c} 和 X_c，Y_c 及 ν_{12} 等。压缩强度是最难确定的一个性能，稍稍偏心的载荷将引起过早地发生失稳而测试不到真正的压缩强度。因此,压缩试验对试件设计和试验条件十分苛刻。

由于载荷易偏心、试件易失稳及端部易破坏,技术上不易圆满解决,试件尺寸采取短标距,如图 3-15 所示。压缩试验时采用特制的夹具。将采用短标距压缩试件试验所测结果与拉伸试验结果比较可发现:①一般 E_{1t} 与 E_{1c},E_{2t} 与 E_{2c} 相近,但有些材料如硼/环氧 $E_{1t}=207\mathrm{GPa}$,$E_{1c}=234\mathrm{GPa}$,有些差别,称之为双模量材料;②一般必须考虑拉压有不同强度。

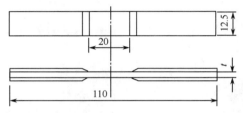

图 3-15 压缩试件尺寸示意图

3.4.3 面内剪切性能测试

单向复合材料面内剪切性能、剪切强度和剪切模量,是结构设计中必需的重要工程常数。

面内剪切性能试件设计要保证复合材料处于"纯剪切"应力状态。单向复合材料固有的各向异性,使实现"纯剪切"加载,在试验技术上比较困难的。

面内剪切试验用于测定剪切模量 G_{12} 和剪切强度 S,多数复合材料的 G_{12} 和 S 都较小,基体性能对面内剪切应力—应变关系有很大影响。$\tau_{12}-\gamma_{12}$ 曲线有明显非线性。目前主要有偏轴拉伸法、薄圆管扭转试验及轨道剪切试验方法、Arcan 圆盘试件法等,这几种剪切试验大多用层合试件,难免受层间应力、耦合效应影响,要在试件中产生纯剪切状态较困难。下面对偏轴拉伸法做一介绍。

用单层板切割成 $\theta=45°$ 偏轴拉伸试件,在 P_x 作用下,试件处于平面应力状态,由式(3-27)有

$$\begin{Bmatrix} \varepsilon_x \\ \varepsilon_y \\ \gamma_{xy} \end{Bmatrix} = \begin{bmatrix} \bar{S}_{11} & \bar{S}_{12} & \bar{S}_{16} \\ \bar{S}_{12} & \bar{S}_{22} & \bar{S}_{26} \\ \bar{S}_{16} & \bar{S}_{26} & \bar{S}_{66} \end{bmatrix} \begin{Bmatrix} \sigma_x \\ \sigma_y \\ \tau_{xy} \end{Bmatrix}$$

其中 $\bar{S}_{ij}$ 用工程弹性常数和 θ 的三角函数表示如下:

52

$$\begin{cases} \bar{S}_{11} = \dfrac{1}{E_x} = \dfrac{1}{E_1}\cos^4\theta + \left(\dfrac{1}{G_{12}} - \dfrac{2\nu_{12}}{E_1}\right)\sin^2\theta\cos^2\theta + \dfrac{1}{E_2}\sin^4\theta \\[2mm] \bar{S}_{12} = \dfrac{-\nu_{xy}}{E_x} = -\dfrac{\nu_{12}}{E_1}(\sin^4\theta + \cos^4\theta) + \left(\dfrac{1}{E_1} + \dfrac{1}{E_2} - \dfrac{1}{G_{12}}\right)\sin^2\theta\cos^2\theta \\[2mm] \bar{S}_{66} = \dfrac{1}{G_{xy}} = \dfrac{1}{G_{12}}(\sin^4\theta + \cos^4\theta) + 4\left(\dfrac{1 + 2\nu_{12}}{E_1} + \dfrac{1}{E_2} - \dfrac{1}{2G_{12}}\right)\sin^2\theta\cos^2\theta \end{cases} \quad (3-42)$$

现 $\theta = 45°$，作用力为 P_x，应力 $\sigma_x = \dfrac{P_x}{bt}$，$\sigma_y = \tau_{xy} = 0$，则有

$$\begin{cases} \dfrac{1}{E_{45}} = \dfrac{\varepsilon_x}{\sigma_x} = \dfrac{1}{4}\left[\dfrac{1}{E_1} + \left(\dfrac{1}{G_{12}} - \dfrac{2\nu_{12}}{E_1}\right) + \dfrac{1}{E_2}\right] \\[2mm] \dfrac{1}{E_{45}}\nu_{xy} = -\dfrac{\varepsilon_y}{\sigma_x} = -\dfrac{1}{4}\left(\dfrac{1}{E_1} + \dfrac{1}{E_2} - \dfrac{1}{G_{12}} - \dfrac{2\nu_{12}}{E_1}\right) \end{cases} \quad (3-43)$$

将式(3-42)中两式相加，得

$$G_{12} = \frac{\sigma_x}{2(\varepsilon_x - \varepsilon_y)} = \frac{P_x}{2bt(\varepsilon_x - \varepsilon_y)} \quad (3-44)$$

另外，如已由 $0°$，$90°$ 方向拉伸实验测得 E_1，E_2 和 ν_{12}，则由式(3-43)中第一式可求得 G_{12} 为

$$G_{12} = \frac{1}{\dfrac{4}{E_{45}} - \dfrac{1}{E_1} - \dfrac{1}{E_2} + \dfrac{2\nu_{12}}{E_1}} \quad (3-45)$$

其中，只需测 ε_x 求得 $E_{45} = \dfrac{\sigma_x}{\varepsilon_x}$。

在 P_{Lx} 作用下 $45°$ 试件剪切破坏，剪切强度 S 可由下式求得：

$$S = \frac{P_{Lx}}{2bt} \quad (3-46)$$

由于偏轴拉伸有耦合切应变，影响测量结果，故采用 $\pm45°$ 对称层合板试件（45°/ -45°/ -45°/45°）。作拉伸试验测定 G_{12} 和 S，由于存在层间应力影响，所测 S 也不很准确，其试件尺寸如图 3-16 所示。

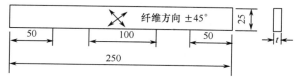

图 3-16 $\pm45°$ 对称拉伸试件尺寸

3.4.4 层间剪切性能测试

层间剪切强度试验是测定平行纤维层间受剪切应力作用时的极限强度,通常用于质量检测。

采用短梁法测定单向纤维增强复合材料的层间剪切强度,短梁试件尺寸及加载如图 3 - 17 所示。试件长度 L 按下式计算:

$$L = l + 10$$

式中:$l = 5t$。试件宽度 $b = 6.0 \pm 0.5\text{mm}$,厚度 t 为 2 ~ 5mm,加载压头半径 $R = 2.0 \pm 0.1\text{mm}$,支座圆角半径 r 为 $2.0 \pm 0.2\text{mm}$,加载速度为 1 ~ 2mm/min,层间剪切强度 S_b 按下式计算:

$$S_b = \frac{3P_{max}}{4bt} \tag{3-47}$$

通常认为,这个性能既受基体材料性能的影响,更受纤维——基体的胶接性能(界面性能)的影响。因此,短梁层间剪切试验特别适用于检验纤维——基体胶接性能和评价基体材料在复杂受力下的性能,是一种基体筛选和工艺质量控制试验方法。

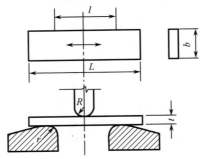

图 3 - 17 短梁试件及加载示意图

3.4.5 弯曲性能测试

弯曲试验是一种质量控制和材料鉴定试验,而不是给出材料性能数据的试验。弯曲性能试验通常采用简支梁三点弯曲试验来实现。

采用简支梁三点加载测定单向纤维增强复合材料的弯曲模量和弯曲强度,梁试件尺寸及加载示意图如图 3 - 18 所示,跨距 l 由跨厚比 l/t 计算。l/t 的选择应确保试件在弯矩作用下破坏发生在最外层纤维,推荐的 l/t 为 16 和 32。弯曲的标准试件尺寸:厚 $t = 2.0 \pm 0.2\text{mm}$,宽 $b = 12.5 \pm 0.5\text{mm}$,$l/t$ 值玻璃纤维复合材料为 16 ± 1,碳纤维复合材料为 32 ± 1。测定弯曲强度时,加载速度 v 按下式算出:

$$v = \frac{l^2}{6t}\dot{\varepsilon} \qquad\qquad (3-48)$$

式中:$\dot{\varepsilon}$ 为跨距中点处外层纤维应变速率,取 1 %/min。当 $l/t=16$ 时,可取 $v=t/2/\text{min}$;当 $l/t=32$ 时,可取 $v=2t/\text{min}$;一般试验时也可取 $v=5\sim10\text{mm/min}$。测定弯曲弹性模量 E_Y 及载荷—挠度曲线时,v 取 $1\sim2\text{mm/min}$ 或手动速度。

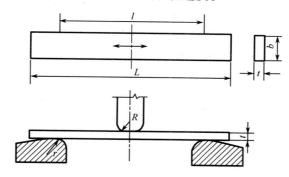

图 3-18　弯曲试件及加载示意图

除了三点弯曲加载外,还可用四点弯曲,这时加载点在 $\frac{l}{4}$ 处。

三点弯曲的弯曲强度为

$$\sigma_\text{Y} = \frac{3P_{\max}l}{2bt^2} \qquad\qquad (3-49)$$

四点弯曲时有

$$\sigma_\text{Y} = \frac{3P_{\max}l}{4bt^2} \qquad\qquad (3-50)$$

当弯曲破坏中点挠度 f 与跨度 l 之比值大于 10% 时,为了精确,弯曲强度按下式计算:

$$\sigma_\text{Y} = \frac{3P_{\max}l}{2bt^2}\Big[1+4\Big(\frac{f}{l}\Big)^2\Big] \qquad\qquad (3-51)$$

弯曲弹性模量为

$$E_\text{Y} = \frac{\Delta P l^3}{4bt^3\Delta f} \qquad\qquad (3-52)$$

式中:ΔP 为对应载荷—挠度曲线上直线段的载荷增量;Δf 为对应于 ΔP 的跨度中点处的挠度增量。

考虑复合材料剪切变形的影响,在式(3-52)中增加修正项,即

$$E_{Y} = \frac{\Delta P l^3}{4 b t^3 \Delta f}(1 + S) \qquad (3-53)$$

式中:S 为剪切变形修正系数,其值为

$$S = \frac{3 t^2}{2 l^2} \frac{E_{Y}}{G_{13}} \qquad (3-54)$$

式中:G_{13} 为复合材料纵向平面沿厚度方向的剪切模量。

从弯曲试验得到的强度值通常高于从拉伸试验得到的拉伸强度值。

表3-5 列出了几种纤维增强环氧复合材料的各种力学性能典型数据,从中可看出它们之间的差别。

表3-5 几种纤维/环氧复合材料力学性能典型数据

性能项目	纤维类型		
	E 玻璃纤维	芳纶纤维	T-300 碳纤维
c_f/%	46	60~65	60
相对密度 γ	1.80	1.38	1.61
$0°,X_t$/ $\times 10^3$ MPa	1.13	1.34	1.47
E_{1t}/GPa	39.8	84.7	134
$90°,Y_t$/MPa	36.7	39.8	38.5
E_{2t}/GPa	10.2	5.7	8.5
$0°,X_c$/ $\times 10^3$ MPa	0.612	0.292	1.19
E_{1c}/GPa	32.7	74.5	133
$90°,Y_c$/MPa	141	141	176
E_{2c}/GPa	8.1	5.7	8.6
S/MPa	42	61.2	78
G_{12}/GPa	88	2.1	5.8
ν_{12}	0.25	0.34	0.34
层间剪切强度 S_b/MPa	31.6	70.4	81.4
弯曲强度 X_Y/MPa	—	—	1.58
弯曲模量 E_Y/GPa	—	—	12

习　题

3-1　试证明:仅满足 $E_1 = E_2$(即 $Q_{11} = Q_{22}$,亦即 $S_{11} = S_{22}$)的单层板不是各向同性单层板。(注:这种单层板有 3 个独立的弹性常数)

3-2　证明式(3-38)中的第一式可改写成下列形式:

$$\frac{E_1}{E_x} = (1 + a - 4b)\cos^4\theta + (4b - 2a)\cos^2\theta + a$$

其中,$a = \dfrac{E_1}{E_2}$,$b = \dfrac{1}{4}\left(\dfrac{E_1}{G_{12}} - 2\nu_{12}\right)$。

3-3　利用式(3-38),试证明:

(1) 对于某些 θ 值,若 $G_{12} > \dfrac{E_1}{2(1 + \nu_{12})}$,则 E_x 比 E_1 和 E_2 都大;

(2) 若 $G_{12} < \dfrac{E_1}{2\left(\dfrac{E_1}{E_2} + \nu_{12}\right)}$,则 E_x 比 E_1 和 E_2 都小。

3-4　已知玻璃/环氧单层材料的 $E_1 = 4.80 \times 10^4 \text{MPa}$,$E_2 = 1.60 \times 10^4 \text{MPa}$,$\nu_{12} = 0.27$,$G_{12} = 0.80 \times 10^4 \text{MPa}$,受有应力 $\sigma_1 = 100\text{MPa}$,$\sigma_2 = -30\text{MPa}$,$\tau_{12} = 10\text{MPa}$,求应变 ε_1,ε_2,γ_{12}。

3-5　已知单层材料受应力 $\sigma_1 = 50\text{MPa}$,$\sigma_2 = 20\text{MPa}$,$\tau_{12} = -30\text{MPa}$,求 $\theta = 30°,45°$ 时的应力分量 σ_x,σ_y 和 τ_{xy} 的大小。

3-6　已知玻璃/环氧单层板的 $E_1 = 3.90 \times 10^4 \text{MPa}$,$E_2 = 1.30 \times 10^4 \text{MPa}$,$\nu_{12} = 0.25$,$G_{12} = 0.42 \times 10^4 \text{MPa}$,求应变 S_{ij} 及 Q_{ij}。

3-7　已知碳/环氧单层板的 $E_1 = 2.10 \times 10^5 \text{MPa}$,$E_2 = 5.25 \times 10^3 \text{MPa}$,$\nu_{12} = 0.28$,$G_{12} = 2.60 \times 10^3 \text{MPa}$,求应变 S_{ij} 及 Q_{ij}。

3-8　已知碳/环氧单层板的 E_1,E_2,ν_{12} 及 G_{12} 同 3-5 题,当 $\theta = 45°$ 时,求 $\bar{S}_{ij}$。

3-9　已知碳/环氧单层板的 E_1,E_2,ν_{12} 及 G_{12} 同 3-5 题,当 $\theta = 30°$ 时,求 $\bar{Q}_{ij}$。

3-10　已知某复合材料单层板的 $E_1 = 4.80 \times 10^4 \text{MPa}$,$E_2 = 1.20 \times 10^4 \text{MPa}$,$\nu_{12} = 0.40$,$G_{12} = 1.0 \times 10^4 \text{MPa}$,求 $\theta = 15°$ 时的 $\bar{Q}_{ij}$ 和 $\bar{S}_{ij}$。

第4章 层合板的宏观力学分析

本章从经典的层合板理论基本假设出发,研究分析了复合材料层合板拉伸刚度、弯曲刚度和耦合刚度特性,给出了相应刚度系数的计算公式,并具体分析了几种实际中常用的典型层合板。

4.1 层合板概述

层合板是由两层或两层以上的单层板粘合在一起成为整体的受力结构元件。各单层的材料、厚度和弹性主方向等可以互不相同。也就是说,层合板可以由不同材质的单层板构成,也可以由不同纤维铺设方向上相同材质的各向异性单层板构成。适当地改变单层的参数,就可以设计出最有效地承受各种特定外载的结构元件,这是复合材料层合板突出的优点之一。

层合板是各向异性的,而且由于纤维铺设方向的多样性,使它通常没有一定的弹性主方向。因此,层合板的刚度分析远比单层板复杂得多,一般均采用宏观力学的分析方法,即把单层板看成均匀的各向异性薄板,然后把各单层板层合成层合板,最后再分析其刚度。

4.1.1 层合板的特性

层合板的性能与各层单层板的材料性能有关,且与各层单层板的铺设方式有关。单层板的性能与其材料及材料主方向有关,如将各层单层板的弹性主方向按不同方向和不同顺序铺设,可得到各种不同性能的层合板,这样就有可能在不改变单层板材料的情况下,设计出各种力学性能的层合板以满足工程上不同的要求,因此工程上常使用层合板的结构形式。

与单层板相比,层合板有下列特性:

(1)一般单层板以纤维及其垂直方向为材料主方向,而层合板的各单层板的材料主方向一般按不同角度排列,因此层合板不一定有确定的弹性主方向。

(2)层合板的刚度取决于各单层板性能和铺设方式,如层合板中各单层板的性能和铺设顺序已确定,则可推算出层合板的刚度。

（3）一般层合板有耦合效应,即层合板面内内力会引起弯曲变形(弯曲和扭曲),而弯曲内力(弯矩和扭矩)会引起面内变形。这种耦合效应使层合板的力学分析变得复杂。

（4）单层板受载破坏时即全部失效,而层合板由各单层板组成,其中某一层或数层破坏时,其余各层仍可能继续承受载荷,不一定全部失效。

（5）层合板在粘结时要加热固化,冷却后由于各单层板的热胀冷缩不一致,因此有温度应力存在,在强度计算时必须考虑这个因素。

（6）层合板由不同的单层板粘结在一起,在变形时为满足变形协调条件,各层之间有层间应力存在。

4.1.2 层合板的标记

由于层合板中各单层的铺设可以是任意的,为了便于分析和比较不同铺设方式层合板的力学特性,需要给出表示层合板单层的铺设方向和铺设顺序的符号,也称为层合板的标记。

由于层合板不一定有确定的弹性主方向,层合板一般选择结构的自然轴方向为参考坐标系统。例如矩形板取垂直于两边方向为参考坐标系统,选定坐标后,对层合板进行标号,规定层合板中单层板材料主轴与参考坐标轴夹角,以逆时针方向为正,顺时针方向为负,图4-1所示 θ 角为正。

由纤维增强的等厚度单向单层板粘合成的层合板是最常用的结构形式之一,常常用单层板纤维轴向与确定的直角坐标系 x 轴间的夹角(称为铺设角)来表示其中每层单层板,而排列顺序则表示了各单层板在层合板中的位置。

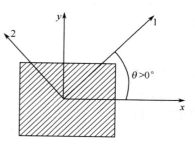

图4-1 单层板材料主轴与
参考坐标轴夹角

本书规定层合板中单层板书写顺序是按从最顶层($z_{\max}$)到最底层($z_{\min}$)的顺序进行书写。例如图4-2所示的层合板,由4层单层板粘合而成,各单层板主方向夹角第一层为 $+\alpha$,第二层为0°,第三层为90°,第四层为 $-\alpha$,则层合板可表示为 $[\alpha/0°/90°/-\alpha]$。

对不同厚度单层板组成的层合板,除用角度表示外,还需注明各层厚度,例如:

$$[0°t/90° \ 2t/45° \ 3t]$$

在此层合板中,第一层厚度为 t,第二层为 $2t$,第三层为 $3t$。

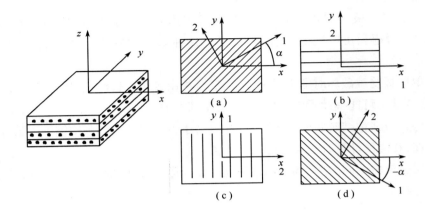

图 4-2 叠层材料构造形式举例

(a) $\theta = \alpha$；(b) $\theta = 0°$；(c) $\theta = 90°$；(d) $\theta = -\alpha$。

层合板可由各单层板任意排列铺设,依结构对称性区分,不外乎以下三种:

(1) 对称层合板。指几何尺寸和材料性能都对称于中面的层合板,例如:

$$[60°/-60°/15°/15°/-60°/60°]$$

$$[0°t/90° 2t/45° 3t/90° 2t/0°t]$$

这两种层合板中,如果对称的各单层板性能均相同,则为对称层合板,后面一种中间 $45°$ 的单层板可看成是两层 $45°$ 厚度 $1.5t$ 的单层板,对于对称层合板可只写前半部,上两例可写成

$$[\pm 60°/15°]_s,[0°t/90° 2t/45° 1.5t]_s$$

式中:"s"表示对称;"±"号表示两层正负角交错。

(2) 反对称层合板。指层合板中与中面相对的单层板材料主方向与坐标轴的夹角正负交替、几何尺寸对称而其他材料性能均相同的层合板。例如:

$$[-45°/30°/-30°/45°]$$

另外对于 $0°$ 与 $90°$,也可看成交错角,因此,$[0°/90°/0°/90°/0°/90°]$ 也是反对称层合板。如果 $0°$ 或 $90°$ 作为层合板中间层而其他各单层板与中面成反对称,也看成为反对称层合板,例如:

$$[-45°/30°/0°/-30°/45°]$$

(3) 不对称层合板。指与中面不对称的层合板。例如:

$$[90°/30°/45°/0°],[45°/-15°/0°/30°]$$

60

4.2 经典层合板理论

4.2.1 层合板的基本假设

这里研究层合薄板,即层合板的厚度比结构的其它尺寸相比较小,且板的位移比板厚为小,因此可作如下假设来近似处理层合板的弯曲问题。

(1)直法线假设。假设层合板未受载荷前垂直于中面的法线,在层合板受到面内力及力矩后,原法线仍保持直线并垂直于层合板变形后的中面。

由于层合板是由粘结牢固的许多单层板组成,这相当于假定粘结层很薄,没有剪切变形,因而沿层合板横截面上各单层的位移是连续的,层间没有滑移。则有

$$\gamma_{yz} = 0 \ , \ \gamma_{zx} = 0 \qquad (4-1)$$

(2)等法线假设。垂直于层合板中面的法线受载荷后其长度不变(即无伸缩),因而垂直于中面的应变同样忽略不计,即

$$\varepsilon_z = 0 \qquad (4-2)$$

(3)平面应力假设。各单层板处于平面应力状态(除了其边缘),即有

$$\sigma_z = \tau_{xz} = \tau_{yz} = 0 \qquad (4-3)$$

(4)线弹性和小变形假设。单层的应力—应变关系是线弹性的,层合板是小变形板。

在上述假定基础上建立的层合板理论称为经典层合板理论(Classical Lamination Theory, CLT)。这个理论对薄的层合平板、层合曲板或层合壳都是适用的。

4.2.2 层合板的应力—应变关系

考虑一层合板,由 n 层任意铺设的单层板所构成,如图 4-3 所示。取 z 轴垂直于板面,Oxy 坐标面与中面重合,板厚为 t。

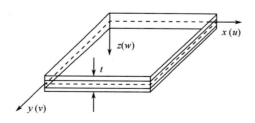

图 4-3 层合板坐标图

根据弹性力学,板中任意一点的位移分量 u, v, w 可表示为

$$\begin{cases} u=u(x,\,y,\,z) \\ v=v(x,\,y,\,z) \\ w=w(x,\,y,\,z) \end{cases} \tag{4-4}$$

根据基本假设式(4-1)及式(4-2),得

$$\begin{cases} \varepsilon_z=\dfrac{\partial w}{\partial z}=0 \\[2mm] \gamma_{zx}=\dfrac{\partial u}{\partial z}+\dfrac{\partial w}{\partial x}=0 \\[2mm] \gamma_{zy}=\dfrac{\partial v}{\partial z}+\dfrac{\partial w}{\partial y}=0 \end{cases} \tag{4-5}$$

将式(4-5)中的三式分别对 z 积分,可得

$$\begin{cases} u=u_0(x,\,y)-z\dfrac{\partial w(x,\,y)}{\partial x} \\[2mm] v=v_0(x,\,y)-z\dfrac{\partial w(x,\,y)}{\partial y} \\[2mm] w=w(x,\,y) \end{cases} \tag{4-6}$$

式中:$u_0(x,\,y)$ 和 $v_0(x,\,y)$ 表示中面的面内位移分量;$w(x,\,y)$ 对每一单层都是一样的,称为挠度函数。

将式(4-6)代入小变形的几何方程,可得层合板任意一点的面内应变为

$$\begin{cases} \varepsilon_x=\dfrac{\partial u}{\partial x}=\dfrac{\partial u_0}{\partial x}-z\dfrac{\partial^2 w}{\partial x^2} \\[2mm] \varepsilon_y=\dfrac{\partial v}{\partial y}=\dfrac{\partial v_0}{\partial y}-z\dfrac{\partial^2 w}{\partial y^2} \\[2mm] \gamma_{xy}=\dfrac{\partial u}{\partial y}+\dfrac{\partial v}{\partial x}=\left(\dfrac{\partial u_0}{\partial y}+\dfrac{\partial v_0}{\partial x}\right)-2z\dfrac{\partial^2 w}{\partial x \partial y} \end{cases} \tag{4-7}$$

令

$$\begin{Bmatrix} \varepsilon_x^0 \\[2mm] \varepsilon_y^0 \\[2mm] \gamma_{xy}^0 \end{Bmatrix}= \begin{Bmatrix} \dfrac{\partial u_0}{\partial x} \\[3mm] \dfrac{\partial v_0}{\partial y} \\[3mm] \dfrac{\partial u_0}{\partial y}+\dfrac{\partial v_0}{\partial x} \end{Bmatrix} \tag{4-8}$$

$$\left\{\begin{matrix} \kappa_x \\ \kappa_y \\ \kappa_{xy} \end{matrix}\right\} = -\left\{\begin{matrix} \dfrac{\partial^2 w}{\partial x^2} \\ \dfrac{\partial^2 w}{\partial y^2} \\ 2\,\dfrac{\partial^2 w}{\partial x \partial y} \end{matrix}\right\} \qquad (4-9)$$

式中：ε_x^0，ε_y^0 和 γ_{xy}^0 为中面应变；κ_x，κ_y 为板中面的弯曲挠曲率；κ_{xy} 为中面的扭曲率。

则式（4 – 7）可用矩阵表示为

$$\left\{\begin{matrix} \varepsilon_x \\ \varepsilon_y \\ \gamma_{xy} \end{matrix}\right\} = \left\{\begin{matrix} \varepsilon_x^0 \\ \varepsilon_y^0 \\ \gamma_{xy}^0 \end{matrix}\right\} + z\left\{\begin{matrix} \kappa_x \\ \kappa_y \\ \kappa_{xy} \end{matrix}\right\} \qquad (4-10)$$

可见，层合板应变由中面应变和弯曲应变两部分组成，沿厚度方向是线性分布的。将沿厚度变化的应变方程（4 – 10）代入应力—应变关系式（3 – 23），得到用层合板中面的应变和曲率表达的第 k 层应力为

$$\left\{\begin{matrix} \sigma_x \\ \sigma_y \\ \tau_{xy} \end{matrix}\right\}_k = \begin{bmatrix} \overline{Q}_{11} & \overline{Q}_{12} & \overline{Q}_{16} \\ \overline{Q}_{12} & \overline{Q}_{22} & \overline{Q}_{26} \\ \overline{Q}_{16} & \overline{Q}_{26} & \overline{Q}_{66} \end{bmatrix}_k \left\{\left\{\begin{matrix} \varepsilon_x^0 \\ \varepsilon_y^0 \\ \gamma_{xy}^0 \end{matrix}\right\} + z\left\{\begin{matrix} \kappa_x \\ \kappa_y \\ \kappa_{xy} \end{matrix}\right\}\right\} \qquad (4-11)$$

因后一项中 z 是变量，κ_x，κ_y 和 κ_{xy} 对任一 k 层都一样，所以不标明 k 下标，只有在 $[\overline{Q}]$ 中标 k 下标，说明每一层 $[\overline{Q}]$ 不完全相同。

由式（4 – 11）可知，虽然层合板应变沿厚度是线性分布的，但应力除与应变有关外，还与各单层的刚度 $\overline{Q}_{ij}$ 有关，而每层的 $\overline{Q}_{ij}$ 不完全相同，故应力变化一般不是线性的。以一个 4 层单层板组成的层合板为例，典型的应变和应力的变化如图 4 – 4 所示。

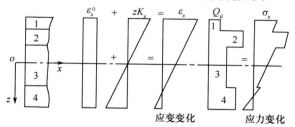

图 4 – 4　典型层合板应力和应变沿厚度的变化

4.2.3　层合板的合内力及合内力矩

在层合板中取出一单元体，单元体的平面尺寸为 1×1，高度为板厚 t，如图 4 – 5 所示。

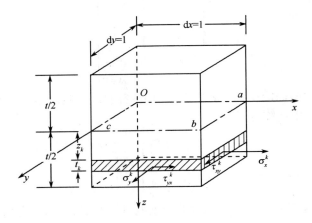

图 4 – 5　层合板中的单元体

作用于层合板上的合内力 N_x，N_y，N_{xy} 及合内力矩 M_x，M_y，M_{xy}（都是指单位长度上的内力或内力矩），它们可由各单层板上的应力沿层合板厚度积分求得，又由于层合板各单层的应力不是连续分布的，只能分层积分。

研究由 n 个单层板粘合成的层合板，如图 4 – 6 所示。取板中面为 xy 坐标面，z 轴垂直于板中面，沿 z 轴正方向依次将各单层编为 $1, 2, \cdots, n$ 层，相应的厚度分别为 t_1，t_2，$\cdots$，t_n。设层合板的总厚度为 t，规定第 k 层上、下表面的 z 坐标分别为 z_{k-1} 和 z_k，于是有 $z_0 = -t/2$，$z_n = t/2$。

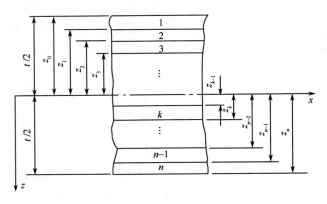

图 4 – 6　层合板各单层 z 坐标

根据应力和内力的关系，可得到层合板内力和内力矩应表示为所有单层的内力和内力矩的叠加，如图 4 – 7 及图 4 – 8 所示。它们分别定义为

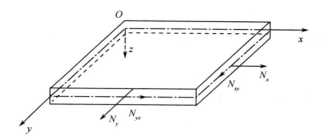

图 4 - 7　层合板的内力

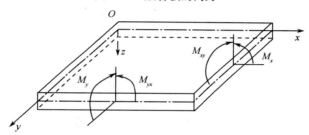

图 4 - 8　层合板的内力矩

$$
\left\{
\begin{array}{c}
N_x \\
N_y \\
N_{xy}
\end{array}
\right\}
= \int_{-\frac{t}{2}}^{\frac{t}{2}}
\left\{
\begin{array}{c}
\sigma_x \\
\sigma_y \\
\tau_{xy}
\end{array}
\right\} \mathrm{d}z
= \sum_{k=1}^{n} \int_{z_{k-1}}^{z_k}
\left\{
\begin{array}{c}
\sigma_x \\
\sigma_y \\
\tau_{xy}
\end{array}
\right\} \mathrm{d}z
\tag{4-12}
$$

$$
\left\{
\begin{array}{c}
M_x \\
M_y \\
M_{xy}
\end{array}
\right\}
= \int_{-\frac{t}{2}}^{\frac{t}{2}}
\left\{
\begin{array}{c}
\sigma_x \\
\sigma_y \\
\tau_{xy}
\end{array}
\right\} z\mathrm{d}z
= \sum_{k=1}^{n} \int_{z_{k-1}}^{z_k}
\left\{
\begin{array}{c}
\sigma_x \\
\sigma_y \\
\tau_{xy}
\end{array}
\right\} z\mathrm{d}z
\tag{4-13}
$$

考虑到每个单层的刚度矩阵在单层内是不变的,因此它可以从每一层的积分号中提出来,但必须在每层的合力和合力矩的求和号之内。将式(4-11)代入式(4-12)及式(4-13)得

$$
\left\{
\begin{array}{c}
N_x \\
N_y \\
N_{xy}
\end{array}
\right\}
= \sum_{k=1}^{n}
\left[
\begin{array}{ccc}
\overline{Q}_{11} & \overline{Q}_{12} & \overline{Q}_{16} \\
\overline{Q}_{12} & \overline{Q}_{22} & \overline{Q}_{26} \\
\overline{Q}_{16} & \overline{Q}_{26} & \overline{Q}_{66}
\end{array}
\right]_k
\left(
\int_{z_{k-1}}^{z_k}
\left\{
\begin{array}{c}
\varepsilon_x^0 \\
\varepsilon_y^0 \\
\gamma_{xy}^0
\end{array}
\right\} \mathrm{d}z
+ \int_{z_{k-1}}^{z_k}
\left\{
\begin{array}{c}
\kappa_x \\
\kappa_y \\
\kappa_{xy}
\end{array}
\right\} z\mathrm{d}z
\right)
\tag{4-14}
$$

$$
\left\{
\begin{array}{c}
M_x \\
M_y \\
M_{xy}
\end{array}
\right\}
= \sum_{k=1}^{n}
\left[
\begin{array}{ccc}
\overline{Q}_{11} & \overline{Q}_{12} & \overline{Q}_{16} \\
\overline{Q}_{12} & \overline{Q}_{22} & \overline{Q}_{26} \\
\overline{Q}_{16} & \overline{Q}_{26} & \overline{Q}_{66}
\end{array}
\right]_k
\left(
\int_{z_{k-1}}^{z_k}
\left\{
\begin{array}{c}
\varepsilon_x^0 \\
\varepsilon_y^0 \\
\gamma_{xy}^0
\end{array}
\right\} z\mathrm{d}z
+ \int_{z_{k-1}}^{z_k}
\left\{
\begin{array}{c}
\kappa_x \\
\kappa_y \\
\kappa_{xy}
\end{array}
\right\} z^2\mathrm{d}z
\right)
\tag{4-15}
$$

注意到 ε_x^0，ε_y^0，γ_{xy}^0，κ_x，κ_y 和 κ_{xy} 不是 z 的函数，而是中面的应变、中面曲率和扭曲率，因此可从式(4-14)及式(4-15)的求和记号中移出。因此，上面两个方程可写成

$$\left\{\begin{array}{c} N_x \\ N_y \\ N_{xy} \end{array}\right\} = \sum_{k=1}^{n} \left[\begin{array}{ccc} \overline{Q}_{11} & \overline{Q}_{12} & \overline{Q}_{16} \\ \overline{Q}_{12} & \overline{Q}_{22} & \overline{Q}_{26} \\ \overline{Q}_{16} & \overline{Q}_{26} & \overline{Q}_{66} \end{array}\right]_k \left[(z_k - z_{k-1})\left\{\begin{array}{c} \varepsilon_x^0 \\ \varepsilon_y^0 \\ \gamma_{xy}^0 \end{array}\right\} + \frac{1}{2}(z_k^2 - z_{k-1}^2)\left\{\begin{array}{c} \kappa_x \\ \kappa_y \\ \kappa_{xy} \end{array}\right\}\right] \quad (4-16)$$

$$\left\{\begin{array}{c} M_x \\ M_y \\ M_{xy} \end{array}\right\} = \sum_{k=1}^{n} \left[\begin{array}{ccc} \overline{Q}_{11} & \overline{Q}_{12} & \overline{Q}_{16} \\ \overline{Q}_{12} & \overline{Q}_{22} & \overline{Q}_{26} \\ \overline{Q}_{16} & \overline{Q}_{26} & \overline{Q}_{66} \end{array}\right]_k \left[\frac{1}{2}(z_k^2 - z_{k-1}^2)\left\{\begin{array}{c} \varepsilon_x^0 \\ \varepsilon_y^0 \\ \gamma_{xy}^0 \end{array}\right\} + \frac{1}{3}(z_k^3 - z_{k-1}^3)\left\{\begin{array}{c} \kappa_x \\ \kappa_y \\ \kappa_{xy} \end{array}\right\}\right]$$

$$(4-17)$$

上两式又可进一步可写成

$$\left\{\begin{array}{c} N_x \\ N_y \\ N_{xy} \end{array}\right\} = \left[\begin{array}{ccc} A_{11} & A_{12} & A_{16} \\ A_{12} & A_{22} & A_{26} \\ A_{16} & A_{26} & A_{66} \end{array}\right]\left\{\begin{array}{c} \varepsilon_x^0 \\ \varepsilon_y^0 \\ \gamma_{xy}^0 \end{array}\right\} + \left[\begin{array}{ccc} B_{11} & B_{12} & B_{16} \\ B_{12} & B_{22} & B_{26} \\ B_{16} & B_{26} & B_{66} \end{array}\right]\left\{\begin{array}{c} \kappa_x \\ \kappa_y \\ \kappa_{xy} \end{array}\right\} \quad (4-18)$$

$$\left\{\begin{array}{c} M_x \\ M_y \\ M_{xy} \end{array}\right\} = \left[\begin{array}{ccc} B_{11} & B_{12} & B_{16} \\ B_{12} & B_{22} & B_{26} \\ B_{16} & B_{26} & B_{66} \end{array}\right]\left\{\begin{array}{c} \varepsilon_x^0 \\ \varepsilon_y^0 \\ \gamma_{xy}^0 \end{array}\right\} + \left[\begin{array}{ccc} D_{11} & D_{12} & D_{16} \\ D_{12} & D_{22} & D_{26} \\ D_{16} & D_{26} & D_{66} \end{array}\right]\left\{\begin{array}{c} \kappa_x \\ \kappa_y \\ \kappa_{xy} \end{array}\right\} \quad (4-19)$$

式中

$$\left\{\begin{array}{l} A_{ij} = \sum_{k=1}^{n} (\overline{Q}_{ij})_k (z_k - z_{k-1}) \\[2mm] B_{ij} = \frac{1}{2}\sum_{k=1}^{n} (\overline{Q}_{ij})_k (z_k^2 - z_{k-1}^2) \\[2mm] D_{ij} = \frac{1}{3}\sum_{k=1}^{n} (\overline{Q}_{ij})_k (z_k^3 - z_{k-1}^3) \end{array}\right. \quad (4-20)$$

其中，A_{ij}，B_{ij}，D_{ij} 分别称为拉伸刚度(tensile stiffness)、耦合刚度(coupling stiffness)及弯曲刚度(bending stiffness)。由于耦合刚度 B_{ij} 的存在，由式(4-18)及式(4-19)可以看出，层合板面内内力不仅引起中面应变，还会引起弯曲和扭转变形；同样，内力矩不仅引起弯曲和扭转变形，还会产生中面应变。

A_{ij}，B_{ij}，D_{ij} 各刚度系数的具体物理意义如下：

A_{11}，A_{12}，A_{22}为拉（压）力与中面拉伸（压缩）应变间的刚度系数，A_{66}为剪切力与中面切应变之间的刚度系数，A_{16}，A_{26}为剪切与拉伸之间的耦合刚度系数；B_{11}，B_{12}，B_{22}为拉伸与弯曲之间的耦合刚度系数，B_{66}为剪切与扭转之间的耦合刚度系数，B_{16}，B_{26}为拉伸与扭转或剪切与弯曲之间的耦合刚度系数；D_{11}，D_{12}，D_{22}为弯矩与曲率之间的刚度系数，D_{66}为扭转与扭曲率之间的刚度系数，D_{16}，D_{26}为扭转与弯曲之间的耦合刚度系数。

此外分析时应注意，我们常把层合板几何中面作为中面，如取其他位置为中面坐标，B_{ij}和D_{ij}将发生相应变化。

根据式（4-18）及式（4-19），层合板的内力及内力矩可用块矩阵表达：

$$\begin{Bmatrix} N \\ M \end{Bmatrix} = \begin{bmatrix} A & B \\ B & D \end{bmatrix} \begin{Bmatrix} \varepsilon^0 \\ \kappa \end{Bmatrix} \tag{4-21}$$

式中

$$[\varepsilon^0] = \begin{Bmatrix} \varepsilon_x^0 \\ \varepsilon_y^0 \\ \gamma_{xy}^0 \end{Bmatrix}, [\kappa] = \begin{Bmatrix} \kappa_x \\ \kappa_y \\ \kappa_{xy} \end{Bmatrix}, [N] = \begin{Bmatrix} N_x \\ N_y \\ N_{xy} \end{Bmatrix}, [M] = \begin{Bmatrix} M_x \\ M_y \\ M_{xy} \end{Bmatrix}$$

式中：$[\varepsilon^0]$为层合板中面应变列阵；$[\kappa]$为曲率列阵；子矩阵$[A]$，$[B]$，$[D]$分别称为拉伸刚度矩阵、耦合刚度矩阵及弯曲刚度矩阵，都是3×3对称矩阵，由它们组成的6×6矩阵也是对称方阵，反映了一般层合板的刚度特性。

式（4-21）是用应变表示内力的一般层合板的物理方程。为此，将式（4-21）展开写成

$$[N] = [A][\varepsilon^0] + [B][\kappa] \tag{4-22}$$

$$[M] = [B][\varepsilon^0] + [D][\kappa] \tag{4-23}$$

由式（4-22），得

$$[\varepsilon^0] = [A]^{-1}[N] - [A]^{-1}[B][\kappa] \tag{4-24}$$

将式（4-24）代入式（4-23）得

$$[M] = [B][A]^{-1}[N] + (-[B][A]^{-1}[B] + [D])[\kappa]$$

因此得

$$[\kappa] = ([D] - [B][A]^{-1}[B])^{-1}[M] - ([D] - [B][A]^{-1}[B])^{-1}[B][A]^{-1}[N]$$

$$\tag{4-25}$$

再将式（4-25）代入式（4-24），得

$$[\varepsilon^0] = (-[A]^{-1}[B])([D] - [B][A]^{-1}[B])^{-1}[M]$$

$$+ \{[A]^{-1} - ([A]^{-1}[B])([D] - [B][A]^{-1}[B])^{-1}BA^{-1}\}[N]$$

$$(4-26)$$

将式(4-25)及式(4-26)表达成块矩阵的形式:

$$\begin{Bmatrix} \boldsymbol{\varepsilon}^0 \\ \boldsymbol{\kappa} \end{Bmatrix} = \begin{bmatrix} A' & B' \\ B'^{\mathrm{T}} & D' \end{bmatrix} \begin{Bmatrix} N \\ M \end{Bmatrix} \qquad (4-27)$$

式中

$$\begin{cases} [A'] = [A]^{-1} + [A]^{-1}[B]([D] - [B][A]^{-1}[B])^{-1}[B][A]^{-1} \\ [B']^{\mathrm{T}} = -([A]^{-1}[B])([D] - [B][A]^{-1}[B])^{-1} \qquad (4-28) \\ [D'] = ([D] - [B][A]^{-1}[B])^{-1} \end{cases}$$

由于$[A]$,$[B]$,$[D]$都是对称矩阵,则$[A]^{-1}$,$[B]^{-1}$,$[D]^{-1}$也是对称矩阵。子矩阵$[A']$,$[B']$,$[D']$分别称为面内柔度矩阵、耦合柔度矩阵和弯曲柔度矩阵。矩阵$[B']$与$[B']^{\mathrm{T}}$是互相转置的,但未必对称。只有在特殊情况下有$[B'] = [B']^{\mathrm{T}}$,因此有

$$\begin{Bmatrix} \boldsymbol{\varepsilon}^0 \\ \boldsymbol{\kappa} \end{Bmatrix} = \begin{bmatrix} A' & B' \\ B' & D' \end{bmatrix} \begin{Bmatrix} N \\ M \end{Bmatrix} \qquad (4-29)$$

式(4-29)对于已知$[N]$和$[M]$求$[\boldsymbol{\varepsilon}^0]$和$[\boldsymbol{\kappa}]$是方便的。

从上面的推导和分析可以看出,一般层合板的物理关系很复杂,一方面表现在拉、压面内力将引起剪切变形,弯矩将引起扭转变形,反之亦然。这种耦合常称为交叉耦合效应,是所有各向异性材料共有的特性,A_{16},A_{26}和D_{16},D_{26}表现了这类耦合程度的大小。另一种耦合效应是面内力引起弯扭变形,弯(扭)矩引起面内应变,由矩阵$[B]$具体体现,这是由于层合板沿厚度方向弹性性质不均匀引起的特有的耦合效应。

4.3 单层板的刚度

实际应用时,层合板的某些刚度系数为零,这样需通过几种典型的层合板分析,探讨层合板刚度与各单层板刚度及铺设方式之间的规律。先从单层板刚度入手。

在第3章曾讨论了单层板的应力—应变关系,本节将从内力—应变关系来讨论单层板的拉伸刚度和弯曲刚度。

4.3.1 各向同性单层板

各向同性材料有两个独立的弹性常数,各方向的弹性性质相同。弹性模量 $E_1 = E_2 = E$,泊松比为 $\nu_{12} = \nu_{21} = \nu$,由式(3-8)得

$$\begin{cases} Q_{11} = Q_{22} = \dfrac{E}{1-\nu^2}, \ Q_{12} = \dfrac{\nu E}{1-\nu^2} \\[3mm] Q_{66} = \dfrac{E}{2(1+\nu)}, \ Q_{16} = Q_{26} = 0 \end{cases} \qquad (4-30)$$

设板厚为 t，由式（4-20）得

$$\begin{cases} A_{11} = A_{22} = A = \dfrac{Et}{1-\nu^2} \\[3mm] A_{12} = \nu A, \ A_{16} = A_{26} = 0 \\[3mm] A_{66} = \dfrac{Et}{2(1+\nu)} = \dfrac{1-\nu}{2}A \\[3mm] B_{ij} \equiv 0 \\[3mm] D_{11} = D_{22} = D = \dfrac{Et^3}{12(1-\nu^2)} \\[3mm] D_{12} = \nu D, \ D_{16} = D_{26} = 0 \\[3mm] D_{66} = \dfrac{Et^3}{24(1+\nu)} = \dfrac{1-\nu}{2}D \end{cases} \qquad (4-31)$$

由式（4-18）和式（4-19），可得各向同性单层板的内力—应变关系为

$$\begin{Bmatrix} N_x \\ N_y \\ N_{xy} \end{Bmatrix} = \begin{bmatrix} A & \nu A & 0 \\ \nu A & A & 0 \\ 0 & 0 & \dfrac{1-\nu}{2}A \end{bmatrix} \begin{Bmatrix} \varepsilon_x^0 \\ \varepsilon_y^0 \\ \gamma_{xy}^0 \end{Bmatrix} \qquad (4-32)$$

$$\begin{Bmatrix} M_x \\ M_y \\ M_{xy} \end{Bmatrix} = \begin{bmatrix} D & \nu D & 0 \\ \nu D & D & 0 \\ 0 & 0 & \dfrac{1-\nu}{2}D \end{bmatrix} \begin{Bmatrix} \kappa_x \\ \kappa_y \\ \kappa_{xy} \end{Bmatrix} \qquad (4-33)$$

式中：$A = \dfrac{Et}{1-\nu^2}$；$D = \dfrac{Et^3}{12(1-\nu^2)}$。

显然，各向同性单层板的拉伸与弯曲之间没有耦合效应，即无拉弯耦合效应。

4.3.2 横观各向同性单层板

设板面与各向同性面平行，则参考坐标轴与材料主轴方向一致。设各向同性面内的弹性模量和泊松比为 E_1、ν_{12}，用以替换各向同性单层板的 E 和 ν，则从式（4-31）直接得

到横观各向同性单层板的相应结果：

$$\begin{cases} A_{11} = A_{22} = A = \dfrac{E_1 t}{1 - \nu_{12}^2} \\[2mm] A_{12} = \nu_{12} A, \ A_{16} = A_{26} = 0 \\[2mm] A_{66} = \dfrac{1 - \nu_{12}}{2} A \\[2mm] B_{ij} \equiv 0 \\[2mm] D_{11} = D_{22} = D = \dfrac{E_1 t^3}{12(1 - \nu_{12}^2)} \\[2mm] D_{12} = \nu_{12} D, \ D_{16} = D_{26} = 0 \\[2mm] D_{66} = \dfrac{1 - \nu_{12}}{2} D \end{cases} \tag{4-34}$$

内力—应变关系为

$$\begin{Bmatrix} N_x \\ N_y \\ N_{xy} \end{Bmatrix} = \begin{bmatrix} A & \nu_{12} A & 0 \\ \nu_{12} A & A & 0 \\ 0 & 0 & \dfrac{1 - \nu_{12}}{2} A \end{bmatrix} \begin{Bmatrix} \varepsilon_x^0 \\ \varepsilon_y^0 \\ \gamma_{xy}^0 \end{Bmatrix} \tag{4-35}$$

$$\begin{Bmatrix} M_x \\ M_y \\ M_{xy} \end{Bmatrix} = \begin{bmatrix} D & \nu_{12} D & 0 \\ \nu_{12} D & D & 0 \\ 0 & 0 & \dfrac{1 - \nu_{12}}{2} D \end{bmatrix} \begin{Bmatrix} \kappa_x \\ \kappa_y \\ \kappa_{xy} \end{Bmatrix} \tag{4-36}$$

式中：$A = \dfrac{E_1 t}{1 - \nu_{12}^2}$；$D = \dfrac{E_1 t^3}{12(1 - \nu_{12}^2)}$。

显然，横观各向同性单层板也没有拉弯耦合效应。

4.3.3 特殊正交各向异性单层板

这种材料的参考坐标轴 x 和 y 与材料主轴方向一致，由式（3-8）得

$$\begin{cases} Q_{11} = \dfrac{E_1}{1 - \nu_{12} \nu_{21}}, \ Q_{12} = \dfrac{\nu_{12} E_2}{1 - \nu_{12} \nu_{21}} = \dfrac{\nu_{21} E_1}{1 - \nu_{12} \nu_{21}} \\[3mm] Q_{22} = \dfrac{E_2}{1 - \nu_{12} \nu_{21}}, \ Q_{16} = Q_{26} = 0, \ Q_{66} = G_{12} \end{cases} \tag{4-37}$$

70

由式(4-20)计算的刚度为

$$
\begin{cases}
A_{11} = Q_{11}t, & D_{11} = Q_{11}t^3/12 \\
A_{12} = Q_{12}t, & D_{12} = Q_{12}t^3/12 \\
A_{22} = Q_{22}t, \quad B_{ij} \equiv 0, & D_{22} = Q_{22}t^3/12 \\
A_{66} = Q_{66}t, & D_{66} = Q_{66}t^3/12 \\
A_{16} = A_{16} = 0, & D_{16} = D_{16} = 0
\end{cases}
\tag{4-38}
$$

这种单层板也没有耦合效应。与各向同性单层板不同,独立的拉伸刚度和弯曲刚度都各增加到4个。其内力—应变关系为

$$
\begin{Bmatrix} N_x \\ N_y \\ N_{xy} \end{Bmatrix} =
\begin{bmatrix} A_{11} & A_{12} & 0 \\ A_{12} & A_{22} & 0 \\ 0 & 0 & A_{66} \end{bmatrix}
\begin{Bmatrix} \varepsilon_x^0 \\ \varepsilon_y^0 \\ \gamma_{xy}^0 \end{Bmatrix}
\tag{4-39}
$$

$$
\begin{Bmatrix} M_x \\ M_y \\ M_{xy} \end{Bmatrix} =
\begin{bmatrix} D_{11} & D_{12} & 0 \\ D_{12} & D_{22} & 0 \\ 0 & 0 & D_{66} \end{bmatrix}
\begin{Bmatrix} \kappa_x \\ \kappa_y \\ \kappa_{xy} \end{Bmatrix}
\tag{4-40}
$$

4.3.4　一般正交各向异性单层板

这种材料的材料主轴与参考坐标轴 x 和 y 不一致,$\overline{Q}_{ij}(i,j=1,2,6)$ 可用式(3-24)计算,再由式(4-20)得到刚度为

$$
A_{ij} = \overline{Q}_{ij}t, \quad B_{ij} \equiv 0, \quad D_{ij} = \overline{Q}_{ij}t^3/12
\tag{4-41}
$$

因此内力—应变关系为

$$
\begin{Bmatrix} N_x \\ N_y \\ N_{xy} \end{Bmatrix} =
\begin{bmatrix} A_{11} & A_{12} & A_{16} \\ A_{12} & A_{22} & A_{26} \\ A_{16} & A_{26} & A_{66} \end{bmatrix}
\begin{Bmatrix} \varepsilon_x^0 \\ \varepsilon_y^0 \\ \gamma_{xy}^0 \end{Bmatrix}
\tag{4-42}
$$

$$
\begin{Bmatrix} M_x \\ M_y \\ M_{xy} \end{Bmatrix} =
\begin{bmatrix} D_{11} & D_{12} & D_{16} \\ D_{12} & D_{22} & D_{26} \\ D_{16} & D_{26} & D_{66} \end{bmatrix}
\begin{Bmatrix} \kappa_x \\ \kappa_y \\ \kappa_{xy} \end{Bmatrix}
\tag{4-43}
$$

这种单层板虽然也不发生拉弯耦合效应,但发生拉剪耦合和弯扭耦合。虽然刚度矩阵都是满阵,但独立的拉伸刚度和弯曲刚度都仍然是4个。

由以上所述可见,单层板有以下特点:

(1)单层板 $B_{ij} \equiv 0$,不存在拉弯耦合关系。

(2)在各向同性、横观各向同性和特殊正交各向异性单层板中,$A_{16} = A_{16} = 0$,$D_{16} = D_{16} = 0$。因此拉、剪和弯扭之间无耦合关系。

(3)一般正交各向异性单层板,存在拉剪或弯扭之间的耦合关系。

4.4 对称层合板的刚度

对称层合板是指几何和材料性能都对称于中面的层合板,即各单层几何尺寸和材料性能都对称于中面,这是在复合材料层合板中应用最广泛的一类层合板。若把板中面取为 $x-y$ 坐标面,则在 $z = \pm z_i$ 处的两个单层必须材料相同、厚度相等和铺设角一样。一般对称层合板均有偶数个单层,但若板中间一层的铺设角为0°或90°,则对称板也可能有奇数个单层。

如图 4-9 所示的层合板各层的坐标,由于 $(\overline{Q}_{ij})_k$ 及 t_k 的对称性,从式(4-20)第二式可以看出,耦合刚度 B_{ij} 为零,具体证明如下:

$$
\begin{aligned}
B_{ij} &= \frac{1}{2} \sum_{k=1}^{n} (\overline{Q}_{ij})_k (z_k^2 - z_{k-1}^2) \\
&= \frac{1}{2} (\overline{Q}_{ij})_1 (z_1^2 - z_0^2) + \frac{1}{2} (\overline{Q}_{ij})_2 (z_2^2 - z_1^2) + \cdots + \\
&\quad \frac{1}{2} (\overline{Q}_{ij})_{\frac{n}{2}} (0 - z_{\frac{n}{2}-1}^2) + \frac{1}{2} (\overline{Q}_{ij})_{\frac{n}{2}+1} (z_{\frac{n}{2}+1}^2 - 0) + \cdots + \\
&\quad \frac{1}{2} (\overline{Q}_{ij})_{n-1} (z_{n-1}^2 - z_{n-2}^2) + \frac{1}{2} (\overline{Q}_{ij})_n (z_n^2 - z_{n-1}^2)
\end{aligned}
$$

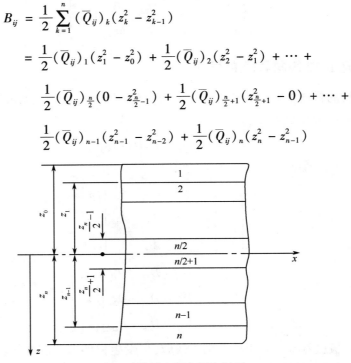

图 4-9 对称层合板各层坐标图

根据对称层合板的定义有

$$(\overline{Q}_{ij})_1 = (\overline{Q}_{ij})_n$$
$$(z_1^2 - z_0^2) = -(z_n^2 - z_{n-1}^2)$$

因此上式中的第 1 项和第 n 项之和为零;第 2 项和第 $n-1$ 项之和为零,依此类推,可得到

$$B_{ij} = \frac{1}{2} \sum_{k=1}^{N} (\overline{Q}_{ij})_k (z_k^2 - z_{k-1}^2) = 0$$

因此,对称层合板中拉伸与弯曲之间不存在耦合关系,其合内力及合内力矩为

$$\begin{Bmatrix} N_x \\ N_y \\ N_{xy} \end{Bmatrix} = \begin{bmatrix} A_{11} & A_{12} & A_{16} \\ A_{12} & A_{22} & A_{26} \\ A_{16} & A_{26} & A_{66} \end{bmatrix} \begin{Bmatrix} \varepsilon_x^0 \\ \varepsilon_y^0 \\ \gamma_{xy}^0 \end{Bmatrix} \tag{4-44}$$

$$\begin{Bmatrix} M_x \\ M_y \\ M_{xy} \end{Bmatrix} = \begin{bmatrix} D_{11} & D_{12} & D_{16} \\ D_{12} & D_{22} & D_{26} \\ D_{16} & D_{26} & D_{66} \end{bmatrix} \begin{Bmatrix} \kappa_x \\ \kappa_y \\ \kappa_{xy} \end{Bmatrix} \tag{4-45}$$

常见的对称层合板主要有:各向同性对称层合板、特殊正交各向异性对称层合板、正规对称正交铺设层合板、正规对称角铺设层合板等。

4.4.1　各向同性层组成的对称层合板

这种层合板由对称于中面各不同的各向同性单层板组成,也称为各向同性对称层合板。由各向同性层组成的对称层合板的特点是板面内方向具有相同的力学性质,但各层材料(E, ν)不同,例如表 4-1 是由 6 层各向同性层组成的对称层合板。

表 4-1　6 层各向同性对称层合板

层别	1	2	3	4	5	6
材料性能	E_1, ν_1	E_2, ν_2	E_3, ν_3	E_3, ν_3	E_2, ν_2	E_1, ν_1
厚度	t	$2t$	$3t$	$3t$	$2t$	t

各向同性对称层合板每层的 $[\boldsymbol{Q}]$ 为

$$[\boldsymbol{Q}]_k = \begin{bmatrix} Q_{11} & Q_{12} & 0 \\ Q_{12} & Q_{11} & 0 \\ 0 & 0 & Q_{66} \end{bmatrix}_k \tag{4-46}$$

由式(4-20)可得

$$A_{11} = \sum_{k=1}^{n} (\overline{Q}_{11})_k (z_k - z_{k-1}) = A_{22}$$

$$D_{11} = \frac{1}{3}\sum_{k=1}^{n} (\overline{Q}_{11})_k (z_k^3 - z_{k-1}^3) = D_{22}$$

$$A_{12} = \sum_{k=1}^{n} (\overline{Q}_{12})_k (z_k - z_{k-1}), D_{12} = \frac{1}{3}\sum_{k=1}^{n} (\overline{Q}_{12})_k (z_k^3 - z_{k-1}^3)$$

$$A_{66} = \sum_{k=1}^{n} (\overline{Q}_{66})_k (z_k - z_{k-1}), D_{66} = \frac{1}{3}\sum_{k=1}^{n} (\overline{Q}_{66})_k (z_k^3 - z_{k-1}^3)$$

$$A_{16} = A_{26} = 0, D_{16} = D_{26} = 0, B_{ij} \equiv 0$$

则内力—应变关系为

$$\begin{Bmatrix} N_x \\ N_y \\ N_{xy} \end{Bmatrix} = \begin{bmatrix} A_{11} & A_{12} & 0 \\ A_{12} & A_{11} & 0 \\ 0 & 0 & A_{66} \end{bmatrix} \begin{Bmatrix} \varepsilon_x^0 \\ \varepsilon_y^0 \\ \gamma_{xy}^0 \end{Bmatrix} \tag{4-47}$$

$$\begin{Bmatrix} M_x \\ M_y \\ M_{xy} \end{Bmatrix} = \begin{bmatrix} D_{11} & D_{12} & 0 \\ D_{12} & D_{11} & 0 \\ 0 & 0 & D_{66} \end{bmatrix} \begin{Bmatrix} \kappa_x \\ \kappa_y \\ \kappa_{xy} \end{Bmatrix} \tag{4-48}$$

例 4-1　如图 4-10 所示 3 层各向同性单层板组成的各向同性对称层合板,试计算其刚度。

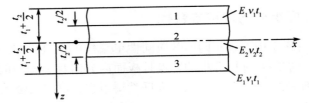

图 4-10　三层各向同性对称板

解:由于对称性,第 1 层和第 3 层材料及几何尺寸相同,根据式(3-10)可得

$$[\boldsymbol{Q}]_1 = [\boldsymbol{Q}]_3, [\boldsymbol{Q}]_2 = \begin{bmatrix} Q_{11} & Q_{12} & 0 \\ Q_{12} & Q_{11} & 0 \\ 0 & 0 & Q_{66} \end{bmatrix}_2$$

按图 4-10 的坐标,代入式(4-20)可得

$$A_{11} = 2(Q_{11})_1 t_1 + (Q_{11})_2 t_2 = A_{22}$$

$$A_{12} = 2(Q_{12})_1 t_1 + (Q_{12})_2 t_2$$

$$A_{16} = A_{26} = 0$$

$$A_{66} = 2(Q_{66})_1 t_1 + (Q_{66})_2 t_2$$

$$B_{ij} \equiv 0$$

$$D_{11} = \frac{2}{3}(Q_{11})_1 \left[\left(\frac{t_2}{2} + t_1 \right)^3 - \left(\frac{t_2}{2} \right)^3 \right] + \frac{1}{12}(Q_{11})_2 t_2^3 = D_{22}$$

$$D_{12} = \frac{2}{3}(Q_{12})_1 \left[\left(\frac{t_2}{2} + t_1 \right)^3 - \left(\frac{t_2}{2} \right)^3 \right] + \frac{1}{12}(Q_{12})_2 t_2^3$$

$$D_{16} = D_{26} = 0$$

$$D_{66} = \frac{2}{3}(Q_{66})_1 \left[\left(\frac{t_2}{2} + t_1 \right)^3 - \left(\frac{t_2}{2} \right)^3 \right] + \frac{1}{12}(Q_{66})_2 t_2^3$$

4.4.2 特殊正交各向异性层组成的对称层合板

这种层合板是由对称于中面且材料主轴方向与其参考坐标轴一致的正交各向异性单层板组成,也称为特殊正交各向异性层合板,例如$[0°t/90°2t/90°4t/90°2t/0°t]$。如果单层板的厚度、位置及其材料对称于层合板的中面,则弯曲与拉伸之间无耦合效应。每层的$[\boldsymbol{Q}]$为

$$[\boldsymbol{Q}]_k = \begin{bmatrix} Q_{11} & Q_{12} & 0 \\ Q_{12} & Q_{22} & 0 \\ 0 & 0 & Q_{66} \end{bmatrix}_k \qquad (4-49)$$

其中第 k 层的刚度系数为

$$\begin{cases} (Q_{11})_k = \dfrac{E_1^k}{1 - \nu_{12}^k \nu_{21}^k}, & (Q_{16})_k = 0 \\[3mm] (Q_{12})_k = \dfrac{\nu_{12}^k E_1^k}{1 - \nu_{12}^k \nu_{21}^k}, & (Q_{26})_k = 0 \\[3mm] (Q_{22})_k = \dfrac{E_2^k}{1 - \nu_{12}^k \nu_{21}^k}, & (Q_{66})_k = G_{12}^k \end{cases} \qquad (4-50)$$

因为$(Q_{16})_k$及$(Q_{26})_k$为零,所以A_{16}、A_{26}及D_{16}、D_{26}等刚度为零。同样,由于对称性,$B_{ij} \equiv 0$。所以这类层合板称为特殊正交各向异性层合板,可以整体地视为特殊正交各向异性单层板。合内力及合内力矩表达式分别与式(4-39)及式(4-40)相同,即

$$\begin{Bmatrix} N_x \\ N_y \\ N_{xy} \end{Bmatrix} = \begin{bmatrix} A_{11} & A_{12} & 0 \\ A_{12} & A_{22} & 0 \\ 0 & 0 & A_{66} \end{bmatrix} \begin{Bmatrix} \varepsilon_x^0 \\ \varepsilon_y^0 \\ \gamma_{xy}^0 \end{Bmatrix} \qquad (4-51)$$

$$\begin{Bmatrix} M_x \\ M_y \\ M_{xy} \end{Bmatrix} = \begin{bmatrix} D_{11} & D_{12} & 0 \\ D_{12} & D_{22} & 0 \\ 0 & 0 & D_{66} \end{bmatrix} \begin{Bmatrix} \kappa_x \\ \kappa_y \\ \kappa_{xy} \end{Bmatrix} \tag{4-52}$$

4.4.3 正规对称正交铺设层合板

这种层合板是由材料主轴方向与坐标轴夹角为0°、90°的正交各向异性单层板交替铺设且对称于中面排列而成。这种层合板的层数必须为奇数,例如[0°/90°/0°],[90°/0°/90°/0°/90°]等。这种层合板的[**Q**]不外乎以下两种情况:

对于0°铺设单层板

$$[\boldsymbol{Q}]_{0°} = \begin{bmatrix} Q_{11} & Q_{12} & 0 \\ Q_{12} & Q_{22} & 0 \\ 0 & 0 & Q_{66} \end{bmatrix}_{0°}$$

对于90°铺设单层板

$$[\boldsymbol{Q}]_{90°} = \begin{bmatrix} Q_{11} & Q_{12} & 0 \\ Q_{12} & Q_{22} & 0 \\ 0 & 0 & Q_{66} \end{bmatrix}_{90°} = \begin{bmatrix} Q_{22} & Q_{12} & 0 \\ Q_{12} & Q_{11} & 0 \\ 0 & 0 & Q_{66} \end{bmatrix}_{0°}$$

由于$(Q_{11})_{0°} = (Q_{22})_{90°}$,$(Q_{22})_{0°} = (Q_{11})_{90°}$,因此$[\boldsymbol{Q}]_{0°}$与$[\boldsymbol{Q}]_{90°}$的差别仅在$Q_{11}$与$Q_{22}$位置互换。又由于$Q_{16} = Q_{26} = 0$,所以$A_{16} = A_{26} = 0$,$D_{16} = D_{26} = 0$,此外$B_{ij} \equiv 0$。其他各刚度系数的计算与前述相同。

4.4.4 正规对称角铺设层合板

这种层合板是由材料性能相同、主轴方向与坐标轴夹角大小相等但成正负交替铺设且对称于中面的各单层板组成。同样,单层板总层数为奇数,例如[$\alpha t / -\alpha 2t / \alpha t / -\alpha 2t / \alpha t$]。

内力—应变关系为

$$\begin{Bmatrix} N_x \\ N_y \\ N_{xy} \end{Bmatrix} = \begin{bmatrix} A_{11} & A_{12} & A_{16} \\ A_{12} & A_{22} & A_{26} \\ A_{16} & A_{26} & A_{66} \end{bmatrix} \begin{Bmatrix} \varepsilon_x^0 \\ \varepsilon_y^0 \\ \gamma_{xy}^0 \end{Bmatrix} \tag{4-53}$$

$$\begin{Bmatrix} M_x \\ M_y \\ M_{xy} \end{Bmatrix} = \begin{bmatrix} D_{11} & D_{12} & D_{16} \\ D_{12} & D_{22} & D_{26} \\ D_{16} & D_{26} & D_{66} \end{bmatrix} \begin{Bmatrix} \kappa_x \\ \kappa_y \\ \kappa_{xy} \end{Bmatrix} \tag{4-54}$$

4.5　反对称层合板的刚度

如果相对于板中面对称位置的两个单层由同种材料组成,厚度相等,且材料主轴方向与坐标轴的夹角大小相等,但正负号相反,这样的板就称为反对称层合板。例如$[\alpha t_1/-\alpha t_2/\alpha t_2/-\alpha t_1]$,其中$[\theta/-\theta]$就是最简单的一种反对称层板。一般反对称层合板由偶数的单层组成,但当中间一层的铺设角为$0°$或$90°$时,也可由奇数层组成。由于有拉弯耦合效应,所以$B_{ij}\neq0$。

因为$(\overline{Q}_{16})_{+\alpha}=-(\overline{Q}_{16})_{-\alpha}$,$(\overline{Q}_{26})_{+\alpha}=-(\overline{Q}_{26})_{-\alpha}$

所以$A_{16}=A_{26}=D_{16}=D_{26}=0$

因此,反对称层合板的合内力及合内力矩的表达式分别为

$$\begin{Bmatrix}N_x\\N_y\\N_{xy}\end{Bmatrix}=\begin{bmatrix}A_{11}&A_{12}&0\\A_{12}&A_{22}&0\\0&0&A_{66}\end{bmatrix}\begin{Bmatrix}\varepsilon_x^0\\\varepsilon_y^0\\\gamma_{xy}^0\end{Bmatrix}+\begin{bmatrix}B_{11}&B_{12}&B_{16}\\B_{12}&B_{22}&B_{26}\\B_{16}&B_{26}&B_{66}\end{bmatrix}\begin{Bmatrix}\kappa_x\\\kappa_y\\\kappa_{xy}\end{Bmatrix} \qquad (4-55)$$

$$\begin{Bmatrix}M_x\\M_y\\M_{xy}\end{Bmatrix}=\begin{bmatrix}B_{11}&B_{12}&B_{16}\\B_{12}&B_{22}&B_{26}\\B_{16}&B_{26}&B_{66}\end{bmatrix}\begin{Bmatrix}\varepsilon_x^0\\\varepsilon_y^0\\\gamma_{xy}^0\end{Bmatrix}+\begin{bmatrix}D_{11}&D_{12}&0\\D_{12}&D_{22}&0\\0&0&D_{66}\end{bmatrix}\begin{Bmatrix}\kappa_x\\\kappa_y\\\kappa_{xy}\end{Bmatrix} \qquad (4-56)$$

常见的反对称层合板有:反对称正交铺设层合板,反对称角铺设层合板等。

4.5.1　反对称正交铺设层合板

这种层合板是由正交各向异性层材料主轴方向与层合板坐标轴成$0°$和$90°$交替布置的偶数层组成的,例如$[0°/90°/0°/90°]$,$[0°t/90°3t/90°2t/0°2t/0°3t/90°t]$等。由于这种层合板不符合反对称的关系,所以称其为反对称正交铺设层合板。

由于$(Q_{11})_{0°}=(Q_{22})_{90°}$,$(Q_{22})_{0°}=(Q_{11})_{90°}$及$Q_{16}=Q_{26}=0$,因此有

$$A_{11}=A_{22}, \quad D_{11}=D_{22}$$

$$A_{16}=A_{26}=D_{16}=D_{26}=B_{16}=B_{26}=0$$

且又可证明$B_{12}=B_{66}=0$,$B_{22}=-B_{11}$,因此有

$$\begin{Bmatrix}N_x\\N_y\\N_{xy}\end{Bmatrix}=\begin{bmatrix}A_{11}&A_{12}&0\\A_{12}&A_{11}&0\\0&0&A_{66}\end{bmatrix}\begin{Bmatrix}\varepsilon_x^0\\\varepsilon_y^0\\\gamma_{xy}^0\end{Bmatrix}+\begin{bmatrix}B_{11}&0&0\\0&-B_{11}&0\\0&0&0\end{bmatrix}\begin{Bmatrix}\kappa_x\\\kappa_y\\\kappa_{xy}\end{Bmatrix} \qquad (4-57)$$

$$
\left\{\begin{array}{c} M_x \\ M_y \\ M_{xy} \end{array}\right\} = \begin{bmatrix} B_{11} & 0 & 0 \\ 0 & -B_{11} & 0 \\ 0 & 0 & 0 \end{bmatrix} \left\{\begin{array}{c} \varepsilon_x^0 \\ \varepsilon_y^0 \\ \gamma_{xy}^0 \end{array}\right\} + \begin{bmatrix} D_{11} & D_{12} & 0 \\ D_{12} & D_{11} & 0 \\ 0 & 0 & D_{66} \end{bmatrix} \left\{\begin{array}{c} \kappa_x \\ \kappa_y \\ \kappa_{xy} \end{array}\right\} \tag{4-58}
$$

这种层合板只有拉伸与弯曲的耦合,因此当它主要承受剪切或扭转载荷时,就像均质板那样变形。反对称正交铺设层合板规定各层厚度相等,由于制造简单,所以是普通的层合板。随着层数增加,可证明耦合刚度 B_{11} 趋于零。

4.5.2 规则反对称角铺设层合板

这种层合板是由在中面一侧与层合板坐标轴方向成 $+\alpha$ 的层和在另一侧与坐标轴方向成 $-\alpha$ 的相应等厚度层所组成,例如 $[-45°t/30°2t/0°3t/0°3t/-30°2t/45°t]$ 层合板。

由于 $\overline{Q}_{16}$ 是 α 的奇函数,显然 $A_{16} = D_{16} = 0$;同理, $A_{26} = D_{26} = 0$ 。因为 $B_{ij} = \sum\limits_{k=1}^{n} (\overline{Q}_{ij})_k t_k \bar{z}_k$,而 $\overline{Q}_{11}$, $\overline{Q}_{12}$, $\overline{Q}_{22}$ 及 $\overline{Q}_{66}$ 是 α 的偶函数,显然 $B_{11} = B_{12} = B_{22} = B_{66} = 0$ 。

因此,反对称角铺设层合板的合内力及合内力矩表达式为

$$
\left\{\begin{array}{c} N_x \\ N_y \\ N_{xy} \end{array}\right\} = \begin{bmatrix} A_{11} & A_{12} & 0 \\ A_{12} & A_{22} & 0 \\ 0 & 0 & A_{66} \end{bmatrix} \left\{\begin{array}{c} \varepsilon_x^0 \\ \varepsilon_y^0 \\ \gamma_{xy}^0 \end{array}\right\} + \begin{bmatrix} 0 & 0 & B_{16} \\ 0 & 0 & B_{26} \\ B_{16} & B_{26} & 0 \end{bmatrix} \left\{\begin{array}{c} \kappa_x \\ \kappa_y \\ \kappa_{xy} \end{array}\right\} \tag{4-59}
$$

$$
\left\{\begin{array}{c} M_x \\ M_y \\ M_{xy} \end{array}\right\} = \begin{bmatrix} 0 & 0 & B_{16} \\ 0 & 0 & B_{26} \\ B_{16} & B_{26} & 0 \end{bmatrix} \left\{\begin{array}{c} \varepsilon_x^0 \\ \varepsilon_y^0 \\ \gamma_{xy}^0 \end{array}\right\} + \begin{bmatrix} D_{11} & D_{12} & 0 \\ D_{12} & D_{22} & 0 \\ 0 & 0 & D_{66} \end{bmatrix} \left\{\begin{array}{c} \kappa_x \\ \kappa_y \\ \kappa_{xy} \end{array}\right\} \tag{4-60}
$$

规则反对称角铺设层合板由于拉伸与扭转耦合,因此可用于制造需要预扭的喷气涡轮叶片等。

习　题

4-1　证明式(4-20)可写成

$$
\left\{\begin{array}{l} A_{ij} = \sum\limits_{k=1}^{n} (\overline{Q}_{ij})_k t_k \\[2mm] B_{ij} = \sum\limits_{k=1}^{n} (\overline{Q}_{ij})_k t_k \bar{z}_k \\[2mm] D_{ij} = \sum\limits_{k=1}^{n} (\overline{Q}_{ij})_k \left(t_k \bar{z}_k^2 + \dfrac{t_k^2}{12} \right) \end{array}\right.
$$

其中 $t_k = z_k - z_{k-1}$，为第 k 层的厚度；$\bar{z}_k = \dfrac{1}{2}(z_k + z_{k-1})$，是第 k 层中心的坐标值 z（图 4 - 8）。

4 - 2 证明材料常数为 E 和 ν，厚度为 t 的各向同性单层板的拉伸刚度和弯曲刚度是

$$A_{11} = A_{22} = \frac{Et}{1 - \nu^2} \quad , \quad D_{11} = D_{22} = \frac{Et^3}{12(1 - \nu^2)}$$

4 - 3 证明等厚 4 层层合板 $[0°/-45°/45°/90°]$ 是准各向同性（quasiisotropic）层合板（注：指拉伸刚度 A_{ij} 与偏轴角 θ 无关）。

4 - 4 已知 $Q_{11} = 5.5 \times 10^4 \text{MPa}$，$Q_{22} = 1.3 \times 10^4 \text{MPa}$，$Q_{12} = 0.5 \times 10^4 \text{MPa}$，$Q_{66} = 0.7 \times 10^4 \text{MPa}$，每层 $t = 1\text{mm}$，求 $[90°/0°/0°/90°]$ 4 层层合板的所有刚度系数。

4 - 5 已知单层板弹性常数 $E_1 = 9.6 \times 10^4 \text{MPa}$，$E_2 = 2.4 \times 10^4 \text{MPa}$，$\nu_{12} = 0.4$，$G_{12} = 1.0 \times 10^4 \text{MPa}$，求正交铺设 5 层（每层 $t = 1\text{mm}$）对称层合板 $[0°/90°/0°/90°/0°]$ 的所有刚度系数。（每层 $t = 1\text{mm}$）

4 - 6 单层板的弹性常数同题 4 - 5，求 6 层正交铺设反对称层合板 $[0°/90°/0°/90°/0°/90°]$ 的所有刚度系数。（每层 $t = 1\text{mm}$）

4 - 7 单层板的弹性常数同题 4 - 5，求 5 层对称角铺设层合板 $[30°/-30°/30°/-30°/30°]$ 的所有刚度系数。（每层 $t = 1\text{mm}$）

4 - 8 单层板的弹性常数同题 4 - 5，求 6 层反对称角铺设层合板 $[30°/-30°/30°/-30°/30°/-30°]$ 的所有刚度系数。（每层 $t = 1\text{mm}$）

4 - 9 两层 $[60°/-60°]$ 玻璃/环氧层合板，已知 $E_1 = 5.0 \times 10^4 \text{MPa}$，$E_2 = 1.0 \times 10^4 \text{MPa}$，$\nu_{12} = 0.4$，$G_{12} = 2.0 \times 10^4 \text{MPa}$，每层厚 $t = 2\text{mm}$，求其刚度系数。

4 - 10 已知碳/环氧三层层合板 $[+15°/-15°/+15°]$，每层 $t = 1\text{mm}$，单层板 $E_1 = 2.0 \times 10^5 \text{MPa}$，$E_2 = 2.0 \times 10^4 \text{MPa}$，$\nu_{12} = 0.3$，$G_{12} = 1.0 \times 10^4 \text{MPa}$，求各单层板 $\bar{Q}_{ij}$ 及层合板的刚度系数。

4 - 11 已知 T300/5208 材料 $E_1 = 180\text{GPa}$，$E_2 = 10.0\text{GPa}$，$\nu_{12} = 0.28$，$G_{12} = 7.2\text{GPa}$，求 $[30°/-30°]_s$ 每层厚 1mm 的对称角铺设层合板的全部刚度系数。

第5章 复合材料的强度理论

强度理论是描述和衡量承力零件和结构破坏现象的假说,主要涉及失效判据和强度指标两大问题。

5.1 各向同性材料的强度理论

材料力学中已讨论过各向同性材料的强度理论,常用的强度理论有以下4种。

1. 最大拉应力理论

该强度理论认为最大拉应力是材料断裂的主要因素。即无论应力状态如何,只要最大拉应力超过了极限值 σ_u,材料就会断裂破坏。既然最大拉应力的极限值与应力状态无关,则可由单向应力状态确定这一极限值 σ_u。单向拉伸时脆性材料的最大拉应力极限值为 $\sigma_u = \sigma_b$,于是该强度理论的强度条件

$$\sigma_1 \leqslant \frac{\sigma_b}{n}$$

或

$$\sigma_1 \leqslant [\sigma] \tag{5-1}$$

试验证明,这一理论与铸铁、石料、混凝土等脆性材料的拉断破坏现象比较符合。

2. 最大拉应变理论

该强度理论认为最大拉应变是材料断裂的主要因素。即无论应力状态如何,只要最大拉应变超过了极限值 ε_u,材料就会断裂失效。考虑安全因数,得到该强度理论的强度条件

$$\sigma_1 - \mu(\sigma_2 + \sigma_3) \leqslant [\sigma] \tag{5-2}$$

该强度理论比第一强度理论更接近实际情况,所以曾一度得到广泛应用,至今还在一些机械设计中采用。

3. 最大切应力理论

该强度理论认为最大切应力是材料发生屈服的主要因素。无论应力状态如何,只要最大切应力超过了极限值 τ_u,材料就会屈服失效。最大切应力理论的强度条件

$$\sigma_1 - \sigma_3 \leqslant [\sigma] \tag{5-3}$$

最大切应力理论较为满意地解释了塑性材料的屈服现象。

4. 畸变能密度理论

该强度理论认为畸变能密度是材料发生屈服的主要因素。只要畸变能密度 v_d 超过了极限值 τ_u，材料就会屈服失效。单元体内存储的弹性变形能包括体积变形能和畸变能。无论应力状态如何，当材料畸变能密度达到了某极限值时，材料发生塑性屈服。单向拉伸时，可得到畸变能密度的极限值为 $v_d = \dfrac{1+\mu}{3E}\sigma_s^2$，于是屈服准则为

$$\frac{1+\mu}{3E}(\sigma_1^2 + \sigma_2^2 + \sigma_3^2 - \sigma_1\sigma_2 - \sigma_2\sigma_3 - \sigma_3\sigma_1) = \frac{1+\mu}{3E}\sigma_s^2$$

即

$$\sqrt{\sigma_1^2 + \sigma_2^2 + \sigma_3^2 - \sigma_1\sigma_2 - \sigma_2\sigma_3 - \sigma_3\sigma_1} = \sigma_s$$

此准则常称为米赛斯准则。考虑安全因数，得到该强度理论的强度条件

$$\sqrt{\frac{1}{2}\left[(\sigma_1 - \sigma_2)^2 + (\sigma_2 - \sigma_3)^2 + (\sigma_3 - \sigma_1)^2\right]} \leqslant [\sigma] \tag{5-4}$$

5.2　单层复合材料的强度理论

复合材料单层板是组成复合材料层合板的基本单元，研究与判断层合板结构的破坏，必须首先了解单层板的破坏形式和破坏依据。工程上使用的纤维增强复合材料单层薄板，可以看作处于平面应力状态下的正交各向异性板。当外载荷沿材料弹性主方向（材料主轴方向）作用时称为主方向载荷，其对应的应力称为主方向应力。如果载荷作用方向与材料主轴方向不一致，则可通过第 3 章给出的坐标变换公式，将载荷作用方向的应力转换为材料弹性主方向的应力。

5.2.1　正交各向异性材料的强度指标

与各向同性材料相比，正交各向异性材料的强度在概念上有下列特点：

（1）对于各向同性材料，各强度理论中所指的最大正应力和最大线应变是材料的主应力和主应变；但对于各向异性材料，由于最大作用应力并不一定对应于材料的危险状态，所以与材料方向无关的主应力和主应变已无意义，而用材料弹性主方向的应力来取代。

（2）若材料在拉伸和压缩时具有相同的强度，则正交各向异性单层材料的基本强度有 3 个，如图 5-1 所示：

X——轴向或纵向强度（沿弹性主方向 1）；

Y——横向强度（沿弹性主方向 2）；

S——剪切强度(沿 1 – 2 平面)。

如果材料的拉伸和压缩性能不相同(对于大多数纤维增强复合材料),需要 5 个强度指标才能对复杂应力状态下的单层板进行面内强度的分析(图 5 – 1):

X_t——纤维方向(纵向)的拉伸强度;

X_c——纤维方向(纵向)的压缩强度;

Y_t——横向的拉伸强度;

Y_c——横向的压缩强度;

S——面内剪切强度。

通过试验测定,在得到上述 5 个强度指标后,利用合适的强度准则,就可以对单层板进行强度分析和评估。应注意 X_c、Y_c 等指的是绝对数值。

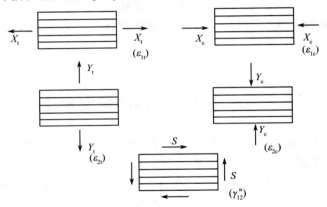

图 5 – 1　单层板的极限强度指标

5.2.2　正交各向异性材料的二向强度理论

正交各向异性材料的强度理论可以预测复合材料在各种载荷作用下的强度破坏数值,但不能用来解释复合材料破坏过程中的物理机理。因为材料的最终破坏强度数值是在工程设计中保证安全度的一个基本指标,所以破坏准则的研究仍然很有必要。

应用于复合材料的强度准则有好多种,以下介绍常见的几种理论。

1. 最大应力理论

最大应力理论(maximum stress theory)认为,不管单向板处于何种应力状态,只要它的任一个主方向应力达到了极限强度值,单向板就发生破坏,即材料主方向上的应力必须小于各自方向上的强度,否则就发生破坏。其强度条件可表示为

$$\begin{cases} \sigma_1 < X_t & \text{(拉伸)} \\ \sigma_2 < Y_t & \text{(拉伸)} \\ |\sigma_1| < X_c & \text{(压缩)} \\ |\sigma_2| < Y_c & \text{(压缩)} \\ \tau_{12} < S & \text{(剪切)} \end{cases} \tag{5-5}$$

在强度条件式中的极限强度 X_t, Y_t, X_c, Y_c 和 S 值是由相应的单轴应力试验所测定的破坏值。

应用这个理论时,构件中的应力必须转换为弹性主方向的应力。在上面的关系中有一个不成立,就将发生破坏。最大应力理论不考虑破坏模式之间的相互影响,即某个方向的破坏只与该方向的应力分量有关,与其他方向的应力无关。

2. 最大应变理论

在最大应变理论(maximum strain theory)中,用极限应变值作为单向板是否失效的判据,即认为处在广义平面应力状态的单向板中,任一弹性主方向应变达到了极限应变时,单向板就失效。这里的极限应变定义为单向板在单轴应力状态下发生破坏时的应变值,由试验确定。最大应变理论与最大应力理论相似,但这里受限制的是应变而不是应力。只是将各应力分量换成应变分量,相应的强度指标换成极限应变值。于是,强度条件可表示为

$$\begin{cases} \varepsilon_1 < \varepsilon_{1t} & \text{(拉伸)} \\ \varepsilon_2 < \varepsilon_{2t} & \text{(拉伸)} \\ |\varepsilon_1| < \varepsilon_{1c} & \text{(压缩)} \\ |\varepsilon_2| < \varepsilon_{2c} & \text{(压缩)} \\ |\gamma_{12}| < \gamma_{12}^u & \text{(剪切)} \end{cases} \tag{5-6}$$

式中:ε_{1t}、ε_{1c} 分别是纤维方向的拉伸和压缩极限应变;ε_{2t}、ε_{2c} 分别是横方向的拉伸和压缩极限应变的绝对值;γ_{12}^u 是剪切极限应变。

式(5-6)有一个或几个不满足,就认为发生了破坏。最大应变理论也不考虑破坏模式之间的相互作用。需要注意的是,在某个方向的应力分量为零时,由于泊松效应,该方向的应变分量也可以不等于零。

3. 蔡—希尔理论

由最大应力理论和最大应变理论所得的结果与试验数据有一定差距,为此,需寻求更完善的强度理论。为了综合考虑材料中各应力分量之间的相互影响,蔡—希尔(Tsai-Hill)提出相应的强度条件为

$$\frac{\sigma_1^2}{X^2} + \frac{\sigma_2^2}{Y^2} - \frac{\sigma_1\sigma_2}{X^2} + \left(\frac{\tau_{12}}{S}\right)^2 < 1 \tag{5-7}$$

蔡—希尔破坏准则为

$$\frac{\sigma_1^2}{X^2} + \frac{\sigma_2^2}{Y^2} - \frac{\sigma_1\sigma_2}{X^2} + \left(\frac{\tau_{12}}{S}\right)^2 = 1 \qquad (5-8)$$

显然,在这个破坏准则中,只有一个判别式,而不像前面两个理论中有几个判别式。同时考虑了基本强度 X, Y, S 间的相互作用,该理论与试验结果之间吻合较好。对 E 玻璃/环氧这种材料,这一破坏准则最接近试验结果,而最大应力与应变准则有时误差可达 100%。

4. 霍夫曼理论

由于蔡—希尔理论未考虑拉、压性能不同的复合材料,对于平面应力状态的正交各向异性单层板,霍夫曼(Hoffman)提出如下新的失效准则:

$$\frac{\sigma_1^2}{X_t X_c} - \frac{\sigma_1\sigma_2}{X_t X_c} + \frac{\sigma_2^2}{Y_t Y_c} + \frac{X_c - X_t}{X_t X_c}\sigma_1 + \frac{Y_c - Y_t}{Y_t Y_c}\sigma_2 + \frac{\tau_{12}^2}{S^2} = 1 \qquad (5-9)$$

当 $X_t = X_c$, $Y_t = Y_c$(这里 X_c, Y_c 均取正值),上式可简化为式(5-8)。

例 5-1 一碳纤维/环氧单层板受面内载荷作用,如图 5-2 所示。利用蔡—希尔准则判断该板是否发生破坏,如果发生破坏,会是什么破坏模式。已知 $E_1 = 140\mathrm{GPa}$, $E_2 = 10\mathrm{GPa}$, $G_{12} = 5\mathrm{GPa}$, $\nu_{12} = 0.3$, $X_t = 1500\mathrm{MPa}$, $X_c = 1200\mathrm{MPa}$, $Y_t = 50\mathrm{MPa}$, $Y_c = 250\mathrm{MPa}$, $S = 70\mathrm{MPa}$。

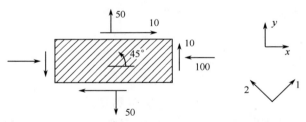

图 5-2 单层板受面内加载作用(MPa)

解:首先求出材料主轴方向的应力分量。

由 $\theta = 45°$,根据应力的坐标转换公式,可得

$$\begin{Bmatrix} \sigma_1 \\ \sigma_2 \\ \tau_{12} \end{Bmatrix} = \begin{bmatrix} 0.5 & 0.5 & 1 \\ 0.5 & 0.5 & -1 \\ -0.5 & 0.5 & 0 \end{bmatrix} \begin{Bmatrix} -100 \\ 50 \\ 10 \end{Bmatrix} = \begin{Bmatrix} -15 \\ -35 \\ 75 \end{Bmatrix} \mathrm{MPa}$$

可见,σ_1 和 σ_2 均为压应力,由蔡—希尔准则,得到破坏指标为

$$\frac{\sigma_1^2}{X^2} + \frac{\sigma_2^2}{Y^2} - \frac{\sigma_1\sigma_2}{X^2} + \left(\frac{\tau_{12}}{S}\right)^2$$

$$= \left(\frac{-15}{1200}\right)^2 + \left(\frac{-35}{250}\right)^2 - \frac{(-15)(-35)}{1200^2} + \left(\frac{75}{70}\right)^2 = 1.17 > 1$$

因此,该板将会发生破坏。为了判断破坏模式,需要进一步由最大应力准则计算各个方向对应的破坏指标。结果如下:

$$\frac{|\sigma_1|}{X_c} = 15/1200 = 0.075 < 1$$

$$\frac{|\sigma_2|}{Y_c} = 35/250 = 0.14 < 1$$

$$\frac{\tau_{12}}{S} = 75/70 = 1.07 > 1$$

故该板的破坏模式为面内剪切破坏。

例 5 - 2 单层板受 σ_x 作用,如图 5 - 3 所示,材料性能参数与例 5 - 1 相同。按蔡—希尔准则求 σ_x 的临界值。并图示出临界值相对 θ 的变化规律。

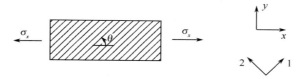

图 5 - 3 偏轴拉伸

解:首先由坐标变换,求材料主轴方向的应力分量

$$\sigma_1 = \sigma_x \cos^2\theta$$

$$\sigma_2 = \sigma_x \sin^2\theta$$

$$\tau_{12} = -\sigma_x \cos\theta\sin\theta$$

当 θ 在 $0° \sim 90°$ 变化时,σ_1 和 σ_2 均为正值,所以蔡—希尔准则为

$$\frac{\sigma_1^2}{X^2} + \frac{\sigma_2^2}{Y^2} - \frac{\sigma_1\sigma_2}{X^2} + \left(\frac{\tau_{12}}{S}\right)^2 = 1$$

将应力分量 σ_1、σ_2、τ_{12} 以及强度指标 X、Y、S 的数值代入,整理后得到

$$\sigma_x^2 = 1/\left[\cos^4\theta/1500^2 + \sin^4\theta/50^2 + \cos^2\theta\sin^2\theta/70^2 - \cos^2\theta\sin^2\theta/1500^2\right]$$

这就是临界应力随 θ 的变化规律。

5.2.3 强度理论的选取原则

需要强调指出的是,各种强度理论都是根据材料某种特定破坏形式,并假定一个或几个对这种破坏形式起主导作用的因素,然后通过一系列的推导得到的,因而其适用性与所研究的材料特性特别是破坏特性有密切关系。对于一般平面应力状态下的复合材料单层板,目前还没有哪一种强度理论能够适用于所有情况下的强度分析。试验数据也表明,某种强度理论对某一类型的复合材料可以给出满意的结果,但不能保证该理论同样适用于其他类型的材料。另一方面,在特定的应力状态下适用的某种强度理论,当应力状态发生改变时,可能给出不太精确的预测结果。

通常情况下,应用最大应力准则或最大应变准则是比较简便的。这两个准则既可以判定破坏发生与否,在破坏发生或将要发生的情况下,又可确定破坏发生的模式,即要么是纤维方向的拉、压破坏,要么是横方向的拉、压破坏,或是 1-2 方向的剪切破坏。如果破坏条件是满足的,则判定已发生破坏。若破坏条件不满足,则利用其他的考虑应力相互作用的准则进行判定。因为单个应力分量即使均不超过相应的强度指标,它们共同的效果也有可能使其他强度准则得到满足。

由最大应力准则或最大应变准则计算的破坏指标与载荷是成比例的,而其他准则没有这种比例关系。

最后需指出的是,应用强度准则进行强度分析所需的 5 个强度指标 X_t、X_c、Y_t、Y_c 以及 S 是在特定条件下由试验测得的值。复合材料的强度与工作环境密切相关,某些单层板的强度在特定的温度、湿度条件下将减少。为了考虑这种影响,有时应该引入必要的安全系数,以保障复合材料结构的安全。

随着复合材料的发展,复合材料强度理论本身也将不断地发展和更新。

5.3 层合板的强度分析

5.3.1 层合板强度概述

在层合板的强度分析中,以单层板的强度分析作为基础,并把单层板的强度作为已知因素。因此主要由单层板强度来预测层合板强度。该方法的基础是计算每一层单层板的应力状态。由于复合材料的各向异性和不均匀性,破坏形式复杂。对于层合复合材料板,与金属材料不同,层合板的非均质性和各向异性带来了强度分析的复杂性。某一单层板的破坏未必导致整块层合板的破坏,某一单层板的破坏不一定等同于整个层合板的破坏,有时层合板还可以承担更大的载荷,仅是层合板的刚度下降了,继续加载直到层合板全部破坏,这时的外载荷称为层合板的极限载荷,层合板强度分析的主要目的是确定其极限载荷。

有时层合板还可以承担更大的荷载,仅是层合板的刚度下降了,从而造成荷载—变形图线上的拐点,如图 5-4 所示的整个荷载—变形图线上有时会出现多个拐点的现象,直至破坏。

图 5-4 所示为层合板的载荷与变形的特性曲线。图中 $N_1,N_2,N_3,N_4,\cdots$ 依次为层

合板中各单层板相继发生破坏时的载荷,在 N_1 时开始有某单层板破坏,这时层合板刚度有所减低,即直线斜率减小,表示相同载荷增量时其变形比原来增大,随着外载荷增加,破坏层数越多,刚度越低,因此图中曲线由斜率依次减小的各折线组成。当达到层合板极限载荷时,层合板刚度为零,在 N_1 点后已有单层板破坏,刚度不能恢复到原来状态,称 N_1 点为层合板的第一个拐点。这种特性与金属材料的屈服现象相似,但机理完全不同。在此区间层合板载荷与变形呈线性关系。

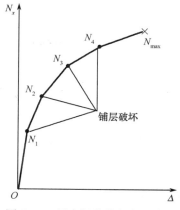

图 5 – 4 层合板载荷与弯形曲线

求层合板的极限载荷较为复杂,其计算步骤大致如下:

(1)初始层合板的性能。根据给定的单层性能和铺层,计算层合板的刚度、柔度(刚度的逆),用载荷参数表达的应变及各单层板的应力。

(2)第一次降级时的参数。选用强度破坏准则,计算出各单层板发生破坏时的载荷参数,确定首先破坏的单层板及相应的(即第一次降级的)载荷参数、应变及各单层板的应力。

(3)第一次降级后层合板的性能。对已破坏的单层板作刚度降级,重新计算层合板的刚度及柔度(刚度的逆),并在第一次降级时的载荷条件下检查有无发生连锁破坏的单层板。若有连锁破坏发生,应重复本步骤的计算,直至无连锁破坏发生(当然,若全部单层板都发生连锁破坏,就可以确定最大载荷了)。然后以第一次降级时的载荷水平为新的起点给载荷做与步骤(1)同样的计算,得出应变增量和应力增量。

(4)确定又一次降级时的参数。用与步骤(2)同样的方法,用总应力及总应变(第一次降级时的应力,应变分别加上第一次降级后的应力增量、应变增量)计算出又发生破坏时的载荷增量、应变增量及应力增量。第一次降级时的物理量加上其增量就是第二次降级时的物理量。

照此,一直计算到全部单层板完全破坏为止。相应的载荷值即为最大载荷(极限载荷)。计算过程十分繁杂,计算工作量十分浩大。最好是编制计算机程序,以代替人工计算。

5.3.2 层合板应力和应变分析

在上一节已提到单层板有多种强度理论,层合板也有多种强度理论,使用的试验方法与单层板相似,但试件用 3 层对称角铺设层合板($B_{ij} \equiv 0$),由式(4 – 16)可得受单向拉伸时内力和应变的关系为

$$\begin{Bmatrix} N_x \\ N_y \\ N_{xy} \end{Bmatrix} = \begin{Bmatrix} N_1 \\ 0 \\ 0 \end{Bmatrix} = \begin{bmatrix} A_{11} & A_{12} & A_{16} \\ A_{12} & A_{22} & A_{26} \\ A_{16} & A_{26} & A_{66} \end{bmatrix} \begin{Bmatrix} \varepsilon_x^0 \\ \varepsilon_y^0 \\ \gamma_{xy}^0 \end{Bmatrix} \qquad (5-10)$$

矩阵 $[A]$ 的逆矩阵 $[A]^{-1}$ 以 $[A']$ 矩阵表示,上式可写成

$$\begin{Bmatrix} \varepsilon_x^0 \\ \varepsilon_y^0 \\ \gamma_{xy}^0 \end{Bmatrix} = \begin{bmatrix} A'_{11} & A'_{12} & A'_{16} \\ A'_{12} & A'_{22} & A'_{26} \\ A'_{16} & A'_{26} & A'_{66} \end{bmatrix} \begin{Bmatrix} N_1 \\ 0 \\ 0 \end{Bmatrix} \qquad (5-11)$$

或简化为

$$\varepsilon_x^0 = A'_{11} N_1, \quad \varepsilon_y^0 = A'_{12} N_1, \quad \gamma_{xy}^0 = A'_{16} N_1 \qquad (5-12)$$

由单层板的应力—应变关系,可得每一层的应力为

$$\begin{Bmatrix} \sigma_x \\ \sigma_y \\ \tau_{xy} \end{Bmatrix}_k = \begin{bmatrix} \overline{Q}_{11} & \overline{Q}_{12} & \overline{Q}_{16} \\ \overline{Q}_{12} & \overline{Q}_{22} & \overline{Q}_{26} \\ \overline{Q}_{16} & \overline{Q}_{26} & \overline{Q}_{66} \end{bmatrix}_k \begin{Bmatrix} A'_{11} \\ A'_{12} \\ A'_{16} \end{Bmatrix} N_1 \qquad (5-13)$$

然后,将各单层的应力代入强度准则,以确定任何单层不破坏时的 N_1 最大值。对玻璃/环氧层合板来说,使用蔡—希尔破坏准则较为合适,因为这时无论在定性或定量上均与试验相符。

5.3.3 层合板的强度分析

现以特殊正交铺设层合板,即 3 层对称正交铺设层合板为例,计算其强度,求层合板的极限载荷。

例 5 – 3 已知 3 层层合板如图 5 – 5 所示。承受面内拉力 N_x,其余载荷为零。外层的厚度为 t_1,内层厚度为 $t_2 = 10t_1$。各单层材料为玻璃/环氧,其性能为

$E_1 = 53.74\text{GPa}, E_2 = 17.95\text{GPa}, \nu_{12} = 0.25,$

$G_{12} = 8.626\text{GPa}, X_t = X_c = 1.034\text{GPa},$

$Y_t = 0.0276\text{GPa}, Y_c = 0.138\text{GPa}, S = 0.041\text{GPa}。$

层合板总厚度为 t,要求确定 N_x 的极限值。

解: 第一步:初始层合板的性能。

(1) 单层刚度 $[Q]$。

根据式(3 – 9)可算得材料的各主向刚度:

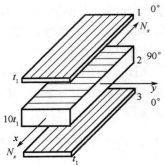

图 5 – 5　三层对称正交铺设
层合板的分解图

88

$$\begin{cases} \nu_{21} = \nu_{12} \dfrac{E_2}{E_1} = 0.083, \ Q_{11} = 54.92\text{GPa}, \ Q_{12} = 4.58\text{GPa} \\ Q_{22} = 18.33\text{GPa}, \ Q_{66} = G_{12} = 8.62\text{GPa} \end{cases} \tag{a}$$

根据式(3－24)计算参考坐标轴下的转换折算刚度系数 $\overline{Q}_{ij}$。由于本算例是正交铺设层合板,可直接判断出

$$\begin{cases} \overline{Q}_{11}^{(1)} = \overline{Q}_{22}^{(2)} = 54.92\text{GPa}, \overline{Q}_{22}^{(1)} = \overline{Q}_{12}^{(2)} = 4.58\text{GPa} \\ \overline{Q}_{22}^{(1)} = \overline{Q}_{11}^{(2)} = 18.33\text{GPa}, \overline{Q}_{66}^{(1)} = \overline{Q}_{66}^{(2)} = 8.62\text{GPa} \\ \overline{Q}_{16}^{(1)} = \overline{Q}_{16}^{(2)} = \overline{Q}_{26}^{(1)} = \overline{Q}_{26}^{(2)} = 0 \end{cases} \tag{b}$$

(2)层合板的拉伸刚度$[\boldsymbol{A}]$。

根据式(4－20)第一式,可算得

$$\begin{cases} A_{11} = 24.42t\text{GPa}, \ A_{12} = 4.58t\text{GPa} \\ A_{22} = 48.82t\text{GPa}, \ A_{66} = 8.62t\text{GPa} \\ A_{16} = A_{26} = 0 \end{cases} \tag{c}$$

(3)层合板拉伸刚度矩阵的逆矩阵$[\boldsymbol{A}']$。

由 $|\boldsymbol{A}| = 10.097 \times 10^3 t^3 (\text{GPa})^3$,得到

$$\begin{cases} A'_{11} = \dfrac{0.048}{t} (\text{GPa})^{-1}, \ A'_{12} = -\dfrac{0.0039}{t} (\text{GPa})^{-1} \\ A'_{22} = \dfrac{0.0209}{t} (\text{GPa})^{-1}, \ A'_{66} = \dfrac{0.1160}{t} (\text{GPa})^{-1} \\ A'_{16} = A'_{26} = 0 \end{cases} \tag{d}$$

(4)求层合板的应变。

$$\begin{cases} \varepsilon_x^0 = A'_{11} N_x = 0.0417 \dfrac{N_x}{t} \\ \varepsilon_y^0 = A'_{12} N_x = -0.0039 \dfrac{N_x}{t} \\ \gamma_{xy}^0 = 0 \end{cases} \tag{e}$$

(5)各单层板的应力。

外层:$$\begin{Bmatrix} \sigma_x \\ \sigma_y \\ \tau_{xy} \end{Bmatrix}_{(1)} = \begin{Bmatrix} \sigma_1 \\ \sigma_2 \\ \tau_{12} \end{Bmatrix}_{(1)} = \begin{bmatrix} \overline{Q}_{11} & \overline{Q}_{12} & \overline{Q}_{16} \\ \overline{Q}_{12} & \overline{Q}_{22} & \overline{Q}_{26} \\ \overline{Q}_{16} & \overline{Q}_{26} & \overline{Q}_{66} \end{bmatrix}_{(1)} \begin{Bmatrix} A'_{11} \\ A'_{12} \\ A'_{16} \end{Bmatrix} N_x = \begin{Bmatrix} 2.271 \\ 0.1193 \\ 0 \end{Bmatrix} \dfrac{N_x}{t} \text{MPa} \tag{f}$$

内层:
$$\left\{\begin{matrix} \sigma_x \\ \sigma_y \\ \tau_{xy} \end{matrix}\right\}_{(2)} = \left\{\begin{matrix} \sigma_1 \\ \sigma_2 \\ \tau_{12} \end{matrix}\right\}_{(2)} = \begin{bmatrix} \overline{Q}_{11} & \overline{Q}_{12} & \overline{Q}_{16} \\ \overline{Q}_{12} & \overline{Q}_{22} & \overline{Q}_{26} \\ \overline{Q}_{16} & \overline{Q}_{26} & \overline{Q}_{66} \end{bmatrix}_{(2)} \left\{\begin{matrix} A'_{11} \\ A'_{12} \\ A'_{16} \end{matrix}\right\} N_x = \left\{\begin{matrix} 0.7458 \\ -0.0239 \\ 0 \end{matrix}\right\} \frac{N_x}{t} \text{MPa} \qquad (g)$$

第二步:内外层的破坏载荷。

将各单层应力代入蔡—希尔破坏准则,分别计算出各单层破坏时的载荷 N_x,其中最小的 N_x 所对应的单层板就是首先破坏的单层板。

现在,内外层的 $\tau_{xy} = 0$,且材料主方向与参考坐标轴一致,所以蔡—希尔准则式(5-8)简化为

$$\sigma_x^2 - \sigma_x \sigma_y + \left(\frac{X}{Y}\right)^2 \sigma_y^2 = X^2 \qquad (h)$$

将式(f)及式(g)分别代入式(h),可得到求破坏载荷 N_x 的方程式,并从中分别解出 N_x/t:

外层: $\qquad\qquad\qquad N_x/t = 209.08\text{MPa} \qquad\qquad\qquad (i)$

内层: $\qquad\qquad\qquad N_x/t = 36.68\text{MPa} \qquad\qquad\qquad (j)$

比较式(i)和式(j),可断定内层首先破坏,破坏时的载荷为(脚标 1 表示第一次降级)

$$(N_x/t)_1 = 36.68\text{MPa} \qquad (k)$$

将上式代入各单层板材料主轴方向应力表达式(f)和式(g),可得到层合板第一次降级时各单层内的应力。

外层: $\qquad [\sigma_x \quad \sigma_y \quad \tau_{xy}]_{(1)}^{\mathrm{T}} = \{\sigma\}_{(1)} = [82.866 \quad 4.403 \quad 0]^{\mathrm{T}}\text{MPa} \qquad (l)$

内层: $\qquad [\sigma_x \quad \sigma_y \quad \tau_{xy}]_{(2)}^{\mathrm{T}} = \{\sigma\}_{(2)} = [27.508 \quad 0.735 \quad 0]^{\mathrm{T}}\text{MPa} \qquad (m)$

从式(m)显见,$(\sigma_x)_{(2)} = 27.508\text{MPa}$,十分接近横向拉伸强度 $Y_t = 27.6\text{MPa}$,所以断定内层的破坏是横向拉伸破坏(内层的 x 方向是垂直于纤维的)。

第一次降级时层合板的应变由式(e)可求得:

$$\begin{cases} \varepsilon_x^0 = 0.0417 \dfrac{N_x}{t} = 0.153\% \\ \varepsilon_y^0 = -0.0039 \dfrac{N_x}{t} = -0.014\% \\ \gamma_{xy}^0 = 0\% \end{cases} \qquad (n)$$

这里 $(N_x/t)_1 = 36.68\text{MPa}$ 相应于图 5-5 中标记为 N_1 的第一个拐点值,对应的轴向应变为 0.153%。

第三步:第一次降级后层合板的性能。

(1)第一次降级后各单层板的刚度 $[\boldsymbol{Q}]$。

外层未发生破坏,其刚度不变,即仍为

$$\begin{cases} Q_{11}^{(1)} = 54.92\,\text{GPa}, Q_{12}^{(1)} = 4.58\,\text{GPa} \\ Q_{22}^{(1)} = 18.33\,\text{GPa}, Q_{66}^{(1)} = 8.62\,\text{GPa} \\ Q_{16}^{(1)} = Q_{26}^{(1)} = 0 \end{cases} \tag{o}$$

内层虽在横向(x方向)破坏了,但还能承受纵向(y方向)的应力,因此内层的刚度变为

$$\begin{cases} Q_{11}^{(2)} = Q_{12}^{(2)} = Q_{16}^{(2)} = Q_{26}^{(2)} = 0 \\ Q_{22}^{(2)} = 54.92\,\text{GPa} \end{cases} \tag{p}$$

(2)第一次降级后层合板的拉伸刚度$[A]$。

$$\begin{cases} A_{11} = 9.15t\,\text{GPa}, \quad A_{12} = 0.764t\,\text{GPa} \\ A_{22} = 48.82t\,\text{GPa}, \quad A_{66} = 1.442t\,\text{GPa} \\ A_{16} = A_{26} = 0 \end{cases} \tag{q}$$

(3)第一次降级后层合板拉伸刚度矩阵的逆矩阵$[A']$。
由$|A| = 0.643 \times 10^3 t^3\,(\text{GPa})^3$,得到

$$\begin{cases} A'_{11} = \dfrac{0.109}{t}\,(\text{GPa})^{-1}, \quad A'_{12} = -\dfrac{0.00171}{t}\,(\text{GPa})^{-1} \\ A'_{22} = \dfrac{0.0205}{t}\,(\text{GPa})^{-1}, \quad A'_{66} = \dfrac{0.6937}{t}\,(\text{GPa})^{-1} \\ A'_{16} = A'_{26} = 0 \end{cases} \tag{r}$$

(4)检查在$(N_x/t)_1 = 36.68\,\text{MPa}$情况下,外层是否破坏,首先求外层材料主方向应力:

$$\{\sigma\}_{(1)} = [\overline{Q}]_{(1)}[A'_{11} \quad A'_{12} \quad A'_{16}]^{\text{T}} \frac{N_x}{t} = [6.00 \quad 0.47 \quad 0]^{\text{T}} \frac{N_x}{t}\,\text{MPa} \tag{s}$$

内层的主方向应力为

$$\{\sigma\}_{(2)} = [\overline{Q}]_{(2)}[A'_{11} \quad A'_{12} \quad A'_{16}]^{\text{T}} \frac{N_x}{t} = [0 \quad -0.09 \quad 0]^{\text{T}} \frac{N_x}{t}\,\text{MPa} \tag{t}$$

将外层应力式(s)代入式(h),可证明在$(N_x/t)_1 = 36.68\,\text{MPa}$情况下,外层未破坏。

所以层合板可继续加载,设增量为$(\Delta N)_1$,计算该增量为何值时,才发生外层的破坏。

（5）在载荷增量$(\Delta N)_1$作用下层合板应变增量增量为$\{\Delta \varepsilon\}_1$。

根据式（e）有

$$\{\Delta \varepsilon\}_1 = \begin{bmatrix} 0.109 & -0.00171 & 0 \end{bmatrix}^{\mathrm{T}} \frac{(\Delta N)_1}{t} \qquad (\mathrm{u})$$

（6）第一次降级后，各单层板的应力增量$\{\Delta \sigma_x\}_1$。

参考式（s）及式（t）有

$$\begin{cases} \{\Delta \sigma\}_{(1)} = \begin{bmatrix} 6.00 & 0.047 & 0 \end{bmatrix}^{\mathrm{T}} \dfrac{(\Delta N)_1}{t} \mathrm{MPa} \\[4mm] \{\Delta \sigma\}_{(2)} = \begin{bmatrix} 0 & -0.09 & 0 \end{bmatrix}^{\mathrm{T}} \dfrac{(\Delta N)_1}{t} \mathrm{MPa} \end{cases}$$

（7）第一次降级后，未破坏的外层应力$\{\sigma_x\}_2$。

$$\{\sigma_x\}_2 = \begin{Bmatrix} \sigma_x \\ \sigma_y \\ \tau_{xy} \end{Bmatrix}_2 = \begin{Bmatrix} \sigma_x \\ \sigma_y \\ \tau_{xy} \end{Bmatrix}_1 + \begin{Bmatrix} \Delta \sigma_x \\ \Delta \sigma_y \\ \Delta \tau_{xy} \end{Bmatrix}_1 = \begin{Bmatrix} 82.87 \\ 4.403 \\ 0 \end{Bmatrix} + \begin{Bmatrix} 6.00 \\ 0.47 \\ 0 \end{Bmatrix} \frac{(\Delta N)_1}{t} \mathrm{MPa} \qquad (\mathrm{v})$$

第四步：确定外层发生破坏时的$(\Delta N_x)_1$。

将式（v）代入式（h），解得

$$\frac{(\Delta N_x)_1}{t} = 45.88 \mathrm{MPa} \qquad (\mathrm{w})$$

再代入式（v），可求得第二次降级时的外层应力：

$$\{\sigma\}_2 = \begin{bmatrix} 358.12 & 25.97 & 0 \end{bmatrix}^{\mathrm{T}} \mathrm{MPa} \qquad (\mathrm{x})$$

因为σ_y很接近Y_{t}，而σ_x尚远小于X_{t}，所以可断定外层的破坏是横向拉伸破坏（y方向）。

将式（w）代入式（u），可得第二次降级时的应变增量：

$$\{\Delta \varepsilon^0\}_1 = \begin{bmatrix} 0.502 & -0.008 & 0 \end{bmatrix}^{\mathrm{T}} (\%) \qquad (\mathrm{y})$$

由式（n）及式（y）得第二次降级时的总应变：

$$\{\varepsilon^0\}_2 = \{\varepsilon^0\}_1 + \{\Delta \varepsilon^0\}_1 = \begin{bmatrix} 0.655 & -0.022 & 0 \end{bmatrix}^{\mathrm{T}} (\%)$$

相应的总载荷为

$$\left(\frac{N_x}{t} \right)_2 = \left(\frac{N_x}{t} \right)_1 + \frac{(\Delta N_x)_1}{t} = 82.55 \mathrm{MPa}$$

在发生第二次降级时，外层沿纵向（y方向），内层也沿横向（x方向）破坏。但从整体来说，层合板仍未破坏。因为外层沿x向，内层沿y向还可承载。不过对N_x来说，内层已不起作用了,也对外层无影响了。这时增加的载荷全由外层来承受。

第五步:第二次降级后层合板的性能。

(1)第二次降级后各单层板的刚度$[\boldsymbol{Q}]$。

此时仅有的非零刚度为

$$Q_{11}^{(1)} = Q_{22}^{(2)} = 54.92\text{GPa}$$

(2)第二次降级后层合板的拉伸刚度$[\boldsymbol{A}]$。

$$A_{11} = 9.150t\text{GPa} \quad , \quad A_{22} = 45.768t\text{GPa}$$

(3)第二次降级后层合板拉伸刚度矩阵的逆矩阵$[\boldsymbol{A}']$。

$$A_{11}' = \frac{0.1093}{t}\ (\text{GPa})^{-1}, \ A_{22}' = \frac{0.0218}{t}\ (\text{GPa})^{-1}, \ A_{16}' = A_{26}' = 0$$

(4)第二次降级后,在内力增量$(\Delta N_x)_2$作用下层合板的应变增量$\{\Delta\varepsilon\}_2$
根据式(e)有

$$\{\Delta\varepsilon^0\}_2 = [0.1093 \quad 0 \quad 0]^{\text{T}}\frac{(\Delta N_x)_2}{t} \quad\quad\quad (\text{z})$$

(5)第二次降级后外层的应力增量$\{\Delta\sigma_x\}_2$:

$$\{\Delta\sigma_x\}_2 = [6.00 \quad 0 \quad 0]^{\text{T}}\frac{(\Delta N_x)_2}{t}\text{MPa}$$

第六步:确定外层发生纵向(x向)断裂时的内力增量$(\Delta N_x)_2$,并确定极限载荷。

因为外层横向(y向)已破坏,不能承受应力,所以令$\sigma_y = 0$,外层成为单向应力。考虑到式(x),外层的纵向应力为$\sigma_x = 358.12 + 6.00\frac{(\Delta N_x)_2}{t}\text{MPa}$,比值达到$X_t = 1.034\text{GPa}$时,外层纵向断裂,即

$$358.12 + 6.00\frac{(\Delta N_x)_2}{t} = 1034.21$$

因此

$$\frac{(\Delta N_x)_2}{t} = 111.933\text{MPa}$$

当载荷增量达到上式给定值时,外层纵向发生破坏,从而层合板破坏。相应的应变增量由式(z)可求得

$$\{\Delta\varepsilon^0\}_2 = [1.222 \quad 0 \quad 0]^{\text{T}}(\%)$$

极限载荷为

$$\left(\frac{N_x}{t}\right)_u = \left(\frac{N_x}{t}\right)_2 + \frac{(\Delta N_x)_2}{t} = 82.552 + 111.933 = 194.485\text{MPa}$$

破坏时的纵向总应变 ε_x 为

$$\varepsilon_x = (\varepsilon_x)_2 + (\Delta \varepsilon_x)_2 = (0.655 + 1.222)\% = 1.877\%$$

现将主要结果列于表 5 – 1 中。

表 5 – 1　三层对称正交铺设层合板载荷—应变计算结果

计算结果	第一次降级时	第二次降级时	最终破坏时
N_x/t/MPa	36.677	82.552	194.485
ε_x/%	0.153	0.655	1.877

最后要说明:强度分析一般来说应当考虑层合板的固化温度与工作温度不一致而造成的影响。这个问题将在第 6 章中进行讨论。

习　题

5 – 1　试比较最大应力、蔡—希尔和霍夫曼强度理论。

5 – 2　碳/环氧单层板单向拉伸,如下图所示。试分别用最大应力理论和最大应变理论求在偏轴拉伸时的极限强度。

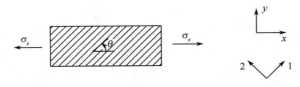

题 5 – 2 图

5 – 3　已知某复合材料单层板在偏轴向 $\theta = 30°$ 受应力 $\sigma_x = 160\mathrm{MPa}$, $\sigma_y = 60\mathrm{MPa}$, $\tau_{xy} = 20\mathrm{MPa}$,其材料强度 $X = 1000\mathrm{MPa}$, $Y = 100\mathrm{MPa}$, $S = 40\mathrm{MPa}$。试用最大应力理论和蔡—希尔强度理论判断其强度。

5 – 4　已知某复合材料单层板在偏轴向 $\theta = 10°$ 时受应力 $\sigma_x = 600\mathrm{MPa}$, $\sigma_y = 30\mathrm{MPa}$, $\tau_{xy} = 50\mathrm{MPa}$,其材料强度 $X_t = 1260\mathrm{MPa}$, $X_c = 2500\mathrm{MPa}$, $Y_t = 61$ MPa, $Y_c = 202\mathrm{MPa}$, $S = 67\mathrm{MPa}$。试用最大应力理论、蔡—希尔以及霍夫曼强度理论校核其强度。

5 – 5　石墨/环氧单层复合材料的强度分别为 $X_t = 1000\mathrm{MPa}$, $X_c = 700\mathrm{MPa}$, $Y_t = 40\mathrm{MPa}$, $Y_c = 120\mathrm{MPa}$, $S = 70\mathrm{MPa}$。试分别用蔡—希尔、霍夫曼强度理论判断工作应力 $\sigma_1 = 300\mathrm{MPa}$, $\sigma_2 = -80\mathrm{MPa}$ 和 $\tau_{12} = 35\mathrm{MPa}$ 时材料的强度。

5 – 6　已知玻璃/环氧单层板的 $E_1 = 54\mathrm{GPa}$, $E_2 = 18\mathrm{GPa}$, $\nu_{12} = 0.24$, $G_{12} = 9\mathrm{GPa}$, $X = 1000\mathrm{MPa}$, $Y = 30\mathrm{MPa}$, $S = 40\mathrm{MPa}$, $\sigma_1 = 16(N_x/t)\mathrm{kPa}$, $\sigma_2 = 0.8(N_x/t)\mathrm{kPa}$, $\tau_{12} = 0$。试用蔡—希尔强度理论求最大容许载荷 (N_x/t),板厚为 t。

5 – 7　设有 3 层正交铺设层合板如图 5 – 5 所示,总厚度为 t,外层的厚度为 t_1,内层厚度

为 $t_2 = 10t_1$，承受轴向拉力 N_x 作用。各单层材料为硼/环氧，其性能为：$E_1 = 2.0 \times 10^5 \text{MPa}$，$E_2 = 2.0 \times 10^4 \text{MPa}$，$\nu_{12} = 0.3$，$G_{12} = 6.0 \times 10^3 \text{MPa}$，$X_t = 1.0 \times 10^3 \text{MPa}$，$X_c = 2.0 \times 10^3 \text{MPa}$，$Y_t = 6.0 \times 10^2 \text{MPa}$，$Y_c = 200 \text{MPa}$，$S = 60 \text{MPa}$，试求层合板的极限载荷（$N_x / t$）。

5-8　试计算碳/环氧等厚度对称层合板 $[0°/90°]_s$ 在 M_x 作用下的极限强度。已知该材料的力学性能 $E_1 = 2.0 \times 10^5 \text{MPa}$，$E_2 = 1.0 \times 10^4 \text{MPa}$，$\nu_{12} = 0.25$，$G_{12} = 5.0 \times 10^3 \text{MPa}$，$X_t = X_c = 1000 \text{MPa}$，$Y_t = 80 \text{MPa}$，$Y_c = 200 \text{MPa}$，$S = 160 \text{MPa}$。

第6章　复合材料板的湿热效应

前面各章均未考虑材料吸湿及温度变化对复合材料性能的影响。事实上,复合材料结构经常要在较高温度下使用,如高速飞行时的复合材料机翼翼面,在气动加热下表面温度会达到100℃以上;航空和航天器发动机复合材料构件要求承受更高的工作温度。另外,复合材料层合板或层合结构的成型温度都比较高,如高温固化的树脂基复合材料层合板,固化温度达177℃。复合材料结构除了在高温环境下使用之外,还有可能处于湿度很高的环境。

由于纤维增强复合材料的构造特点以及它的物理特性,遇到湿热环境对复合材料性能就会产生较大影响。通常情况下,材料产生变形除了外施载荷之外,环境温度变化和湿度的明显变化也是一个重要因素。特别对于树脂基纤维增强复合材料来说,由于树脂基体比纤维材料对湿热环境更加敏感。首先,在单向复合材料中,横向的湿热变形通常比纵向的湿热变形要大得多,从而表现出湿热效应的各向异性;再加上层合板是由受湿热环境影响而变形具有方向性的各个单层粘结而成,当其受湿热变化时,由于层合板沿厚度方向的非均质性而发生相互制约,从而在内部引起附加应力,进而会影响层合板的强度。由此看来,关于复合材料的各向异性特性,不仅就力学性能而言,应从广义上去理解,其他物理性能如湿热性能等也会呈现出明显的各向异性。

在使用条件下,复合材料结构中温度循环要比湿扩散快几个数量级(一般为10^6倍),温度循环在一次使用中可能发生数次,而湿扩散则是在整个寿命期内进行的。因此,可以分别考虑温度循环和湿度循环的影响。复合材料结构的严重情况通常发生在寿命后期水分含量较大时的高温使用情况。

具体来说,对复合材料结构既要考虑使用条件,也要考虑停放环境及工艺流程。

如军用飞机总寿命的95%以上是在停放中消耗掉的,即使是民用飞机,按目前飞行年限25~30年,6万飞行小时计,停放中消耗的寿命也在70%以上。再加上我国地域辽阔,地形复杂,气候变化很大,所以,停放环境条件对复合材料结构的影响是不容忽视的。

复合材料层合结构制品,大多在较高温度条件下固化而成。所以,层合结构的使用温度都低于其工艺制造时的固化温度,温差较大。再加上树脂基体易于吸湿,对多向层合结构来说,由于湿热影响,不仅会引起整个层合结构的湿热变形,还会产生各铺层的残余应力和残余应变,这种残余应力将会影响层合结构的强度。

总之,湿热效应问题是复合材料结构设计和力学分析中敏感而重要的课题。

本章仅从宏观力学的角度来研究复合材料单层板和层合板的湿热本构方程,以及层合板的湿热应力与变形。

6.1　单层板的湿热变形

6.1.1　单层板的热膨胀

如图 6 - 1 所示,正交各向异性单层板在不考虑受任何外载作用,当温度由 T_0 变为 T 时,令温度变化 $\Delta T = T - T_0$。取一单位长度的单层,单层板材料主方向的应变为

$$\begin{Bmatrix} \varepsilon_1^T \\ \varepsilon_2^T \\ \gamma_{12}^T \end{Bmatrix} = \begin{Bmatrix} \alpha_1 \\ \alpha_2 \\ \alpha_{12} \end{Bmatrix} \Delta T \qquad (6-1)$$

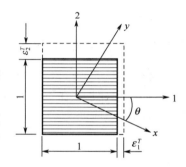

图 6 - 1　单层板的
热膨胀变形

式中:α_1 及 α_2 分别为纵向(1 方向)及横向(2 方向)热膨胀系数,一般由试验测定;α_{12} 为 1 - 2 平面的热膨胀系数,应为零,即 $\alpha_{12} = 0$;ε_1^T,ε_2^T 和 γ_{12}^T 分别为 1,2 方向的热线应变及 1 - 2 平面内的切应变;T 和 T_0 分为工作温度和初始温度。

由于材料为正交各向异性,所以受热影响后,只发生纵向和横向变形,而不会发生纵横向角应变,即温度变化不引起切应变,即 $\gamma_{12}^T = 0$。

热膨胀系数的单位是 $1/\mathrm{C}°$ 或 $1/K$(K 是绝对温度的单位),$T(K) = t(\mathrm{C}°) + 273$。复合材料的固化温度一般都高于使用温度,即 $\Delta T = T - T_0 < 0$,所以,当单层的热膨胀系数为正值时,使用温度下的单层产生收缩变形。

根据应变转轴公式(3 - 18),可得单层板在偏轴方向(即 x,y 方向)的应变为

$$\begin{Bmatrix} \varepsilon_x^T \\ \varepsilon_y^T \\ \gamma_{xy}^T \end{Bmatrix} = \begin{bmatrix} \cos^2\theta & \sin^2\theta & -\sin\theta\cos\theta \\ \sin^2\theta & \cos^2\theta & \sin\theta\cos\theta \\ 2\sin\theta\cos\theta & -2\sin\theta\cos\theta & \cos^2\theta - \sin^2\theta \end{bmatrix} \begin{Bmatrix} \varepsilon_1^T \\ \varepsilon_2^T \\ \gamma_{12}^T \end{Bmatrix} \qquad (6-2)$$

考虑式(6 - 1),上式则可写成

$$\begin{Bmatrix} \varepsilon_x^T \\ \varepsilon_y^T \\ \gamma_{xy}^T \end{Bmatrix} = \begin{Bmatrix} \alpha_x \\ \alpha_y \\ \alpha_{xy} \end{Bmatrix} \Delta T \qquad (6-3)$$

其中

$$\begin{Bmatrix} \alpha_x \\ \alpha_y \\ \alpha_{xy} \end{Bmatrix} = \begin{bmatrix} \cos^2\theta & \sin^2\theta & -\sin\theta\cos\theta \\ \sin^2\theta & \cos^2\theta & \sin\theta\cos\theta \\ 2\sin\theta\cos\theta & -2\sin\theta\cos\theta & \cos^2\theta - \sin^2\theta \end{bmatrix} \begin{Bmatrix} \alpha_1 \\ \alpha_2 \\ 0 \end{Bmatrix} \quad (6-4)$$

式中:α_x、α_y 分别为 x,y 方向(偏轴方向)的热膨胀系数;α_{xy} 称为 $x-y$ 平面的热膨胀系数。

一般来说,正交各向异性单层板在非材料主方向(偏轴方向)α_{xy} 不等于零。它们与 α_1,α_2 的关系为

$$\begin{cases} \alpha_x = \alpha_1\cos^2\theta + \alpha_2\sin^2\theta \\ \alpha_y = \alpha_1\sin^2\theta + \alpha_2\cos^2\theta \\ \alpha_{xy} = 2(\alpha_1 - \alpha_2)\sin\theta\cos\theta \end{cases} \quad (6-5)$$

显然,α_x、α_y 是 θ 角的偶函数,α_{xy} 是 θ 角的奇函数。

6.1.2 单层板的湿膨胀

复合材料在潮湿环境中吸收水分,吸水程度用吸水浓度表示。材料吸湿后,发生膨胀,因而产生变形。在不受外载及等温(即 $\Delta T = 0$)条件下,当吸水浓度为 C 时,单层板材料主方向的湿应变为

$$\begin{Bmatrix} \varepsilon_1^H \\ \varepsilon_2^H \\ \gamma_{12}^H \end{Bmatrix} = \begin{Bmatrix} \beta_1 \\ \beta_2 \\ \beta_{12} \end{Bmatrix} C \quad (6-6)$$

$$C = \frac{\Delta m}{m} = \frac{m_{fw} + m_{mw}}{m_f + m_m} \times 100\% \quad (6-7)$$

式中:ε_1^H,ε_2^H 和 ε_{12}^H 分别为吸水浓度达到 C 时,复合材料的纵向应变、横向应变及面内切应变;β_1,β_2 分别为 1,2 方向湿膨胀系数,一般由试验测定;β_{12} 为 1-2 平面的湿膨胀系数,一般情况下,$\beta_{12} = 0$;湿膨胀系数是无量纲的材料常数;吸水浓度 C 也是无量纲的量;m_f,m_m 分别为单层材料在干燥状态下纤维材料和基体材料的质量;m_{fw},m_{mw} 分别为纤维和基体所吸水分的质量。

为便于工程实用,吸水浓度 C 还可表示为

$$C = C_f \frac{m_f}{m} + C_m \frac{m_m}{m} \quad (6-8)$$

式中:$C_f = \dfrac{m_{fw}}{m_f}$,$C_m = \dfrac{m_{mw}}{m_m}$ 分别为纤维和基体的吸水浓度。

比较式(6-1)、式(6-6)可以看出,湿应变与热应变在宏观力学上是相似的,可以用相同的方法来处理。因此,偏轴方向即非材料主方向的湿应变及湿膨胀系数分别为

$$\left\{\begin{array}{c}\varepsilon_x^H \\ \varepsilon_y^H \\ \gamma_{xy}^H\end{array}\right\} = \left\{\begin{array}{c}\beta_x \\ \beta_y \\ \beta_{xy}\end{array}\right\} C \qquad (6-9)$$

$$\left\{\begin{array}{c}\beta_x \\ \beta_y \\ \beta_{xy}\end{array}\right\} = \left[\begin{array}{ccc}\cos^2\theta & \sin^2\theta & -\sin\theta\cos\theta \\ \sin^2\theta & \cos^2\theta & \sin\theta\cos\theta \\ 2\sin\theta\cos\theta & -2\sin\theta\cos\theta & \cos^2\theta-\sin^2\theta\end{array}\right]\left\{\begin{array}{c}\beta_1 \\ \beta_2 \\ 0\end{array}\right\} \qquad (6-10)$$

式中: β_x、β_y 分别 x,y 方向的湿膨胀系数; β_{xy} 称为 $x-y$ 平面的湿膨胀系数,一般 β_{xy} 不等于零。它们与 β_1,β_2 的关系为

$$\left\{\begin{array}{l}\beta_x = \beta_1\cos^2\theta + \beta_2\sin^2\theta \\ \beta_y = \beta_1\sin^2\theta + \beta_2\cos^2\theta \\ \beta_{xy} = 2(\beta_1-\beta_2)\sin\theta\cos\theta\end{array}\right. \qquad (6-11)$$

实际上,当温度达到平衡时,复合材料中各组分材料的温度是相同的,但在水分达到平衡时,组分材料的吸水浓度却是不同的。譬如,碳纤维和硼纤维是不吸湿的,所以它们的吸水浓度为零,即 $C_f = 0$;而对大多数环氧树脂来说,其吸水浓度 C_m 可达 8% 。

表 6 – 1 中列出了一些典型的单层复合材料的热膨胀系数和湿膨胀系数供参考。

表 6 – 1　单层复合材料湿热性能典型数据

类　型	$\alpha_1 / \times 10^{-6}℃^{-1}$	$\alpha_2 / \times 10^{-6}℃^{-1}$	$\beta_1 / \times 10^{-6}$	$\beta_2 / \times 10^{-6}$
T300/5208(碳/环氧)	0.02	22.5	0	0.6
B(4)/5505	6.1	30.3	0	0.6
AS/3501	– 0.3	28.1	0	0.44
芳纶49/环氧	– 4.0	79.0	0	0.6
玻璃/环氧	8.6	22.1	0	0.6

6.2　考虑湿热变形单层板的本构关系

当单层板既承受外载又经受温度和湿度变化时,在线性理论中,这 3 个因素所起的应变可以叠加。因此材料主方向的应变,可把式(3 – 3)、式(6 – 1)、式(6 – 6)三式叠加得

$$\left\{\begin{array}{c}\varepsilon_1 \\ \varepsilon_2 \\ \gamma_{12}\end{array}\right\} = \left[\begin{array}{ccc}S_{11} & S_{12} & 0 \\ S_{12} & S_{22} & 0 \\ 0 & 0 & S_{66}\end{array}\right]\left\{\begin{array}{c}\sigma_1 \\ \sigma_2 \\ \tau_{12}\end{array}\right\} + \left\{\begin{array}{c}\alpha_1 \\ \alpha_2 \\ 0\end{array}\right\}\Delta T + \left\{\begin{array}{c}\beta_1 \\ \beta_2 \\ 0\end{array}\right\}C = [\boldsymbol{S}]\left\{\begin{array}{c}\sigma_1 \\ \sigma_2 \\ \tau_{12}\end{array}\right\} + \left\{\begin{array}{c}\varepsilon_1^T \\ \varepsilon_2^T \\ \gamma_{12}^T\end{array}\right\} + \left\{\begin{array}{c}\varepsilon_1^H \\ \varepsilon_2^H \\ \gamma_{12}^H\end{array}\right\}$$

$$(6-12)$$

由式(3 – 5),可得单层板主方向本构关系为

$$\begin{Bmatrix} \sigma_1 \\ \sigma_2 \\ \tau_{12} \end{Bmatrix} = \begin{bmatrix} Q_{11} & Q_{12} & 0 \\ Q_{12} & Q_{22} & 0 \\ 0 & 0 & Q_{66} \end{bmatrix} \left(\begin{Bmatrix} \varepsilon_1 \\ \varepsilon_2 \\ \gamma_{12} \end{Bmatrix} - \begin{Bmatrix} \alpha_1 \\ \alpha_2 \\ 0 \end{Bmatrix} \Delta T - \begin{Bmatrix} \beta_1 \\ \beta_2 \\ 0 \end{Bmatrix} C \right) \qquad (6-13)$$

利用转轴关系式（3－23）可得单层板非材料主方向的本构关系为

$$\begin{Bmatrix} \sigma_x \\ \sigma_y \\ \tau_{xy} \end{Bmatrix} = \begin{bmatrix} \overline{Q}_{11} & \overline{Q}_{12} & \overline{Q}_{16} \\ \overline{Q}_{12} & \overline{Q}_{22} & \overline{Q}_{26} \\ \overline{Q}_{16} & \overline{Q}_{26} & \overline{Q}_{66} \end{bmatrix} \left(\begin{Bmatrix} \varepsilon_x \\ \varepsilon_y \\ \gamma_{xy} \end{Bmatrix} - \begin{Bmatrix} \alpha_x \\ \alpha_y \\ \alpha_{xy} \end{Bmatrix} \Delta T - \begin{Bmatrix} \beta_x \\ \beta_y \\ \beta_{xy} \end{Bmatrix} C \right) \qquad (6-14)$$

以上从宏观力学角度讨论了单层板主方向以及偏轴方向湿热性的应力 — 应变关系，即本构关系。显然，单层板的湿热性能主要取决于湿、热膨胀系数的大小。在弹性关系中，还与材料的刚度、柔度系数有关。

6.3　考虑湿热变形层合板的本构关系

如图 6－2 所示的层合板由 n 层单层板组成，层合板除了承受外载荷作用，还伴随有温度与湿度变化。根据式（6－14），可得第 k 层非材料主方向（偏轴方向）的本构关系为

$$\begin{Bmatrix} \sigma_x^{(k)} \\ \sigma_y^{(k)} \\ \tau_{xy}^{(k)} \end{Bmatrix} = \begin{bmatrix} \overline{Q}_{11}^{(k)} & \overline{Q}_{12}^{(k)} & \overline{Q}_{16}^{(k)} \\ \overline{Q}_{12}^{(k)} & \overline{Q}_{22}^{(k)} & \overline{Q}_{26}^{(k)} \\ \overline{Q}_{16}^{(k)} & \overline{Q}_{26}^{(k)} & \overline{Q}_{66}^{(k)} \end{bmatrix} \left(\begin{Bmatrix} \varepsilon_x^{(k)} \\ \varepsilon_y^{(k)} \\ \gamma_{xy}^{(k)} \end{Bmatrix} - \begin{Bmatrix} \alpha_x^{(k)} \\ \alpha_y^{(k)} \\ \alpha_{xy}^{(k)} \end{Bmatrix} \Delta T^{(k)} - \begin{Bmatrix} \beta_x^{(k)} \\ \beta_y^{(k)} \\ \beta_{xy}^{(k)} \end{Bmatrix} C^{(k)} \right) \qquad (6-15)$$

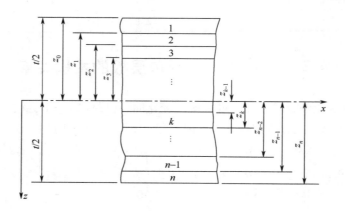

图 6－2　层合板各单层 z 坐标

采用经典层合理论,将式(4-10)代入上式,则第 k 层的本构关系又可写成

$$\left\{\begin{array}{c}\sigma_x^{(k)}\\\sigma_y^{(k)}\\\tau_{xy}^{(k)}\end{array}\right\}=\left[\begin{array}{ccc}\overline{Q}_{11}^{(k)}&\overline{Q}_{12}^{(k)}&\overline{Q}_{16}^{(k)}\\\overline{Q}_{12}^{(k)}&\overline{Q}_{22}^{(k)}&\overline{Q}_{26}^{(k)}\\\overline{Q}_{16}^{(k)}&\overline{Q}_{26}^{(k)}&\overline{Q}_{66}^{(k)}\end{array}\right]\left(\left\{\begin{array}{c}\varepsilon_x^0\\\varepsilon_y^0\\\gamma_{xy}^0\end{array}\right\}+z\left\{\begin{array}{c}\kappa_x\\\kappa_y\\\kappa_{xy}\end{array}\right\}-\left\{\begin{array}{c}\alpha_x^{(k)}\\\alpha_y^{(k)}\\\alpha_{xy}^{(k)}\end{array}\right\}\Delta T^{(k)}-\left\{\begin{array}{c}\beta_x^{(k)}\\\beta_y^{(k)}\\\beta_{xy}^{(k)}\end{array}\right\}C^{(k)}\right)$$

$$(6-16)$$

将式(6-16)代入式(4-12)及式(4-13),可得一般层合板计及温度及湿度变化的内力—应变关系式:

$$\left\{\begin{array}{c}N_x\\N_y\\N_{xy}\\M_x\\M_y\\M_{xy}\end{array}\right\}=\left[\begin{array}{cccccc}A_{11}&A_{12}&A_{16}&B_{11}&B_{12}&B_{16}\\A_{12}&A_{22}&A_{26}&B_{12}&B_{22}&B_{26}\\A_{16}&A_{26}&A_{66}&B_{16}&B_{26}&B_{66}\\B_{11}&B_{12}&B_{16}&D_{11}&D_{12}&D_{16}\\B_{12}&B_{22}&B_{26}&D_{12}&D_{22}&D_{26}\\B_{16}&B_{26}&B_{66}&D_{16}&D_{26}&D_{66}\end{array}\right]\left\{\begin{array}{c}\varepsilon_x^0\\\varepsilon_y^0\\\gamma_{xy}^0\\\kappa_x\\\kappa_y\\\kappa_{xy}\end{array}\right\}-\left\{\begin{array}{c}N_x^T\\N_y^T\\N_{xy}^T\\M_x^T\\M_y^T\\M_{xy}^T\end{array}\right\}-\left\{\begin{array}{c}N_x^H\\N_y^H\\N_{xy}^H\\M_x^H\\M_y^H\\M_{xy}^H\end{array}\right\}\quad(6-17)$$

或缩写为

$$\left\{\begin{array}{c}N\\M\end{array}\right\}=\left[\begin{array}{cc}A&B\\B&D\end{array}\right]\left\{\begin{array}{c}\varepsilon^0\\\kappa\end{array}\right\}-\left\{\begin{array}{c}N^T\\M^T\end{array}\right\}-\left\{\begin{array}{c}N^H\\M^H\end{array}\right\}\quad(6-18)$$

式中右端第一部分与式(4-18)及式(4-19)相同,刚度矩阵 A、B、D 的各元素仍按式(4-20)计算。右端的第二、三部分是新出现的分别与温度、湿度变化有关的项,由下式确定:

$$\left\{\begin{array}{c}N_x^T\\N_y^T\\N_{xy}^T\end{array}\right\}=\sum_{k=1}^n\int_{z_{k-1}}^{z_k}\left[\begin{array}{ccc}\overline{Q}_{11}^{(k)}&\overline{Q}_{12}^{(k)}&\overline{Q}_{16}^{(k)}\\\overline{Q}_{12}^{(k)}&\overline{Q}_{22}^{(k)}&\overline{Q}_{26}^{(k)}\\\overline{Q}_{16}^{(k)}&\overline{Q}_{26}^{(k)}&\overline{Q}_{66}^{(k)}\end{array}\right]\left\{\begin{array}{c}\alpha_x^{(k)}\\\alpha_y^{(k)}\\\alpha_{xy}^{(k)}\end{array}\right\}\Delta T^{(k)}\mathrm{d}z\quad(6-19)$$

$$\left\{\begin{array}{c}M_x^T\\M_y^T\\M_{xy}^T\end{array}\right\}=\sum_{k=1}^n\int_{z_{k-1}}^{z_k}\left[\begin{array}{ccc}\overline{Q}_{11}^{(k)}&\overline{Q}_{12}^{(k)}&\overline{Q}_{16}^{(k)}\\\overline{Q}_{12}^{(k)}&\overline{Q}_{22}^{(k)}&\overline{Q}_{26}^{(k)}\\\overline{Q}_{16}^{(k)}&\overline{Q}_{26}^{(k)}&\overline{Q}_{66}^{(k)}\end{array}\right]\left\{\begin{array}{c}\alpha_x^{(k)}\\\alpha_y^{(k)}\\\alpha_{xy}^{(k)}\end{array}\right\}\Delta T^{(k)}z\mathrm{d}z\quad(6-20)$$

$$\left\{\begin{array}{c}N_x^H\\N_y^H\\N_{xy}^H\end{array}\right\}=\sum_{k=1}^n\int_{z_{k-1}}^{z_k}\left[\begin{array}{ccc}\overline{Q}_{11}^{(k)}&\overline{Q}_{12}^{(k)}&\overline{Q}_{16}^{(k)}\\\overline{Q}_{12}^{(k)}&\overline{Q}_{22}^{(k)}&\overline{Q}_{26}^{(k)}\\\overline{Q}_{16}^{(k)}&\overline{Q}_{26}^{(k)}&\overline{Q}_{66}^{(k)}\end{array}\right]\left\{\begin{array}{c}\beta_x^{(k)}\\\beta_y^{(k)}\\\beta_{xy}^{(k)}\end{array}\right\}C^{(k)}\mathrm{d}z\quad(6-21)$$

$$\left\{\begin{array}{c}M_x^H\\M_y^H\\M_{xy}^H\end{array}\right\}=\sum_{k=1}^n\int_{z_{k-1}}^{z_k}\left[\begin{array}{ccc}\overline{Q}_{11}^{(k)}&\overline{Q}_{12}^{(k)}&\overline{Q}_{16}^{(k)}\\\overline{Q}_{12}^{(k)}&\overline{Q}_{22}^{(k)}&\overline{Q}_{26}^{(k)}\\\overline{Q}_{16}^{(k)}&\overline{Q}_{26}^{(k)}&\overline{Q}_{66}^{(k)}\end{array}\right]\left\{\begin{array}{c}\beta_x^{(k)}\\\beta_y^{(k)}\\\beta_{xy}^{(k)}\end{array}\right\}C^{(k)}z\mathrm{d}z\quad(6-22)$$

对于均匀温度变化,即 $\Delta T^{(k)}$ 沿层合板厚度不变时,ΔT 与 z 坐标无关,则式(6 – 19)及式(6 – 20)可变得简单些:

$$\begin{cases} \{N^T\} = \sum_{k=1}^{n} [\overline{Q}^{(k)}]\{\alpha_x^{(k)}\}\Delta T(z_k - z_{k-1}) \\ \{M^T\} = \frac{1}{2}\sum_{k=1}^{n} [\overline{Q}^{(k)}]\{\alpha_x^{(k)}\}\Delta T(z_k^2 - z_{k-1}^2) \end{cases} \quad (6 - 23)$$

可以看出,$\{N^T\}$ 的计算与 A_{ij} 相似,$\{M^T\}$ 的计算与 B_{ij} 相似。为此,同样可以证明,如为对称层合板,必有 $\{M^T\} = 0$,而在一般情况下,$\{M^T\}$ 与铺层顺序有关。由于 $\{N^T\}$ 和 $\{M^T\}$ 是因温度变化引起的,则分别称为热面内内力列阵和热内力矩列阵。

对于有均匀的吸水浓度(即 C 与坐标 z 无关),则式(6 – 21)及式(6 – 22)也可简写为

$$\begin{cases} \{N^H\} = \sum_{k=1}^{n} [\overline{Q}^{(k)}]\{\beta_x^{(k)}\}C(z_k - z_{k-1}) \\ \{M^H\} = \frac{1}{2}\sum_{k=1}^{n} [\overline{Q}^{(k)}]\{\beta_x^{(k)}\}C(z_k^2 - z_{k-1}^2) \end{cases} \quad (6 - 24)$$

比较式(6 – 22)、式(6 – 23)可以看出,层合板的湿弹性关系与热弹性关系在形式上完全相同。只要将热膨胀系数换成湿膨胀系数、将温差换成吸水浓度,就可以从热面内内力列阵 $\{N^T\}$ 和热内力矩列阵 $\{M^T\}$ 分别得到湿面内内力列阵 $\{N^H\}$ 和湿内力矩列阵 $\{M^H\}$。应当注意,只有在全约束情况下(即 $\{\varepsilon^0\} = \{0\}$、$\{\kappa\} = \{0\}$),$\{N^T\}$、$\{M^T\}$ 才是真正的热内力和热内力矩。同样,也只有在全约束情况下,$\{N^H\}$、$\{M^H\}$ 才是真正的湿内力和湿力矩。

式(6 – 17)也可改写成以下形式:

$$\begin{Bmatrix} \overline{N}_x \\ \overline{N}_y \\ \overline{N}_{xy} \\ \overline{M}_x \\ \overline{M}_y \\ \overline{M}_{xy} \end{Bmatrix} = \begin{Bmatrix} N_x + N_x^T + N_x^H \\ N_y + N_y^T + N_y^H \\ N_{xy} + N_{xy}^T + N_{xy}^H \\ M_x + M_x^T + M_x^H \\ M_y + M_y^T + M_y^H \\ M_{xy} + M_{xy}^T + M_{xy}^H \end{Bmatrix} = \begin{bmatrix} A_{11} & A_{12} & A_{16} & B_{11} & B_{12} & B_{16} \\ A_{12} & A_{22} & A_{26} & B_{12} & B_{22} & B_{26} \\ A_{16} & A_{26} & A_{66} & B_{16} & B_{26} & B_{66} \\ B_{11} & B_{12} & B_{16} & D_{11} & D_{12} & D_{16} \\ B_{12} & B_{22} & B_{26} & D_{12} & D_{22} & D_{26} \\ B_{16} & B_{26} & B_{66} & D_{16} & D_{26} & B_{66} \end{bmatrix} \begin{Bmatrix} \varepsilon_x^0 \\ \varepsilon_y^0 \\ \gamma_{xy}^0 \\ \kappa_x \\ \kappa_y \\ \kappa_{xy} \end{Bmatrix} \quad (6 - 25)$$

或

$$\begin{Bmatrix} \overline{N} \\ \cdots \\ \overline{M} \end{Bmatrix} = \begin{Bmatrix} N \\ \cdots \\ M \end{Bmatrix} + \begin{Bmatrix} N^T \\ \cdots \\ M^T \end{Bmatrix} + \begin{Bmatrix} N^H \\ \cdots \\ M^H \end{Bmatrix} = \begin{bmatrix} A & \vdots & B \\ \cdots & \vdots & \cdots \\ B & \vdots & D \end{bmatrix} \begin{Bmatrix} \varepsilon^0 \\ \cdots \\ \kappa \end{Bmatrix} \quad (6 - 26)$$

从上式可以看出,将层合板的机械内力 $\{N\}$、机械内力矩 $\{M\}$ 分别与热内力 $\{N^T\}$、热

内力矩 $\{M^T\}$ 和湿内力 $\{N^H\}$、湿内力矩 $\{M^H\}$ 求和,得到内力 $\{\overline{N}\}$ 和内力矩 $\{\overline{M}\}$。由于 $\{\overline{N}\}$ 和 $\{\overline{M}\}$ 不是真实存在的内力,所以分别称其为虚拟内力和虚拟内力矩。虚拟的内力 $\{\overline{N}\}$ 和内力矩 $\{\overline{M}\}$ 分别与未考虑温度和湿度影响时的内力 $\{N\}$、内力矩 $\{M\}$ 的本构关系相同。这样就把热学、湿学和力学三种因素用等效的力学因素来处理了。

6.4　层合板的残余应变和残余应力

层合板的残余应力是由于宏观非均质性造成的,有时称其为宏观残余应力。在单层板中受到温度或湿度变化,即使完全自由,由于组分材料中的纤维和基体自由膨胀不一致,但作为复合材料又要求有一致的变形,所以在纤维和基体中也产生残余应力,因为它是由微观非均质性造成的,通常又称为微观残余应力。关于微观残余应力,在此不作介绍。

对于热固性复合材料,在固化温度下树脂差不多都固化了,可以取这时的固化温度作为应力释放温度。当层合板从固化温度冷却到室温条件时,复合材料经受降温作用,这种固化温度与室温之间的温度差将在层合板中产生残余应力。同样,层合板的湿度差也将导致残余应力。

在无外载情况下(即 $\{N\} = \{0\}$,$\{M\} = \{0\}$),当层合板承受温差 ΔT 及吸湿浓度 C 时,层合板的应变等于湿热总应变。层合板任意一点 z 处的湿热总应变为

$$\begin{Bmatrix} \varepsilon_x^N \\ \varepsilon_y^N \\ \gamma_{xy}^N \end{Bmatrix} = \begin{Bmatrix} \varepsilon_x^{0T} + \varepsilon_x^{0H} \\ \varepsilon_y^{0T} + \varepsilon_y^{0H} \\ \gamma_{xy}^{0T} + \gamma_{xy}^{0H} \end{Bmatrix} + z \begin{Bmatrix} \kappa_x^T + \kappa_x^H \\ \kappa_y^T + \kappa_y^H \\ \kappa_{xy}^T + \kappa_{xy}^H \end{Bmatrix} \tag{6-27}$$

如单层板无约束,自由的湿热应变为

$$\begin{Bmatrix} \varepsilon_x^f \\ \varepsilon_y^f \\ \gamma_{xy}^f \end{Bmatrix} = \begin{Bmatrix} \alpha_x \\ \alpha_y \\ \alpha_{xy} \end{Bmatrix} \Delta T + \begin{Bmatrix} \beta_x \\ \beta_y \\ \beta_{xy} \end{Bmatrix} C \tag{6-28}$$

因此,层合板中各点的残余应变为

$$\begin{Bmatrix} \varepsilon_x^R \\ \varepsilon_y^R \\ \gamma_{xy}^R \end{Bmatrix} = \begin{Bmatrix} \varepsilon_x^N \\ \varepsilon_y^N \\ \gamma_{xy}^N \end{Bmatrix} - \begin{Bmatrix} \varepsilon_x^f \\ \varepsilon_y^f \\ \gamma_{xy}^f \end{Bmatrix} = \begin{Bmatrix} \varepsilon_x^{0T} + \varepsilon_x^{0H} \\ \varepsilon_y^{0T} + \varepsilon_y^{0H} \\ \gamma_{xy}^{0T} + \gamma_{xy}^{0H} \end{Bmatrix} + z \begin{Bmatrix} \kappa_x^T + \kappa_x^H \\ \kappa_y^T + \kappa_y^H \\ \kappa_{xy}^T + \kappa_{xy}^H \end{Bmatrix} - \begin{Bmatrix} \alpha_x \\ \alpha_y \\ \alpha_{xy} \end{Bmatrix} \Delta T - \begin{Bmatrix} \beta_x \\ \beta_y \\ \beta_{xy} \end{Bmatrix} C \tag{6-29}$$

与残余应变对应的应力称为残余应力:

$$\begin{Bmatrix} \sigma_x^{R(k)} \\ \sigma_y^{R(k)} \\ \tau_{xy}^{R(k)} \end{Bmatrix} = \begin{bmatrix} \overline{Q}_{11}^{(k)} & \overline{Q}_{12}^{(k)} & \overline{Q}_{16}^{(k)} \\ \overline{Q}_{12}^{(k)} & \overline{Q}_{22}^{(k)} & \overline{Q}_{26}^{(k)} \\ \overline{Q}_{16}^{(k)} & \overline{Q}_{26}^{(k)} & \overline{Q}_{66}^{(k)} \end{bmatrix} \begin{Bmatrix} \varepsilon_x^{R(k)} \\ \varepsilon_y^{R(k)} \\ \varepsilon_{xy}^{R(k)} \end{Bmatrix} \tag{6-30}$$

将式(6－29)代入上式,可得

$$\left\{\begin{matrix}\sigma_x^{R(k)}\\\sigma_y^{R(k)}\\\tau_{xy}^{R(k)}\end{matrix}\right\}=\begin{bmatrix}\overline{Q}_{11}^{(k)}&\overline{Q}_{12}^{(k)}&\overline{Q}_{16}^{(k)}\\\overline{Q}_{12}^{(k)}&\overline{Q}_{22}^{(k)}&\overline{Q}_{26}^{(k)}\\\overline{Q}_{16}^{(k)}&\overline{Q}_{26}^{(k)}&\overline{Q}_{66}^{(k)}\end{bmatrix}\left(\left\{\begin{matrix}\varepsilon_x^{0T}+\varepsilon_x^{0H}\\\varepsilon_y^{0T}+\varepsilon_y^{0H}\\\gamma_{xy}^{0T}+\gamma_{xy}^{0H}\end{matrix}\right\}+z\left\{\begin{matrix}\kappa_x^T+\kappa_x^H\\\kappa_y^T+\kappa_y^H\\\kappa_{xy}^T+\kappa_{xy}^H\end{matrix}\right\}-\left\{\begin{matrix}\alpha_x^{(k)}\\\alpha_y^{(k)}\\\alpha_{xy}^{(k)}\end{matrix}\right\}\Delta T-\left\{\begin{matrix}\beta_x^{(k)}\\\beta_y^{(k)}\\\beta_{xy}^{(k)}\end{matrix}\right\}C\right)$$

$$(6-31)$$

同理,如层合板只有外载作用而不考虑温度和湿度的影响,即温差 $\Delta T=0$,吸湿浓度 $C=0$,层合板的应变就只有力学应变。所以,层合板任意一点 z 处的力学应变为

$$\left\{\begin{matrix}\varepsilon_x^M\\\varepsilon_y^M\\\gamma_{xy}^M\end{matrix}\right\}=\left\{\begin{matrix}\varepsilon_x^{0M}\\\varepsilon_y^{0M}\\\gamma_{xy}^{0M}\end{matrix}\right\}+z\left\{\begin{matrix}\kappa_x^M\\\kappa_y^M\\\kappa_{xy}^M\end{matrix}\right\} \qquad (6-32)$$

其相应的应力为

$$\left\{\begin{matrix}\sigma_x^{M(k)}\\\sigma_y^{M(k)}\\\tau_{xy}^{M(k)}\end{matrix}\right\}=\begin{bmatrix}\overline{Q}_{11}^{(k)}&\overline{Q}_{12}^{(k)}&\overline{Q}_{16}^{(k)}\\\overline{Q}_{12}^{(k)}&\overline{Q}_{22}^{(k)}&\overline{Q}_{26}^{(k)}\\\overline{Q}_{16}^{(k)}&\overline{Q}_{26}^{(k)}&\overline{Q}_{66}^{(k)}\end{bmatrix}\left(\left\{\begin{matrix}\varepsilon_x^{0M}\\\varepsilon_y^{0M}\\\gamma_{xy}^{0M}\end{matrix}\right\}+z\left\{\begin{matrix}\kappa_x^M\\\kappa_y^M\\\kappa_{xy}^M\end{matrix}\right\}\right) \qquad (6-33)$$

将式(6－33)与式(6－31)相加,得到

$$\left\{\begin{matrix}\sigma_x^{(k)}\\\sigma_y^{(k)}\\\tau_{xy}^{(k)}\end{matrix}\right\}=\left\{\begin{matrix}\sigma_x^{M(k)}\\\sigma_y^{M(k)}\\\tau_{xy}^{M(k)}\end{matrix}\right\}+\left\{\begin{matrix}\sigma_x^{R(k)}\\\sigma_y^{R(k)}\\\tau_{xy}^{R(k)}\end{matrix}\right\} \qquad (6-34)$$

其展开式就是式(6－15)所表达的层合板既受外载又受温度变化和材料吸湿时的第 k 层的应力 — 应变关系式。由此再次说明,在线弹性情况下,层合板内一点的应力为真实内力 $\{N\}$ 和内力矩 $\{M\}$ 所产生的应力与残余应力之和。

如上所述,当层合板考虑温度变化和材料吸湿的影响时,会产生残余应力并将会影响到层合板的强度。

习　题

6－1　试推导证明式(6－14)。

6－2　计算碳／环氧对称层合板[0°/90°]$_s$ 的湿热应变。已知固化温度 170℃,室温 20℃,吸水浓度 $C=0.01$,层合板总厚度 2mm,热膨胀系数 $\alpha_1=0.1\times10^{-6}℃^{-1}$,$\alpha_2=5.0\times10^{-5}℃^{-1}$,湿膨胀系数 $\beta_1=0$,$\beta_2=0.45$。

6－3　计算 HT3/QY8911 复合材料对称层合板[0°/±45°/90°]$_s$ 的湿热应变。已知材料固化温度 180℃,使用温度 30℃,吸水浓度 $C=0.01$,单层厚度 $t=0.125\text{mm}$,热膨胀

系数 $\alpha_1 = 0.27 \times 10^{-6}\text{℃}^{-1}$，$\alpha_2 = 3.13 \times 10^{-5}\text{℃}^{-1}$，湿膨胀系数 $\beta_1 = 0$，$\beta_2 = 0.5$。

6－4　试用层合板的热膨胀系数表示对称层合板的残余热应力。

6－5　试确定 T300/5208 复合材料对称层合板 $[0°/90°/45°/-45°]_s$ 在室温 22℃ 时的残余应力。已知该种材料的固化温度为 177℃。

6－6　推导在稳定的线性湿温场中层合板残余应力的表达式。设层合板顶面的温差为 ΔT_1，吸水浓度为 C_1，层合板底面的温差为 ΔT_2，吸水浓度为 C_2。它们沿层合板的厚度线性变化。

第7章 复合材料层合平板的
弯曲、屈曲与振动

7.1 引　言

在第4章中,通过讨论层合板的弹性特性,进一步引出由于层合板厚度方向的非均匀性而产生的拉伸与弯曲之间的耦合效应,它在层合板的物理方程中由矩阵$[\boldsymbol{B}]$构成。显而易见,由于耦合刚度矩阵$[\boldsymbol{B}]$的存在,给许多问题的求解带来新的困难,因为这时在控制方程中含有若干耦合刚度项,面内方程与弯曲方程之间需进行联合求解,使难度大大增加。如果在一些特殊情况下,能使耦合刚度效应消失,使面内方程和弯曲方程分离开来进行单独求解,问题将会得到大大简化。所以,本章将讨论各种耦合刚度(包括B_{ij},A_{16},A_{26},D_{16}和D_{26})对层合板弯曲、屈曲和振动等特性的影响,这正是纤维增强复合材料力学所涉及的主要内容。

本章从层合平(薄)板入手,因为它是各种复合材料层合板中最简单且应用最广泛的一种,并有如下的限制和假设:

限制是指理论应用的范围:

(1)每个单层是正交各向异性的(但每层的材料主方向未必与层合板坐标轴一致);材料是线弹性的,且为等厚度。

(2)层合板的几何尺寸在宏观上指的是板面为平的且其厚度远小于其他二维尺寸,即为薄板。

(3)层合板受力所引起的位移u,v,w远小于板厚。

(4)不考虑体积力。

因此,经典层合板理论仍可作为讨论本章问题的基础。

假设是对理论不精确性的限定:

(1)Kirckhoff(克希霍夫)直法线假设。即变形前垂直于层合板中面的一直线段,变形后仍作为直线段垂直于变形后的中曲面,而其长度保持不变。具体来说,此假设意味着忽略了横向剪切变形以及横向正应变的影响,即有

$$\gamma_{xz} = \gamma_{yz} = 0, \varepsilon_z = 0$$

(2)每一单层板可近似认为处于平面应力状态,即作用在板平面内的应力σ_x,σ_y和

106

τ_{xy} 对板的性能起主导作用,而假定 σ_z,τ_{yz} 和 τ_{zx} 均可忽略不计。但是,当平板有横向外载荷作用时,τ_{yz} 和 τ_{zx} 又是平衡所必需的。

(3)假定层合板受力后的变形属于小位移,即位移量 u,v 和 w 与板厚相比很小,应变量 ε_x,ε_y 和 γ_{xy} 与 1 相比为一小量 —— 小应变理论,且略去转动惯量。对于这种线弹性假设,所采用的几何方程中的应变与位移的关系是线性的。

这些假设表明:

(1)讨论的是正交各向异性材料的小应变和小挠度问题。

(2)限于分析经典层合板理论而不考虑层间应力和横向剪切变形。

7.2　复合材料层合板的求解方法

对于一般的层合板来说,由于它的各向异性和各种耦合效应,除了一些简单的情况可以求得精确解外,一般都要采用近似方法求解,下面将扼要介绍这些方法。

7.2.1　双傅里叶级数解法

设 $F_1(x,y)$,$F_2(x,y)$,$F_3(x,y)$ 是定义在 $0 \leqslant x \leqslant a$ 和 $0 \leqslant y \leqslant b$ 区域中的分片连续函数,并且可以表示为双傅里叶级数:

$$\begin{cases} F_1(x,y) = \sum_{m=1}^{\infty}\sum_{n=1}^{\infty} a_{mn}\sin\dfrac{m\pi x}{a}\sin\dfrac{n\pi y}{b} \\ F_2(x,y) = \sum_{m=1}^{\infty}\sum_{n=1}^{\infty} b_{mn}\sin\dfrac{m\pi x}{a}\cos\dfrac{n\pi y}{b} \\ F_3(x,y) = \sum_{m=1}^{\infty}\sum_{n=1}^{\infty} c_{mn}\cos\dfrac{m\pi x}{a}\cos\dfrac{n\pi y}{b} \end{cases} \quad (7-1)$$

式中:a_{mn},b_{mn} 和 c_{mn} 分别为函数 $F_1(x,y)$,$F_2(x,y)$,$F_3(x,y)$ 的傅里叶系数。在这些级数中的三角函数具有如下的正交性质:

$$\begin{cases} \displaystyle\int_0^a \sin\dfrac{m\pi x}{a}\sin\dfrac{i\pi x}{a}\mathrm{d}x = \begin{cases} 0, m \neq i \\ a/2, m = i \end{cases} \\ \displaystyle\int_0^a \cos\dfrac{m\pi x}{a}\cos\dfrac{j\pi x}{a}\mathrm{d}x = \begin{cases} 0, m \neq j \\ a/2, m = j \end{cases} \\ \displaystyle\int_0^a \sin\dfrac{m\pi x}{a}\cos\dfrac{i\pi x}{a}\mathrm{d}x \\ = \begin{cases} 0, m = k \text{ 或 } m \neq k \text{ 但 } |m \pm k| \text{ 为偶数} \\ 2am/[\pi(m^2 - k^2)], m \neq k \text{ 但 } |m \pm k| \text{ 为奇数} \end{cases} \end{cases} \quad (7-2)$$

对于已知函数,例如 $F_1(x,y)$,可在式(7 - 1)中第一式等号的两边都乘以

$\left(\sin\dfrac{i\pi x}{a}\sin\dfrac{j\pi y}{b}\right)$ 并分别在 $0 \leqslant x \leqslant a$ 及 $0 \leqslant y \leqslant b$ 区间积分,可得系数 a_{ij} 为

$$a_{ij} = \frac{4}{ab}\int_0^a\int_0^b F_1(x,y)\sin\frac{i\pi x}{a}\sin\frac{j\pi y}{b}\mathrm{d}x\mathrm{d}y \qquad (7-3)$$

对于需要在分析中确定的 x,y 的函数,它们的双傅里叶系数由相应的控制微分方程和边界条件决定。双傅里叶级数解法特别适用于四边简支的层合板,只要 $A_{16} = A_{26} = B_{16} = B_{26} = D_{16} = D_{26} = 0$,就可以求得封闭解。由于在计算时只能截取级数的有限项进行计算,所以得到的还是近似解。项数取得越多,所得的近似解越精确,当然计算工作量也越大。

7.2.2 里茨法

Rayleigh – Ritz 法,又简称为里茨法,是应用最小势能原理去求得弹性力学问题近似解的一种位移变分解法。

用层合板的经典理论分析平板的弯曲问题,只有 3 个位移即中面位移可近似地表示为

$$\begin{cases} u_0 = \displaystyle\sum_{m=1}^{M_1}\sum_{n=1}^{N_1} a_{mn}u_{mn}(x,y) \\[2mm] v_0 = \displaystyle\sum_{m=1}^{M_2}\sum_{n=1}^{N_2} b_{mn}v_{mn}(x,y) \\[2mm] w = \displaystyle\sum_{m=1}^{M_3}\sum_{n=1}^{N_3} c_{mn}w_{mn}(x,y) \end{cases} \qquad (7-4)$$

式中:a_{mn},b_{mn} 和 c_{mn} 为待定系数;u_{mn},v_{mn} 和 w_{mn} 分别为彼此线性无关的可分离成如 $F_m(x)G_n(y)$ 形式的已知函数,它们满足位移边界条件及连续可微条件;M_1,N_1,M_2,N_2,M_3,N_3 为数值不大的正整数。

利用式(7-4),可将层合板的总势能 Π 表示为待定系数 a_{mn},b_{mn} 和 c_{mn} 的函数。通过变分 $\delta\Pi = 0$ 的条件,有

$$\begin{cases} \dfrac{\partial\Pi}{\partial a_{mn}} = 0 \quad (m = 1,2,\cdots,M_1;n = 1,2,\cdots,N_1) \\[3mm] \dfrac{\partial\Pi}{\partial b_{mn}} = 0 \quad (m = 1,2,\cdots,M_2;n = 1,2,\cdots,N_2) \\[3mm] \dfrac{\partial\Pi}{\partial c_{mn}} = 0 \quad (m = 1,2,\cdots,M_3;n = 1,2,\cdots,N_3) \end{cases} \qquad (7-5)$$

可得到 a_{mn},b_{mn} 和 c_{mn} 的代数方程组,求解该方程组可确定这些参数(待定常数),从而

得到问题的解。一般来说,函数 u_{mn},v_{mn} 和 w_{mn} 选择得越好,项数取得越多,则解的精度也越高。

里茨法的误差不易判定。一般可逐次增加所选函数的项数并比较其结果,如收敛较快,则所得的近似解精度就较高。求得位移分量后,不难求得应变分量和应力分量。在处理实际问题时,取不多的项往往可以得到相当精确的位移。因为求应变时要求导数,得到的应变(或应力)误差可能较大。为了求得较精确的应力,必须选取足够多的项数。在解决稳定和振动问题时,采用里茨法比较方便,也可得到令人满意的结果。

7.2.3　伽辽金法

伽辽金法是广泛应用于固体力学领域的一种位移变分近似解法,它的基础是虚位移原理。

由虚位移原理的充分性证明可知,虚位移方程与弹性体的微分平衡方程和力的边界条件是等价的。如果把同时满足位移边界条件和力的边界条件的位移作为容许位移,那么可以得到如下的伽辽金变分方程:

$$\iint\limits_{A} \{ L_1(u_0,v_0,w)\delta u_0 + L_2(u_0,v_0,w)\delta v_0 + L_3(u_0,v_0,w)\delta w \} \mathrm{d}x\mathrm{d}y \qquad (7-6)$$

式中:L_i 为线性或非线性的微分算子;$L_i(u_0,v_0,w)=0$ 表示板的微元($t\mathrm{d}x\mathrm{d}y$)的静力或动力平衡条件;t 为板厚。

设位移的近似解为

$$\begin{cases} u_0 = \displaystyle\sum_m \sum_n a_{mn}(t)\phi_{mn}(x,y) \\[2mm] v_0 = \displaystyle\sum_m \sum_n b_{mn}(t)\chi_{mn}(x,y) \\[2mm] w = \displaystyle\sum_m \sum_n c_{mn}(t)\psi_{mn}(x,y) \end{cases} \qquad (7-7)$$

式中:a_{mn},b_{mn} 和 c_{mn} 为可随时间变化的待定系数;$\phi_{mn}(x,y)$,$\chi_{mn}(x,y)$ 和 $\psi_{mn}(x,y)$ 为选定的满足位移边界条件和力的边界条件以及连续可微条件的已知函数。

将式(7-7)作为容许位移并取它的变分,得

$$\begin{cases} \delta u_0 = \displaystyle\sum_m \sum_n \phi_{mn}(x,y)\delta a_{mn}(t) \\[2mm] \delta v_0 = \displaystyle\sum_m \sum_n \chi_{mn}(x,y)\delta b_{mn}(t) \\[2mm] \delta w = \displaystyle\sum_m \sum_n \psi_{mn}(x,y)\delta c_{mn}(t) \end{cases} \qquad (7-8)$$

代入伽辽金方程式(7-6),并考虑到 δa_{mn},δb_{mn} 和 δc_{mn} 的随意性,于是得

$$\begin{cases} \iint\limits_{A} L_1(u_0, v_0, w)\phi_{mn}(x,y)\,\mathrm{d}x\mathrm{d}y = 0 \\ \iint\limits_{A} L_2(u_0, v_0, w)\chi_{mn}(x,y)\,\mathrm{d}x\mathrm{d}y = 0 \\ \iint\limits_{A} L_3(u_0, v_0, w)\psi_{mn}(x,y)\,\mathrm{d}x\mathrm{d}y = 0 \end{cases} \tag{7-9}$$

上述方程的数目与 a_{mn}、b_{mn} 和 c_{mn} 的数目相同。将式(7-7)代入式(7-9)并进行积分,便可得到一组关于 $a_{mn}(t)$,$b_{mn}(t)$ 和 $c_{mn}(t)$ 的常微分方程(对于动力问题),或一组关于待定常数 a_{mn},b_{mn} 和 c_{mn} 的代数方程(对于静力问题),从而可以确定这些系数。

当位移函数取有限项时,则得近似解。显然,位移函数的选择对伽辽金法的精度是相当重要的。

伽辽金法既可用于求解线性的弯曲问题、稳定问题和振动问题,又可以求解大挠度的弯曲问题、后屈曲问题和非线性振动问题。对于复合材料层合板来说,伽辽金法是一种很重要的求解方法。

7.2.4　有限元法

对于复合材料的层合板,不是在任何情况下都能求得解析解的,有时只能采用数值方法求解,在数值解法中,有限元法有其优点。

目前应用于复合材料层合板理论的有限元法,大致可以分为常规位移有限元法、杂交应力有限元法和混合有限元法。常规位移法是从建立板单元内部位移与节点位移的函数关系着手,由虚功原理(或势能驻值原理和哈密尔顿原理)导出板单元方程;杂交应力元法则分别假定板单元内部应力模型和板单元边界位移模式,由广义余能原理导出板单元的方程,其最后导出的方程也是以节点位移作为独立变量;而混合有限元法则以位移和内力作为独立变量,由广义变分原理导出板单元的方程。

近年来,不断出现了各种高阶理论,并根据这些理论导出了相应的有限元法,其中与分层假设理论相应的三维杂交元对位移和应力的计算显示了较高的精度。有限元法的计算往往必须与大容量的计算机相配合,工作量较大。

7.2.5　摄动法

摄动法是一种渐近法。将摄动法用于求解层合板的大挠度问题时,一般应首先将方程中的各函数和自变量化为无量纲量,然后根据具体问题选择一个合适的和较小的物理量作为摄动参数。此参数是随着问题的非线性程度的变化而变化的,当它较小时可使问题的性质化为层合板的小挠度问题;当它趋近于零时,挠度和载荷都同时趋近于零,然后将方程中的各函数均展开为此摄动参数的幂级数。将各函数的幂级数代入基本微分方程

110

组中,并令等号两边基本参数的同次幂项的系数相同,即得到一系列解算级数中各项系数的微分方程组,连同边界条件,逐级求解这些微分方程组,便可依次得到第一次近似值(小挠度解)及各次修正值,从而求得各级近似值。在各级近似的求解中,可以采用不同的方法,例如比较系数法和伽辽金法等。

需要指出的是,在摄动问题中,人们根据渐近展开式和摄动参数趋于零时的收敛性,可将摄动问题区分为正则摄动问题和奇异摄动问题。把用于求解正则摄动问题的方法称为正则摄动法,而把正则摄动法失效时的摄动问题的研究方法统称为奇异摄动法,如变形坐标法、边界层校正法和多重尺度法等。

7.2.6 动态松弛法

动态松弛法(Dynamic Relaxation Method),简称 DRM 或 DR 法,是在思路方面有其独到之处的一种向量迭代法。其基本原理是:从承载前结构无内力的初始状态出发,仿效结构或构件在临界阻尼下的瞬态振动历程,推算出振动湮灭时的稳定状态而得出所期望的静力分析结果。简单地说,它是把弹性方程的解看作是实际的或者纯粹是虚构的瞬态方程式的稳态解。近几十年来,这种方法在国外已成为工程界受欢迎的一种数值方法,对于求解计算力学的非线性稳态问题尤其具有吸引力。自 20 世纪 80 年代以来,国内外已把这种方法应用于分析复合材料层合板的几何非线性及物理非线性问题,表明了动态松弛法也是求解这一类问题的有效方法。

DR 法的主要优点是在整个计算过程中,弹性方程呈简单的形式。即动力平衡方程、应力应变关系均是单独使用的,使得该法容易理解、容易公式化和程序化,且这种显式迭代对计算机内存的容量要求相对说来较少。需要指出的是,DR 法的有效性和优越性依赖于 3 个基本参数,即虚拟质量、阻尼系数和时间步长的正确选择。关于这些参数的选择,有的是靠经验;有的是部分靠理论分析,部分靠经验。

7.2.7 打靶法

打靶法又称为试射法,是一种数值求解方法,主要用来求解两点边值问题的迭代解。所谓两点边值问题是 N 个常微分方程耦合的方程组,求有限区间 $[a,b]$ 上不恒等于零的解,且该解在一个边界点 a 上要满足 n_1 个边值条件,在另一个边界点 b 上还要满足 $n_2 = N - n_1$ 个边值条件。

打靶法是把边值问题化为初值问题来解,强制在一个边界点 a 上满足 n_1 个边值条件,假设另一个边界点 b 上 n_2 个边值条件自由,然后在该区间试求解一次,得到该解在另一边界点 b 上与 n_2 个边值条件的差异。通过应用牛顿——拉斐森法调整参数变量,最终使这个差异减少到零。

用打靶法求解常微分方程组的两点边值问题

$$\frac{\mathrm{d}\boldsymbol{Y}}{\mathrm{d}x} = g_i[x, y_1(x), \cdots, y_n(x)], \quad i = 1, 2, \cdots, N, x \in (x_1, x_2) \qquad (7-10)$$

$$\boldsymbol{B}_{1j}[x_1, y_1(x_1), \cdots, y_n(x_1)] = 0, \quad j = 1, 2, \cdots, n_1 \qquad (7-11)$$

$$\boldsymbol{B}_{2k}[x_2, y_1(x_2), \cdots, y_n(x_2)] = 0, \quad k = 1, 2, \cdots, n_2 \qquad (7-12)$$

其中 $n_1 + n_2 = N_\circ$

记

$$\boldsymbol{Y}(x) = [y_1(x), \cdots, y_n(x)]^{\mathrm{T}}$$

$$\boldsymbol{g}(x, y) = [g_1(x, y), \cdots, g_n(x, y)]^{\mathrm{T}}$$

$$\boldsymbol{B}_1(x, y) = [B_{11}(x, y), \cdots, B_{1n1}(x, y)]^{\mathrm{T}}$$

$$\boldsymbol{B}_2(x, y) = [B_{21}(x, y), \cdots, B_{2n2}(x, y)]^{\mathrm{T}}$$

则式(7 - 10) ~ 式(7 - 12) 即为

$$\begin{cases} \dfrac{\mathrm{d}\boldsymbol{Y}}{\mathrm{d}x} = \boldsymbol{g}(x, y), x \in (x_1, x_2) \\ \boldsymbol{B}_1(x_1, \boldsymbol{y}(x_1)) = 0 \\ \boldsymbol{B}_2(x_2, \boldsymbol{y}(x_2)) = 0 \end{cases} \qquad (7-13)$$

考虑带参数 $\boldsymbol{V} \in R^{n_2}$ 的初值问题

$$\begin{cases} \dfrac{\mathrm{d}\boldsymbol{Y}}{\mathrm{d}x} = \boldsymbol{g}(x, y), x \in (x_1, x_2) \\ \boldsymbol{B}_1(x_1, \boldsymbol{y}(x_1, \boldsymbol{V})) = 0 \\ \widetilde{\boldsymbol{B}}_1(x_1, \boldsymbol{y}(x_1, \boldsymbol{V}), \boldsymbol{V}) = 0, \widetilde{\boldsymbol{B}}_1(x_1, \boldsymbol{y}, \boldsymbol{V}) \in R^{n_2} \end{cases} \qquad (7-14)$$

记其解为

$$\boldsymbol{Y} = \boldsymbol{Y}(x, \boldsymbol{V}) \qquad (7-15)$$

而记

$$\boldsymbol{F}(x_2, \boldsymbol{V}) = \boldsymbol{B}_2(x_2, \boldsymbol{y}(x_2, \boldsymbol{V})) \qquad (7-16)$$

$\boldsymbol{F}$ 表示差异向量。于是求解

$$\boldsymbol{F}(x_2, \boldsymbol{V}) = 0 \qquad (7-17)$$

得 $\boldsymbol{V}$ 代入式(7 - 15) 即得边值问题式(7 - 13) 的解。

7.3 层合板的弯曲问题

7.3.1 层合板的弯曲方程

设有一块平板,它的几何尺寸如图7-1所示。在层合板中取一板微元,其在给定横向载荷 $q(x,y)$ 作用下与板中内力相平衡,如图7-2所示。根据经典层合板理论,在不计体积力作用的情况下,以这些力和力矩所表示的弯曲平衡方程为

$$\begin{cases} N_{x,x} + N_{xy,y} = 0 \\ N_{xy,x} + N_{y,y} = 0 \\ M_{x,xx} + 2M_{xy,xy} + M_{y,yy} + q(x,y) = 0 \end{cases} \tag{7-18}$$

式中:逗号",表示主符号对下标变量的一次及二次微分。

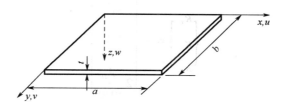

图7-1 层合平板的几何尺寸

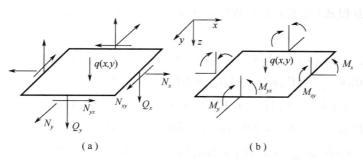

(a)   (b)

图7-2 作用于板上的力和力矩

层合平板的物理方程,可由式(4-18)及式(4-19)得到:

$$
\left\{ \begin{matrix} N_x \\ N_y \\ N_{xy} \\ M_x \\ M_y \\ M_{xy} \end{matrix} \right\} = \left[\begin{matrix} A_{11} & A_{12} & A_{16} & B_{11} & B_{12} & B_{16} \\ A_{12} & A_{22} & A_{26} & B_{12} & B_{22} & B_{26} \\ A_{16} & A_{26} & A_{66} & B_{16} & B_{26} & B_{66} \\ B_{11} & B_{12} & B_{16} & D_{11} & D_{12} & D_{16} \\ B_{12} & B_{22} & B_{26} & D_{12} & D_{22} & D_{26} \\ B_{16} & B_{26} & B_{66} & D_{16} & D_{26} & D_{66} \end{matrix} \right] \left\{ \begin{matrix} \varepsilon_x^0 \\ \varepsilon_y^0 \\ \gamma_{xy}^0 \\ k_x \\ k_y \\ k_{xy} \end{matrix} \right\} \tag{7-19}
$$

层合平板的几何方程为

$$
\left\{ \begin{matrix} \varepsilon_x^0 \\ \varepsilon_y^0 \\ \gamma_{xy}^0 \end{matrix} \right\} = \left\{ \begin{matrix} \dfrac{\partial u_0}{\partial x} \\[2mm] \dfrac{\partial v_0}{\partial x} \\[2mm] \dfrac{\partial u_0}{\partial y} + \dfrac{\partial v_0}{\partial x} \end{matrix} \right\} \tag{7-20}
$$

$$
\left\{ \begin{matrix} \kappa_x \\ \kappa_y \\ \kappa_{xy} \end{matrix} \right\} = - \left\{ \begin{matrix} \dfrac{\partial^2 w}{\partial x^2} \\[2mm] \dfrac{\partial^2 w}{\partial y^2} \\[2mm] 2\dfrac{\partial^2 w}{\partial x \partial y} \end{matrix} \right\} \tag{7-21}
$$

式中的应变、位移及曲率都属于层合平板中面的。

将几何方程式(7-3)及式(7-4)代入物理方程式(7-2),将各个内力化为用位移表示的形式,然后再把结果代入式(7-1)中,即可得到以平板中面位移 u_0、v_0 和 w 表示的 3 个弯曲平衡方程式(注意:为了书写方便简单,在以后将表示中面位移的下标"0"略去),可得

$$
\begin{aligned}
& A_{11} u_{,xx} + 2A_{16} u_{,xy} + A_{66} u_{,yy} + A_{16} v_{,xx} + (A_{12} + A_{66}) v_{,xy} + A_{26} v_{,yy} - \\
& B_{11} w_{,xxx} - 3B_{16} w_{,xxy} - (B_{12} + 2B_{66}) w_{,xyy} - B_{26} w_{,yyy} = 0
\end{aligned} \tag{7-22}
$$

$$
\begin{aligned}
& A_{16} u_{,xx} + (A_{12} + A_{66}) u_{,xy} + A_{26} u_{,yy} + A_{66} v_{,xx} + 2A_{26} v_{,xy} + A_{22} v_{,yy} - \\
& B_{16} w_{,xxx} - (B_{12} + 2B_{66}) w_{,xxy} - 3B_{26} w_{,xyy} - B_{22} w_{,yyy} = 0
\end{aligned} \tag{7-23}
$$

$$
\begin{aligned}
& D_{11} w_{,xxxx} + 4D_{16} w_{,xxxy} + 2(D_{12} + 2D_{66}) w_{,xxyy} + 4D_{26} w_{,xyyy} + D_{22} w_{,yyyy} - \\
& B_{11} u_{,xxx} - 3B_{16} u_{,xxy} - (B_{12} + 2B_{66}) u_{,xyy} - B_{26} u_{,yyy} - B_{16} v_{,xxx} - \\
& (B_{12} + 2B_{66}) v_{,xxy} - 3B_{26} v_{,xyy} - B_{22} v_{,yyy} = q(x,y)
\end{aligned} \tag{7-24}
$$

引入下列微分算子：

$$
\begin{cases}
L_{11} = A_{11}\dfrac{\partial^2}{\partial x^2} + 2A_{16}\dfrac{\partial^2}{\partial x\partial y} + A_{66}\dfrac{\partial^2}{\partial y^2} \\[2mm]
L_{12} = A_{16}\dfrac{\partial^2}{\partial x^2} + (A_{12}+A_{66})\dfrac{\partial^2}{\partial x\partial y} + A_{26}\dfrac{\partial^2}{\partial y^2} \\[2mm]
L_{22} = A_{66}\dfrac{\partial^2}{\partial x^2} + 2A_{26}\dfrac{\partial^2}{\partial x\partial y} + A_{22}\dfrac{\partial^2}{\partial y^2} \\[2mm]
L_{13} = -\left[B_{11}\dfrac{\partial^3}{\partial x^3} + 3B_{16}\dfrac{\partial^3}{\partial x^2\partial y} + (B_{12}+2B_{66})\dfrac{\partial^3}{\partial x\partial y^2} + B_{26}\dfrac{\partial^3}{\partial y^3} \right] \\[2mm]
L_{23} = -\left[B_{16}\dfrac{\partial^3}{\partial x^3} + (B_{12}+2B_{66})\dfrac{\partial^3}{\partial x^2\partial y} + 3B_{26}\dfrac{\partial^3}{\partial x\partial y^2} + B_{22}\dfrac{\partial^3}{\partial y^3} \right] \\[2mm]
L_{33} = D_{11}\dfrac{\partial^4}{\partial x^4} + 4D_{16}\dfrac{\partial^4}{\partial x^3\partial y} + 2(D_{12}+2D_{66})\dfrac{\partial^4}{\partial x^2\partial y^2} + \\[2mm]
\qquad\quad 4D_{26}\dfrac{\partial^4}{\partial x\partial y^3} + D_{22}\dfrac{\partial^4}{\partial y^4}
\end{cases}
\tag{7-25}
$$

则平衡方程式(7-22)~式(7-24)可用矩阵的形式简练地表示为

$$
\begin{bmatrix}
L_{11} & L_{12} & L_{13} \\
L_{12} & L_{22} & L_{23} \\
L_{13} & L_{23} & L_{33}
\end{bmatrix}
\begin{Bmatrix} u \\ v \\ w \end{Bmatrix}
=
\begin{Bmatrix} 0 \\ 0 \\ q \end{Bmatrix}
\tag{7-26}
$$

或者简单表示为

$$
\begin{cases}
L_{11}u + L_{12}v + L_{13}w = 0 \\
L_{12}u + L_{22}v + L_{23}w = 0 \\
L_{13}u + L_{23}v + L_{33}w = q(x,y)
\end{cases}
\tag{7-27}
$$

式中：算子 L_{13} 和 L_{23} 含有系数 B_{ij}，反映拉伸、弯曲的耦合效应；A_{16}，A_{26}，B_{16}，B_{26}，D_{16}，D_{26} 分别反映拉伸、剪切耦合和弯曲、扭转耦合。

可以看出，该线性偏微分方程组的求解是很麻烦的，它是对于一般的非对称层合板而言的，方程组中反映了全面的耦合效应。如由 A_{16}，A_{26} 系数表现出来的，因轴力 N_x、N_y 的作用，可以引起面内的切应变 γ_{xy}，反之，因剪力 N_{xy} 的作用，也可以引起面内的正应变 ε_x、ε_y；或是由 D_{16}，D_{26} 系数表现出来的，因弯矩 M_x，M_y 的作用，可以引起出面的扭率改变 κ_{xy}，因扭矩 M_{xy} 的作用，也可以引起出面的曲率改变 κ_x、κ_y。这种耦合效应是由于层合板的各向异性特性引起的，但是它绝非层合板所特有，在均质各向异性材料中也同样存在。

实际应用的工程结构，层合板的铺层不是完全随意的，而是根据设计和制造的要求有某种规定，这样一来，依照具体的特殊情况，由于减少了某些耦合效应而使问题的求解得到了简化。比如，一旦满足了 $[\boldsymbol{B}]=0$ 的条件，方程组(7-22)~(7-24)或式(7-27)

中含有位移 u,v 和含有位移 w 的项即可分离开来,这时,只需由式(7-24)的相应简化式单独求解即可得到层合板的挠度。

7.3.2 边界条件

为了获得问题的定解,需要研究边界上的约束条件。通常的边界条件有简支、固支和自由边界3种。根据实际情况,简支(用字母 S 表示)和固支(用字母 C 表示)边界条件又都可以分成4种类型,即简支4种和固支4种。这些边界条件可以简要地叙述为一个位移或者一个位移的导数或其函数在边界上等于某个规定值(经常表达为零)。如在 n 与 t 的坐标里,n 方向垂直于边界(法线方向),t 方向与边界相切(切线方向),如图7-3所示,则8种可能类型的简支和固支边界条件为

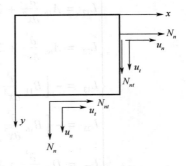

图7-3　边界条件符号意义

1. 简支边界条件

$$\begin{cases} S_1:w = 0,M_n = 0,u_n = \bar{u}_n,u_t = \bar{u}_t \\ S_2:w = 0,M_n = 0,N_n = \bar{N}_n,u_t = \bar{u}_t \\ S_3:w = 0,M_n = 0,u_n = \bar{u}_n,N_{nt} = \bar{N}_{nt} \\ S_4:w = 0,M_n = 0,N_n = \bar{N}_n,N_{nt} = \bar{N}_{nt} \end{cases} \quad (7-28)$$

2. 固支边界条件

$$\begin{cases} C_1:w = 0,w_{,n} = 0,u_n = \bar{u}_n,u_t = \bar{u}_t \\ C_2:w = 0,w_{,n} = 0,N_n = \bar{N}_n,u_t = \bar{u}_t \\ C_3:w = 0,w_{,n} = 0,u_n = \bar{u}_n,N_{nt} = \bar{N}_{nt} \\ C_4:w = 0,w_{,n} = 0,N_n = \bar{N}_n,N_{nt} = \bar{N}_{nt} \end{cases} \quad (7-29)$$

式中:带顶标"–"的量为一给定值,它们常常为零值。关于自由边界条件在此就不具体给出了。

上述这种位移 u、v、w 为基本未知量的求解方法通常称为位移法,一般来说,这时的边界条件也是以位移的形式给出。通常把这类由边界条件与控制微分方程一起求得定解的问题称为边界值问题。

7.3.3 特殊层合板弯曲问题的求解

当层合板对称于中面时,$B_{ij} \equiv 0$,则 $L_{13} = L_{23} = 0$,式(7-27)可简化为

$$\begin{cases} L_{11}u + L_{12}v = 0 \\ L_{12}u + L_{22}v = 0 \\ L_{33}w = q(x,y) \end{cases} \qquad (7-30)$$

式(7-22)、式(7-23)与式(7-24)相互独立,即 u,v 和 w 的方程相互独立,可分别求解,由式(7-24)可得对称层合平板的弯曲平衡方程为

$$D_{11}w_{,xxxx} + 4D_{16}w_{,xxxy} + 2(D_{12}+2D_{66})w_{,xxyy} + 4D_{26}w_{,xyyy} + D_{22}w_{,yyyy} = q(x,y)$$
$$(7-31)$$

若上述层板是特殊正交各向异性层板,则 $D_{16} = D_{26} = 0$,式(7-31)可进一步简化为

$$D_{11}w_{,xxxx} + 2(D_{12}+2D_{66})w_{,xxyy} + D_{22}w_{,yyyy} = q(x,y) \qquad (7-32)$$

此式与正交各向异性均匀材料板方程形式一样。

如果各层均为各向同性材料,但每层材料不一定相同,则 $D_{16} = D_{26} = 0,D_{11} = D_{22} = D$,平衡方程为

$$w_{,xxxx} + 2w_{,xxyy} + w_{,yyyy} = q(x,y)/D \qquad (7-33)$$

此式与各向同性板方程形式完全一样。

在这里,为了阐明问题起见,主要考虑的是一个四边简支的层合平板,并承受着横向分布载荷 $q(x,y)$ 的作用,如图7-4所示。分布的横向载荷 $q(x,y)$ 可用双傅里叶级数形式描绘,即

$$q(x,y) = \sum_{m=1}^{\infty}\sum_{n=1}^{\infty} q_{mn}\sin\frac{m\pi x}{a}\sin\frac{n\pi y}{b} \qquad (7-34)$$

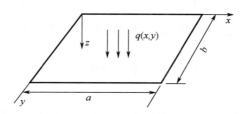

图 7-4　四边简支矩形层合板

关于 q_{mn} 的求法,已在7.3节中提到,也可从高等数学教材中找到。一般来说,m,n 为任意正整数,q_{mn} 可由下式求出:

$$q_{mn} = \frac{4}{ab}\int_0^a\int_0^b q(x,y)\sin\frac{m\pi x}{a}\sin\frac{n\pi y}{b}\mathrm{d}x\mathrm{d}y \qquad (7-35)$$

当 $q(x,y)$ 为均布载荷 q_0 时,可得出

$$q(x,y) = q_0 = \sum_{m=1,3,5}^{\infty}\sum_{n=1,3,5}^{\infty}\frac{16q_0}{\pi^2 mn}\sin\frac{m\pi x}{a}\sin\frac{n\pi y}{b} \qquad (7-36)$$

例 7 - 1　试求在均布载荷 q_0 作用下,四边简支、特殊正交各向异性矩形层合板的挠度。

解: 这种层合板由对称于板中面铺设的多层特殊正交各向异性层组成。因此,在这种层合板的刚度中,$B_{ij} \equiv 0, A_{16} = A_{26} = D_{16} = D_{26} = 0$,板的横向挠度只由一个方程来描述:

$$D_{11}w_{,xxxx} + 2(D_{12} + 2D_{66})w_{,xxyy} + D_{22}w_{,yyyy} = q(x,y) \tag{a}$$

由于板是四边简支,根据物理方程(7 - 19),以位移表示的边界条件为

$$\begin{cases} x = 0, a: w = 0, M_x = -D_{11}w_{,xx} - D_{12}w_{,yy} = 0 \\ y = 0, b: w = 0, M_y = -D_{12}w_{,xx} - D_{22}w_{,yy} = 0 \end{cases} \tag{b}$$

为了适合这个边界条件,选取层合板中面挠度表达式:

$$w = \sum_{m=1}^{\infty} \sum_{n=1}^{\infty} a_{mn} \sin \frac{m\pi x}{a} \sin \frac{n\pi y}{b} \tag{c}$$

将式(c)代入式(a)可得 a_{mn} 的表达式为

$$a_{mn} = \frac{q_{mn}/\pi^4}{D_{11}\left(\frac{m}{a}\right)^4 + 2(D_{12} + 2D_{66})\left(\frac{m}{a}\right)^2\left(\frac{n}{b}\right)^2 + D_{22}\left(\frac{n}{b}\right)^4} \tag{d}$$

上式再代入式(c),并考虑式(7 - 35)和式(7 - 36),可得在均布横向载荷作用下四边简支特殊正交各向异性层合板的挠度为

$$w = \frac{16q_0}{\pi^6} \frac{\sum\limits_{m=1,3,5}^{\infty} \sum\limits_{n=1,3,5}^{\infty} \frac{1}{mn} \sin \frac{m\pi x}{a} \sin \frac{n\pi y}{b}}{D_{11}\left(\frac{m}{a}\right)^4 + 2(D_{12} + 2D_{66})\left(\frac{m}{a}\right)^2\left(\frac{n}{b}\right)^2 + D_{22}\left(\frac{n}{b}\right)^4} \tag{e}$$

例 7 - 2　试求在横向分布载荷 $q(x,y)$ 作用下,四边简支(S_2)、反对称正交铺设层合板的弯曲问题。

解: 由于各单层的材料主轴均与参考坐标轴相一致,所以这种层合板不会发生任何交叉耦合效应,即有

$$A_{16} = A_{26} = D_{16} = D_{26} = B_{16} = B_{26} = 0$$

另外,根据第 3 章所述,还有

$$B_{12} = B_{66} = 0$$

而不为零的刚度系数有:拉伸刚度 $A_{11} = A_{22}, A_{12}, A_{66}$;弯曲、拉伸耦合刚度 $B_{22} = -B_{11}$;弯曲刚度 $D_{11} = D_{22}, D_{12}, D_{66}$。因为存在 B_{11}, B_{22},必须考虑 3 个平衡方程式,即式(7 - 22) ~ 式(7 - 24),弯曲方程式需联立求解,因此以中面位移表示的弯曲平衡方程为

$$\begin{cases} A_{11}u_{,xx} + A_{66}u_{,yy} + (A_{12} + A_{66})v_{,xy} - B_{11}w_{,xxx} = 0 \\ (A_{12} + A_{66})u_{,xy} + A_{66}v_{,xx} + A_{22}v_{,yy} - B_{11}w_{,yyy} = 0 \\ D_{11}(w_{,xxxx} + w_{,yyyy}) + 2(D_{12} + 2D_{66})w_{,xxyy} - B_{11}(u_{,xxx} - v_{,yyy}) = q(x,y) \end{cases} \tag{a}$$

选择式(7 – 28) 中的简支边界条件 S_2 来解这个问题：

$$\begin{cases} x = 0, a: & w = 0, M_x = B_{11}u_{,x} - D_{11}w_{,xx} - D_{12}w_{,yy} = 0 \\ & v = 0, N_x = A_{11}u_{,x} + A_{12}v_{,y} - B_{11}w_{,xx} = 0 \\ y = 0, b: & w = 0, M_y = - B_{11}v_{,y} - D_{12}w_{,xx} - D_{22}w_{,yy} = 0 \\ & u = 0, N_y = A_{12}u_{,x} + A_{11}v_{,y} + B_{11}w_{,yy} = 0 \end{cases} \tag{b}$$

将位移函数表示成下列满足边界条件(b)的双傅里叶级数：

$$\begin{cases} u = \sum_{m=1}^{\infty} \sum_{n=1}^{\infty} U_{mn}\cos\frac{m\pi x}{a}\sin\frac{n\pi y}{b} \\ v = \sum_{m=1}^{\infty} \sum_{n=1}^{\infty} V_{mn}\sin\frac{m\pi x}{a}\cos\frac{n\pi y}{b} \\ w = \sum_{m=1}^{\infty} \sum_{n=1}^{\infty} W_{mn}\sin\frac{m\pi x}{a}\sin\frac{n\pi y}{b} \end{cases} \tag{c}$$

式中：U_{mn}, V_{mn}, W_{mn} 为待定参数。

分布载荷也表示成双傅里叶级数：

$$q(x,y) = \sum_{m=1}^{\infty} \sum_{n=1}^{\infty} q_{mn}\sin\frac{m\pi x}{a}\sin\frac{n\pi y}{b} \tag{d}$$

式中

$$q_{mn} = \frac{4}{ab}\int_0^a \int_0^b q(x,y)\sin\frac{m\pi x}{a}\sin\frac{n\pi y}{b}\mathrm{d}x\mathrm{d}y$$

将式(c)、式(d) 代入弯曲方程式(a) 中。例如,由其第一式得

$$\sum_{m=1}^{\infty} \sum_{n=1}^{\infty} \left\{ \left[\left(\frac{m\pi}{a}\right)^2 A_{11} + \left(\frac{n\pi}{b}\right)^2 A_{66} \right] U_{mn} + \frac{m\pi}{a}\frac{n\pi}{b}(A_{12} + A_{66})V_{mn} - \right.$$

$$\left. \left(\frac{m\pi}{a}\right)^3 B_{11} W_{mn} \right\}\frac{m\pi x}{a}\sin\frac{n\pi y}{b} = 0 \tag{e}$$

考虑到对域内所有 x、y 值上式均成立,必须令其系数为零,即

$$\left[\left(\frac{m\pi}{a}\right)^2 A_{11} + \left(\frac{n\pi}{b}\right)^2 A_{66} \right] U_{mn} + \frac{m\pi}{a}\frac{n\pi}{b}(A_{12} + A_{66})V_{mn} - \left(\frac{m\pi}{a}\right)^3 B_{11}W_{mn} = 0 \tag{f}$$

同理,有第二、第三式。这样便可得到关于待定参数 U_{mn}, V_{mn}, W_{mn} 的代数方程组：

$$\begin{bmatrix} T_{11} & T_{12} & T_{13} \\ T_{12} & T_{22} & T_{23} \\ T_{13} & T_{23} & T_{33} \end{bmatrix} \begin{Bmatrix} U_{mn} \\ V_{mn} \\ W_{mn} \end{Bmatrix} = \begin{Bmatrix} 0 \\ 0 \\ q_{mn} \end{Bmatrix} \tag{g}$$

式中

$$T_{11} = A_{11}\left(\frac{m\pi}{a}\right)^2 + A_{66}\left(\frac{n\pi}{b}\right)^2$$

$$T_{12} = (A_{12} + A_{66})\left(\frac{m\pi}{a}\right)\left(\frac{n\pi}{b}\right)$$

$$T_{22} = A_{66}\left(\frac{m\pi}{a}\right)^2 + A_{11}\left(\frac{n\pi}{b}\right)^2$$

$$T_{13} = -B_{11}\left(\frac{m\pi}{a}\right)^3 = B_{22}\left(\frac{m\pi}{a}\right)^3$$

$$T_{23} = B_{11}\left(\frac{n\pi}{b}\right)^3$$

$$T_{33} = D_{11}\left[\left(\frac{m\pi}{a}\right)^4 + \left(\frac{n\pi}{b}\right)^4\right] + 2(D_{12} + 2D_{66})\left(\frac{m\pi}{a}\right)^2\left(\frac{n\pi}{b}\right)^2$$

由此解出

$$\begin{cases} U_{mn} = \dfrac{T_{12}T_{23} - T_{22}T_{13}}{\Delta}q_{mn} \\[2ex] V_{mn} = \dfrac{T_{12}T_{13} - T_{11}T_{23}}{\Delta}q_{mn} \\[2ex] W_{mn} = \dfrac{T_{11}T_{22} - T_{12}^2}{\Delta}q_{mn} \end{cases} \tag{h}$$

式中:Δ 为系数的行列式,即

$$\Delta = \begin{vmatrix} T_{11} & T_{12} & T_{13} \\ T_{12} & T_{22} & T_{23} \\ T_{13} & T_{23} & T_{33} \end{vmatrix} \tag{i}$$

如横向分布载荷只是级数(d)的第一项,即 $q(x,y) = q_0\sin\dfrac{\pi x}{a}\sin\dfrac{\pi y}{b}$,为横向正弦载荷。对于板的总厚度 t 不变,而层数 $n = 2,4,6,\infty$ 的反对称正交铺设石墨/环氧($E_1/E_2 = 40, G_{12}/E_2 = 0.5, \nu_{12} = 0.25$)矩形层合板,在横向正弦载荷作用下,其最大挠度值随长宽比 a/b 变化的曲线示于图 7-5 中。对于 $n = 2$ 的两层层合板来说,所得挠度最大。显然,随着层数 n 的增加,拉伸与弯曲耦合对挠度值的影响程度将迅速衰减,并与层合板长宽比 a/b 几乎无关。而当 $n \geq 8$ 时,可忽略耦合效应的影响,近似地认为拉伸—弯曲耦合效应消失,迅速地逼近特殊正交各向异性层合板的解。另外,还应注意到,拉伸与弯曲之间的耦合效应对层合板挠度的影响,实质上还取决于正交模量比 E_1/E_2,当 E_1/E_2 增大时,该耦合效应也随之增大。

例 7-3 试求在横向分布载荷 $q(x,y)$ 作用下,四边简支(S_3)、反对称角铺设层合板的弯曲问题。

解:这种层合板与反对称正交铺设层合板的情况截然不同,突出的特点是,产生了拉伸与扭曲的耦合效应。

120

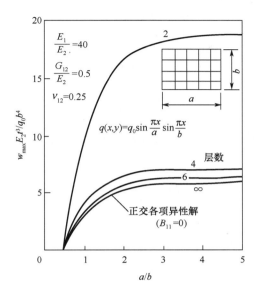

图 7 - 5　石墨／环氧反对称正交铺设矩形层合板的弯曲

这种层合板等于零的刚度系数有

$$A_{16} = A_{26} = D_{16} = D_{26} = 0, B_{11} = B_{22} = B_{66} = B_{12} = 0$$

因此以中面位移表示的平衡方程为

$$
\begin{cases}
A_{11}u_{,xx} + A_{66}u_{,yy} + (A_{12} + A_{66})v_{,xy} - 3B_{16}w_{,xxy} - B_{26}w_{,yyy} = 0 \\
(A_{12} + A_{66})u_{,xy} + A_{66}v_{,xx} + A_{22}v_{,yy} - B_{16}w_{,xxx} - 3B_{26}w_{,xyy} = 0 \\
D_{11}w_{,xxxx} + 2(D_{12} + 2D_{66})w_{,xxyy} + D_{22}w_{,yyyy} - B_{16}(3u_{,xxy} - v_{,xxx}) - \\
\quad B_{26}(u_{,yyy} + 3v_{,xyy}) = q(x,y)
\end{cases}
\tag{a}
$$

选择式(7 - 28)中的简支边界条件 S_3 来解这个问题,即

$$
\begin{cases}
x = 0, a\colon\ w = 0, M_x = B_{16}(u_{,y} + v_x) - D_{11}w_{,xx} - D_{12}w_{,yy} = 0 \\
\qquad\quad v = 0, N_{xy} = A_{66}(u_{,y} + v_x) - B_{16}w_{,xx} - B_{26}w_{,yy} = 0 \\
y = 0, b\colon\ w = 0, M_y = B_{26}(u_{,y} + v_x) - D_{12}w_{,xx} - D_{22}w_{,yy} = 0 \\
\qquad\quad u = 0, N_{xy} = A_{66}(u_{,y} + v_x) - B_{16}w_{,xx} - B_{26}w_{,yy} = 0
\end{cases}
\tag{b}
$$

将位移函数表示成下列满足边界条件(b)的双傅里叶级数:

$$\begin{cases} u = \sum\limits_{m=1}^{\infty} \sum\limits_{n=1}^{\infty} U_{mn} \sin\dfrac{m\pi x}{a} \cos\dfrac{n\pi y}{b} \\[2mm] v = \sum\limits_{m=1}^{\infty} \sum\limits_{n=1}^{\infty} V_{mn} \cos\dfrac{m\pi x}{a} \sin\dfrac{n\pi y}{b} \\[2mm] w = \sum\limits_{m=1}^{\infty} \sum\limits_{n=1}^{\infty} W_{mn} \sin\dfrac{m\pi x}{a} \sin\dfrac{n\pi y}{b} \end{cases} \tag{c}$$

$q(x,y)$ 的展开式与例 7 – 2 中式(d)相同,采用与例 7 – 2 相同的步骤,可求得

$$\begin{cases} U_{mn} = \dfrac{T_{12}T_{23} - T_{22}T_{13}}{\Delta} q_{mn} \\[2mm] V_{mn} = \dfrac{T_{12}T_{13} - T_{11}T_{23}}{\Delta} q_{mn} \\[2mm] W_{mn} = \dfrac{T_{11}T_{22} - T_{12}^2}{\Delta} q_{mn} \end{cases} \tag{d}$$

这里的 Δ 与例 7 – 2 中式(i)相同,即 $\Delta = T_{11}T_{22}T_{33} + 2T_{12}T_{23}T_{13} - T_{13}^2 T_{22} - T_{12}^2 T_{33} - T_{23}^2 T_{11}$,但是

$$T_{11} = A_{11}\left(\frac{m\pi}{a}\right)^2 + A_{66}\left(\frac{n\pi}{b}\right)^2$$

$$T_{12} = (A_{12} + A_{66})\left(\frac{m\pi}{a}\right)\left(\frac{n\pi}{b}\right)$$

$$T_{22} = A_{66}\left(\frac{m\pi}{a}\right)^2 + A_{22}\left(\frac{n\pi}{b}\right)^2$$

$$T_{13} = -\left[3B_{16}\left(\frac{m\pi}{a}\right)^2 + B_{26}\left(\frac{n\pi}{b}\right)^2\right]\left(\frac{n\pi}{b}\right)$$

$$T_{23} = -\left[B_{16}\left(\frac{m\pi}{a}\right)^2 + 3B_{26}\left(\frac{n\pi}{b}\right)^2\right]\left(\frac{m\pi}{a}\right)$$

$$T_{33} = D_{11}\left(\frac{m\pi}{a}\right)^4 + 2(D_{12} + 2D_{66})\left(\frac{m\pi}{a}\right)^2\left(\frac{n\pi}{b}\right)^2 + D_{22}\left(\frac{n\pi}{b}\right)^4$$

上式虽然表示形式上与例 7 – 2 一样,但所得结果却不同。最为明显的是反映复杂耦合效应的系数 T_{13}、T_{23} 的内容,上式中的 T_{13}、T_{23} 包含着拉伸与扭曲的耦合结果,而例 7 – 2 中 T_{13}、T_{23} 包含着拉伸与弯曲的耦合结果。

如载荷为横向正弦载荷 $q(x,y) = q_0\sin\dfrac{\pi x}{a}\sin\dfrac{\pi y}{b}$,对于板的总厚度 t 不变,而层数 $n = 2,4,6,\infty$ 的反对称角铺设石墨／环氧($E_1/E_2 = 40, G_{12}/E_2 = 0.5, \nu_{12} = 0.25$)方形层合板,其最大挠度值与铺设角 θ 的函数关系曲线示于图 7 – 6 中。

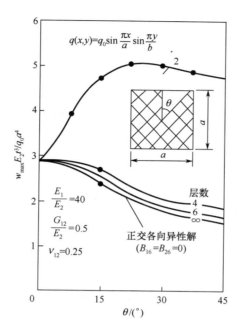

图 7 - 6   石墨／环氧反对称角铺设层合方板的弯曲

显然在层数 $n = 2$ 时,层合板的耦合效应最大,所产生的挠度也最大。所以,在铺层层数较少时,耦合的影响是十分重要的。但是,随着铺层层数的增加,耦合效应将迅速减小,所产生的挠度也将相应变小,直到 $n \geqslant 8$ 时,可以认为耦合效应已接近消失,因为其挠度曲线已非常接近于 $n \rightarrow \infty$ 的情况。

总之,一旦位移函数求得之后。通过几何方程和物理方程即可进一步确定各个应变分量和应力分量。但在计算应力时,由于沿厚度方向的非均匀性,要注意逐层进行计算。

7.4   层合板的屈曲问题

如图 7 - 7 所示,当层合板在面内承受面内载荷(压缩载荷或剪切载荷),以致初始平直的平衡状态不再稳定而挠曲成为曲面形状,产生有横向挠度的另一种平衡状态,此时属不稳定平衡状态,通常称板发生屈曲,使板发生屈曲的载荷称为屈曲载荷或临界载荷。从理论上来说,板的屈曲形式和相应的临界载荷有无穷多个,但实际应用只需求得其中最小的一个临界载荷值。

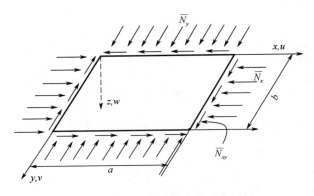

图 7 – 7   承受面内载荷的层合平板

7.4.1　层合板的屈曲方程

如果用 δ 表示临界状态附近的变分,则相应的各种关系可写为

几何方程

$$\{\delta\varepsilon^0\} = \begin{Bmatrix} \delta\varepsilon_x^0 \\ \delta\varepsilon_y^0 \\ \delta\gamma_{xy}^0 \end{Bmatrix} = \begin{Bmatrix} \delta u_{,x} \\ \delta v_{,y} \\ \delta u_{,y} + \delta v_{,x} \end{Bmatrix} \qquad (7-37)$$

$$\{\delta\boldsymbol{\kappa}\} = \begin{Bmatrix} \delta\kappa_x \\ \delta\kappa_y \\ \delta\kappa_{xy} \end{Bmatrix} = - \begin{Bmatrix} \delta w_{,xx} \\ \delta w_{,yy} \\ 2\delta w_{,xy} \end{Bmatrix} \qquad (7-38)$$

物理方程

$$\begin{Bmatrix} \delta N \\ \delta M \end{Bmatrix} = \begin{bmatrix} A & B \\ B & D \end{bmatrix} \begin{Bmatrix} \delta\varepsilon^0 \\ \delta k \end{Bmatrix} \qquad (7-39)$$

式中的各刚度系数 A_{ij}, B_{ij}, D_{ij} 仍按式(4 – 20)来计算。

控制屈曲的微分方程为

$$\begin{cases} \delta N_{x,x} + \delta N_{xy,y} = 0 \\ \delta N_{xy,x} + \delta N_{y,y} = 0 \\ \delta M_{x,xx} + 2\delta M_{xy,xy} + \delta M_{y,yy} + \overline{N}_x \delta w_{,xx} + 2\,\overline{N}_{xy}\delta w_{,xy} + \overline{N}_y\delta w_{,yy} = 0 \end{cases} \qquad (7-40)$$

式中: $\overline{N}_x$、$\overline{N}_{xy}$、$\overline{N}_y$ 为作用在面内的外载荷,在这里用它们替代了层合板弯曲时的横向载荷 q。

应用推导弯曲平衡方程式相类似的方法,可得层合板的屈曲微分方程为

$$A_{11}\delta u_{,xx} + 2A_{16}\delta u_{,xy} + A_{66}\delta u_{,yy} + A_{16}\delta v_{,xx} + (A_{12} + A_{66})\delta v_{,xy} + A_{26}\delta v_{,yy} -$$
$$B_{11}\delta w_{,xxx} - 3B_{16}\delta w_{,xxy} - (B_{12} + 2B_{66})\delta w_{,xyy} - B_{26}\delta w_{,yyy} = 0 \qquad (7-41)$$

$$A_{16}\delta u_{,xx} + (A_{12} + A_{66})\delta u_{,xy} + A_{26}\delta u_{,yy} + A_{66}\delta v_{,xx} + 2A_{26}\delta v_{,xy} + A_{22}\delta v_{,yy} -$$
$$B_{16}\delta w_{,xxx} - (B_{12} + 2B_{66})\delta w_{,xxy} - 3B_{26}\delta w_{,xyy} - B_{22}\delta w_{,yyy} = 0 \qquad (7-42)$$
$$D_{11}\delta w_{,xxxx} + 4D_{16}\delta w_{,xxxy} + 2(D_{12} + 2D_{66})\delta w_{,xxyy} + 4D_{26}\delta w_{,xyyy} + D_{22}\delta w_{,yyyy} -$$
$$B_{11}\delta u_{,xxx} - 3B_{16}\delta u_{,xxy} - (B_{12} + 2B_{66})\delta u_{,xyy} - B_{26}\delta u_{,yyy} - B_{16}\delta v_{,xxx} -$$
$$(B_{12} + 2B_{66})\delta v_{,xxy} - 3B_{26}\delta v_{,xyy} - B_{22}\delta v_{,yyy} = \overline{N}_x\delta w_{,xx} + 2\overline{N}_{xy}\delta w_{,xy} + \overline{N}_y\delta w_{,yy}$$
$$(7-43)$$

如用算子形式表示,屈曲方程(7-41)~(7-43)也可写为

$$\begin{bmatrix} L_{11} & L_{12} & L_{13} \\ L_{12} & L_{22} & L_{23} \\ L_{13} & L_{23} & L_{33} \end{bmatrix} \begin{Bmatrix} \delta u \\ \delta v \\ \delta w \end{Bmatrix} = \begin{Bmatrix} 0 \\ 0 \\ \overline{N}_x\delta w_{,xx} + 2\overline{N}_{xy}\delta w_{,xy} + \overline{N}_y\delta w_{,yy} \end{Bmatrix} \qquad (7-44)$$

式中的微分算子 $L_{ij}(i,j = 1,2,3)$ 仍然由式(7-25)给出。

7.4.2 边界条件

特征值的问题的一个明显特点是所有的边界条件是齐次的,也就是为零。这样,在屈曲时,简支边和固支边的边界条件是把式(7-28)及式(7-29)的右端项换为零,即

简支边界条件

$$\begin{cases} S_1 : \delta w = 0, \delta M_n = 0, \delta u_n = 0, \delta u_t = 0 \\ S_2 : \delta w = 0, \delta M_n = 0, \delta N_n = 0, \delta u_t = 0 \\ S_3 : \delta w = 0, \delta M_n = 0, \delta u_n = 0, \delta N_{nt} = 0 \\ S_4 : \delta w = 0, \delta M_n = 0, \delta N_n = 0, \delta N_{nt} = 0 \end{cases} \qquad (7-45)$$

固支边界条件

$$\begin{cases} C_1 : \delta w = 0, \delta w_{,n} = 0, \delta u_n = 0, \delta u_t = 0 \\ C_2 : \delta w = 0, \delta w_{,n} = 0, \delta N_n = 0, \delta u_t = 0 \\ C_3 : \delta w = 0, \delta w_{,n} = 0, \delta u_n = 0, \delta N_{nt} = 0 \\ C_4 : \delta w = 0, \delta w_{,n} = 0, \delta N_n = 0, \delta N_{nt} = 0 \end{cases} \qquad (7-46)$$

层合板可能发生屈曲,是求方程(7-44)具有满足边界条件的非零解来表示的,这就是特征值问题。因为求临界载荷的问题,是求这3个屈曲微分方程具有满足边界条件的非零解。从形式上来看,屈曲方程中除使用了变分符号 δ 和外载荷的变换之外,用位移表示的屈曲方程和弯曲方程是很相似的,但两者有本质的区别:弯曲问题在数学上属于边界值问题,而屈曲问题的分析在数学上涉及到求特征值的问题,其本质是确定引起屈曲的最小外载荷,而屈曲后的变形大小是不确定的。由于边界值问题与特征值之间的区别是很复杂的,因此不在此处作详细讨论。

同弯曲问题一样,在一般层合板的屈曲方程中,同样存在着拉伸与弯曲之间的耦合效应。只有在某些特殊情况下,耦合效应才会消失,使问题的求解得到简化。

7.4.3 特殊层合板屈曲问题的求解

例7-4 试求如图7-8所示的四边简支、特殊正交各向异性矩形层合板在 x 方向作用均匀平面力 $\overline{N}_x$ 的屈曲问题。

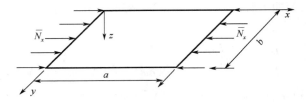

图7-8 均布单向平面压力下的简支矩形层合板

解:这种层合板没有拉弯耦合、拉剪耦合和弯扭耦合,即

$$B_{ij} = 0, A_{16} = A_{26} = 0, D_{16} = D_{26} = 0$$

对于板的屈曲载荷问题,只有一个屈曲方程来描述,由式(7-37),得屈曲微分方程为

$$D_{11}\delta w_{,xxxx} + 2(D_{12} + 2D_{66})\delta w_{,xxyy} + D_{22}\delta w_{,yyyy} + \overline{N}_x\delta w_{,xx} = 0 \qquad (a)$$

四边简支边界条件:

$$\begin{cases} x = 0, a : \delta w = 0, \delta M_x = -D_{11}\delta w_{,xx} - D_{12}\delta w_{,yy} = 0 \\ y = 0, b : \delta w = 0, \delta M_y = -D_{12}\delta w_{,xx} - D_{22}\delta w_{,yy} = 0 \end{cases} \qquad (b)$$

上述四阶微分方程和相应齐次边界条件的解与前面弯曲问题一样,挠度表达式仍选取

$$\delta w = \sum_{m=1}^{\infty} \sum_{n=1}^{\infty} a_{mn} \sin\frac{m\pi x}{a}\sin\frac{n\pi y}{b} \qquad (c)$$

它满足边界条件,式中 m 和 n 分别是 x 和 y 方向屈曲的半波数,将式(c)代入式(a),可得

$$\overline{N}_x = \pi^2\left[D_{11}\left(\frac{m}{a}\right)^2 + 2(D_{12} + 2D_{66})\left(\frac{n}{b}\right)^2 + D_{22}\left(\frac{n}{b}\right)^4\left(\frac{a}{m}\right)^2\right] \qquad (d)$$

显然当 $n = 1$ 时, $\overline{N}_x$ 有最小值,所以屈曲临界载荷为

$$\overline{N}_x = \pi^2\left[D_{11}\left(\frac{m}{a}\right)^2 + 2(D_{12} + 2D_{66})\left(\frac{1}{b}\right)^2 + D_{22}\left(\frac{1}{b}\right)^4\left(\frac{a}{m}\right)^2\right] \qquad (e)$$

不同 m 值下的 $\overline{N}_x$ 最小值并不明显,它随不同刚度和板的长宽比 a/b 而变化。

图7-9描绘出了 $D_{11}/D_{22} = 10, \dfrac{D_{12} + 2D_{66}}{D_{22}} = 1$ 相对于板长宽比 a/b 的 $\overline{N}_x$ 值,对于

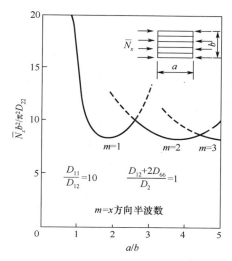

图 7 – 9　特殊正交各向异性层合矩形板 $\overline{N}_x$ – a/b 关系

$a/b < 2.5$ 的板,在 x 方向以一个半波屈曲。例如当 $a = b$ 时,方板的屈曲载荷为

$$\overline{N}_x = \frac{13\pi^2 D_{22}}{b}$$

随着 a/b 增加,在 x 方向板屈曲成更多的半波,且 $\overline{N}_x$ 对 a/b 的曲线趋于平坦,接近于

$$\overline{N}_x = \frac{8.325\pi^2 D_{22}}{b^2}$$

例 7 – 5　同例 7 – 4,但层合板是对称角铺设。

解:此时,$B_{ij} = 0$,但与特殊正交各向异性层合板不同,而是增加了耦合刚度 D_{16},D_{26} 的影响(因为屈曲基本方程不是联立求解,所以拉剪耦合刚度 A_{16},A_{26} 并不参与板的分析)。所以,在 x 方向作用均匀压力 $\overline{N}_x$ 作用下的屈曲微分方程为

$$D_{11}\delta w_{,xxxx} + 4D_{16}\delta w_{,xxxy} + 2(D_{12} + 2D_{66})\delta w_{,xxyy}$$
$$+ 4D_{26}\delta w_{,xyyy} + D_{22}\delta w_{,yyyy} + \overline{N}_x\delta w_{,xx} = 0 \qquad (a)$$

四边简支边界条件:

$$\begin{cases} x = 0,a:\delta w = 0,\delta M_x = - D_{11}\delta w_{,xx} - D_{12}\delta w_{,yy} - 2D_{16}\delta w_{,xy} = 0 \\ y = 0,b:\delta w = 0,\delta M_y = - D_{12}\delta w_{,xx} - D_{22}\delta w_{,yy} - 2D_{26}\delta w_{,xy} = 0 \end{cases} \qquad (b)$$

与弯曲问题相似,由于耦合刚度的存在,δw 不能对 x,y 分离变量,不可能获得问题的封闭解,但可以利用里茨法或伽辽金法求得问题的近似解。

挠度表达式仍选取

$$\delta w = \sum_{m=1}^{\infty} \sum_{n=1}^{\infty} a_{mn}\sin\frac{m\pi x}{a}\sin\frac{n\pi y}{b} \qquad (c)$$

注意,挠度表达式只满足位移的边界条件,不满足力的边界条件,所以,采用里茨法更为合适。

例 7 - 6 题目同例 7 - 4,但层合板是反对称正交铺设。

解:与特殊正交各向异性层合板相比,主要的不同是出现了与拉伸 — 弯曲耦合刚度 B_{11} 和 B_{22} 有关的新项,所以屈曲方程需联立求解。同时考虑到

$$A_{11} = A_{22}, B_{22} = -B_{11}, D_{11} = D_{22}$$

则在 x 方向作用均匀压力 $\overline{N}_x$ 作用下的屈曲微分方程为

$$\begin{cases} A_{11}\delta u_{,xx} + A_{66}\delta u_{,yy} + (A_{12} + A_{66})\delta v_{,xy} - B_{11}\delta w_{,xxx} = 0 \\ (A_{12} + A_{66})\delta u_{,xy} + A_{66}\delta v_{,xx} + A_{11}\delta v_{,yy} + B_{11}\delta w_{,yyy} = 0 \\ D_{11}(\delta w_{,xxxx} + \delta w_{,yyyy}) + 2(D_{12} + 2D_{66})\delta w_{,xxyy} - \\ \qquad B_{11}(\delta u_{,xxx} - \delta v_{,yyy}) + \overline{N}_x \delta w_{,xx} = 0 \end{cases} \tag{a}$$

层合板若满足简支边界条件 S_2,则

$$\begin{cases} x = 0, a : \delta w = 0, \delta M_x = B_{11}\delta u_{,x} - D_{11}\delta w_{,xx} - D_{12}\delta w_{,yy} = 0 \\ \qquad \delta v = 0, \delta N_x = A_{11}\delta u_{,x} + A_{12}\delta v_y - B_{11}\delta w_{,xx} = 0 \\ y = 0, b : \delta w = 0, \delta M_y = -B_{11}\delta v_{,y} - D_{12}\delta w_{,xx} - D_{22}\delta w_{,yy} = 0 \\ \qquad \delta u = 0, \delta N_y = A_{12}\delta u_{,x} + A_{11}\delta v_{,y} + B_{11}w_{,yy} = 0 \end{cases} \tag{b}$$

为了适合这些边界条件,选取如下位移函数:

$$\begin{cases} \delta u = U_0 \cos\dfrac{m\pi x}{a}\sin\dfrac{n\pi y}{b} \\[2mm] \delta v = V_0 \sin\dfrac{m\pi x}{a}\cos\dfrac{n\pi y}{b} \\[2mm] \delta w = W_0 \sin\dfrac{m\pi x}{a}\sin\dfrac{n\pi y}{b} \end{cases} \tag{c}$$

将其代入屈曲方程(a)中,则可得关于待定参数 U_0, V_0, W_0 的齐次线性代数方程组。再令所得方程组的系数行列式为零 —— 特征值条件,可得屈曲载荷的表达式

$$\overline{N}_x = \left(\frac{a}{m\pi}\right)^2 \left(T_{33} + \frac{2T_{12}T_{23}T_{13} - T_{22}T_{13}^2 - T_{11}T_{23}^2}{T_{11}T_{22} - T_{12}^2}\right) \tag{d}$$

式中的 $T_{ij}(i,j = 1,2,3)$ 与例 7 - 2 中的 T_{ij} 相同。

可以看出,式(d)是一个 m 和 n 的复杂函数,所以就不能像对特殊正交各向异性层合板那样取 $n = 1$,然后通过求 $\overline{N}_x$ 对含 m 的参数的一阶导数等于零的方法来得到屈曲载荷的最小值,而必须从研究同时包含 m 和 n 的全部值的过程中,来找到其中的最小值。即通过连续取离散的整数 m 和 n 值相继为 $1,2,3,\cdots$,而得到一组 $\overline{N}_x$ 值,其中最小的 $\overline{N}_x$ 值即为临界载荷 $(\overline{N}_x)_{cr}$。所以临界载荷未必与 $m = 1, n = 1$ 的情况相对应。

对于 $E_1/E_2 = 40, G_{12}/E_2 = 0.5, \nu_{12} = 0.25$ 的石墨／环氧反对称正交层合板的结果表示在图 7 - 10 中。从图中可以看出,对于铺层较少的板(如 $n = 2,4$)来说,拉—弯耦合效应是明显的,只有当铺层很多时,这种耦合效应才逐渐消失,从结果可知,这时的铺层数应为 $n \geqslant 8$。

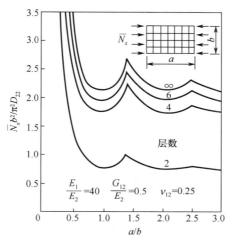

图 7 - 10   反对称正交铺设层合矩形板 $\overline{N}_x$ - a/b 关系

例 7 - 7   题目同例 7 - 4,但层合板是反对称角铺设。

解:对于反对称角铺设层合平板,拉伸刚度有 A_{11}, A_{12}, A_{22} 及 A_{66},耦合刚度有 B_{16} 及 B_{26},弯曲刚度有 D_{11}, D_{12}, D_{22} 及 D_{66}。所以,屈曲方程仍需联立求解。则在 x 方向作用均匀压力 $\overline{N}_x$ 作用下的屈曲微分方程为

$$\begin{cases} A_{11}\delta u_{,xx} + A_{66}\delta u_{,yy} + (A_{12} + A_{66})\delta v_{,xy} - 3B_{16}\delta w_{,xxy} - B_{26}\delta w_{,xyy} = 0 \\ (A_{12} + A_{66})\delta u_{,xy} + A_{66}\delta v_{,xx} + A_{22}\delta v_{,yy} - B_{16}\delta w_{,xxx} - 3B_{26}\delta w_{,xyy} = 0 \\ D_{11}\delta w_{,xxxx} + 2(D_{12} + 2D_{66})\delta w_{,xxyy} + D_{22}\delta w_{,yyyy} - B_{16}(3\delta u_{,xxy} + \delta v_{,xxx}) - \\ \qquad B_{26}(\delta u_{,yyy} + 3\delta v_{,xyy}) + \overline{N}_x\delta w_{,xx} = 0 \end{cases} \tag{a}$$

四边简支的边界条件选取若选 S_3,则

$$\begin{cases} x = 0, a : \delta w = 0, \delta M_x = B_{16}(\delta v_{,x} + \delta u_{,y}) - D_{11}\delta w_{,xx} - D_{12}\delta w_{,yy} = 0 \\ \qquad \delta u = 0, \delta N_{xy} = A_{66}(\delta v_{,x} + \delta u_{,y}) - B_{16}\delta w_{,xx} - B_{26}\delta w_{,yy} = 0 \\ y = 0, b : \delta w = 0, \delta M_y = B_{26}(\delta v_{,x} + \delta u_{,y}) - D_{12}\delta w_{,xx} - D_{22}\delta w_{,yy} = 0 \\ \qquad \delta v = 0, \delta N_{xy} = A_{66}(\delta v_{,x} + \delta u_{,y}) - B_{16}\delta w_{,xx} - B_{26}\delta w_{,yy} = 0 \end{cases} \tag{b}$$

为了适合这些边界条件,选取如下位移函数:

$$
\begin{cases}
\delta u = U_0 \sin \dfrac{m\pi x}{a} \cos \dfrac{n\pi y}{b} \\[2mm]
\delta v = V_0 \cos \dfrac{m\pi x}{a} \sin \dfrac{n\pi y}{b} \\[2mm]
\delta w = W_0 \sin \dfrac{m\pi x}{a} \sin \dfrac{n\pi y}{b}
\end{cases}
\tag{c}
$$

这样,可以满足全部边界条件(b)的要求。

将式(c)代入式(a),得以 U_0, V_0, W_0 为参数的 3 个齐次线性代数方程组,为得到非零解,这些系数的行列式必须为零,展开后得到

$$
\overline{N}_x = \left(\frac{a}{m\pi}\right)^2 \left(T_{33} + \frac{2T_{12}T_{23}T_{13} - T_{22}T_{13}^2 - T_{11}T_{23}^2}{T_{11}T_{22} - T_{12}^2}\right)
\tag{d}
$$

式中的 $T_{ij}(i,j=1,2,3)$ 与例 7 – 3 中的 T_{ij} 相同。

$\overline{N}_x$ 的最小值的确定,仍然需要通过取一系列的 m 和 n 的正整数来求得一组相应的 $\overline{N}_x$ 值,从中找到最小者即为所要求的屈曲临界载荷 $(\overline{N}_x)_{\mathrm{cr}}$ 值。

可以看出,式(d)与例 7 – 6 反对称正交铺设层合板得到的形式上完全一样,但是它们之间的 T_{ij} 的物理内容却不完全相同。尽管如此,铺层层数对于耦合效应的影响规律还是一致的。

对于 $E_1/E_2 = 40$,$G_{12}/E_2 = 0.5$,$\nu_{12} = 0.25$ 的石墨/环氧复合材料方形板的数值结果表示在图 7 – 11 中。从图中可以看出,在两层铺设时,拉 — 扭耦合的影响特别显著,特别是在 $\theta = 45°$ 时,其屈曲载荷大约仅仅是正交各向异性近似解的 30%;随着铺层层数的增

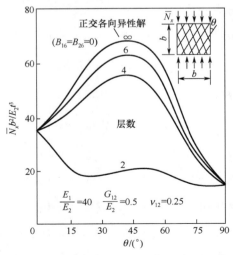

图 7 – 11　反对称角铺设层合方板屈曲载荷与 θ 的关系

加,拉—扭耦合的影响迅速消失,屈曲载荷也相应增大。实际上,在 $n \geqslant 8$ 时,即可忽略 B_{16} 和 B_{26} 的影响。

7.5 层合板的热屈曲问题

设有一特殊正交各向异性对称层合板,总厚度为 t。由 A_{ij},B_{ij},D_{ij} 的定义式(4 - 20), 可得

$$B_{ij} \equiv 0, A_{16} = A_{26} = 0, D_{16} = D_{26} = 0$$

由式(6 - 17),则有

$$\begin{Bmatrix} N_x \\ N_y \\ N_{xy} \end{Bmatrix} = \begin{bmatrix} A_{11} & A_{12} & 0 \\ A_{12} & A_{22} & 0 \\ 0 & 0 & A_{66} \end{bmatrix} \begin{Bmatrix} \varepsilon_x^0 \\ \varepsilon_y^0 \\ \gamma_{xy}^0 \end{Bmatrix} - \begin{Bmatrix} N_x^T \\ N_y^T \\ N_{xy}^T \end{Bmatrix} \tag{7 - 47}$$

$$\begin{Bmatrix} M_x \\ M_y \\ M_{xy} \end{Bmatrix} = \begin{bmatrix} D_{11} & D_{12} & 0 \\ D_{12} & D_{22} & 0 \\ 0 & 0 & D_{66} \end{bmatrix} \begin{Bmatrix} \kappa_x \\ \kappa_y \\ \kappa_{xy} \end{Bmatrix} - \begin{Bmatrix} M_x^T \\ M_y^T \\ M_{xy}^T \end{Bmatrix} \tag{7 - 48}$$

对于 ΔT 沿层合板厚度不变的均匀变温场的情况,因 ΔT 与 z 坐标无关,又由层合板为对特殊正交各向异性对称层合板($\{M^T\} = 0$),式(6 - 22)简化为

$$\{N^T\} = \begin{Bmatrix} N_x^T \\ N_y^T \\ N_{xy}^T \end{Bmatrix} = \sum_{k=1}^{n} \begin{bmatrix} Q_{11} & Q_{12} & 0 \\ Q_{12} & Q_{22} & 0 \\ 0 & 0 & Q_{66} \end{bmatrix}_k \begin{Bmatrix} \alpha_1 \\ \alpha_2 \\ 0 \end{Bmatrix}_k \Delta T(t_k - t_{k-1}) \tag{7 - 49}$$

对四边简支特殊正交各向异性对称矩形层板在均匀热分布 T_0(即 $\Delta T = T_0 = \text{Const}$)作用下的屈曲方程为

$$D_{11}\delta w_{,xxxx} + 2(D_{12} + 2D_{66})\delta w_{,xxyy} + D_{22}\delta w_{,yyyy} + N_x^T \delta w_{,xx} + N_y^T \delta w_{,yy} = 0 \tag{7 - 50}$$

边界条件为

$$\begin{cases} x = 0, a: \delta w = 0, \delta M_x = -D_{11}\delta w_{,xx} - D_{12}\delta w_{,yy} = 0 \\ y = 0, b: \delta w = 0, \delta M_y = -D_{12}\delta w_{,xx} - D_{22}\delta w_{,yy} = 0 \end{cases} \tag{7 - 51}$$

现考虑 3 层层合板[0°/90°/0°]的情形,如图 7 - 12 所示。

由式(4 - 20)可得

$$A_{11} = 2(Q_{11})_1 t_1 + (Q_{11})_2 t_2$$
$$A_{22} = 2(Q_{22})_1 t_1 + (Q_{22})_2 t_2$$
$$A_{12} = 2(Q_{12})_1 t_1 + (Q_{12})_2 t_2$$
$$A_{66} = 2(Q_{66})_1 t_1 + (Q_{66})_2 t_2$$

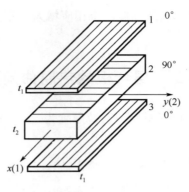

图 7 - 12 特殊正交各向异性对称层合板示意图

$$D_{11} = \frac{2}{3}(Q_{11})_1\left[\left(\frac{t_2}{2}+t_1\right)^3 - \left(\frac{t_2}{2}\right)^3\right] + \frac{1}{12}(Q_{11})_2 t_2^3$$

$$D_{22} = \frac{2}{3}(Q_{22})_1\left[\left(\frac{t_2}{2}+t_1\right)^3 - \left(\frac{t_2}{2}\right)^3\right] + \frac{1}{12}(Q_{22})_2 t_2^3$$

$$D_{12} = \frac{2}{3}(Q_{12})_1\left[\left(\frac{t_2}{2}+t_1\right)^3 - \left(\frac{t_2}{2}\right)^3\right] + \frac{1}{12}(Q_{12})_2 t_2^3$$

$$D_{66} = \frac{2}{3}(Q_{66})_1\left[\left(\frac{t_2}{2}+t_1\right)^3 - \left(\frac{t_2}{2}\right)^3\right] + \frac{1}{12}(Q_{66})_2 t_2^3$$

根据式(3 - 12),则有

$$[\boldsymbol{Q}]_1 = [\boldsymbol{Q}]_3 = \begin{bmatrix} \dfrac{E_1}{1-\nu_{12}\nu_{21}} & \dfrac{\nu_{12}E_1}{1-\nu_{12}\nu_{21}} & 0 \\[3mm] \dfrac{\nu_{12}E_1}{1-\nu_{12}\nu_{21}} & \dfrac{E_2}{1-\nu_{12}\nu_{21}} & 0 \\[3mm] 0 & 0 & G_{12} \end{bmatrix} \qquad (7-52)$$

$$[\boldsymbol{Q}]_2 = \begin{bmatrix} \dfrac{E_2}{1-\nu_{12}\nu_{21}} & \dfrac{\nu_{21}E_2}{1-\nu_{12}\nu_{21}} & 0 \\[3mm] \dfrac{\nu_{21}E_2}{1-\nu_{12}\nu_{21}} & \dfrac{E_1}{1-\nu_{12}\nu_{21}} & 0 \\[3mm] 0 & 0 & G_{12} \end{bmatrix} \qquad (7-53)$$

可选取如下满足边界条件的位移模式:

$$w = \sum_{m=1}^{\infty}\sum_{n=1}^{\infty} W_{mn}\sin\frac{m\pi x}{a}\sin\frac{n\pi y}{b} \qquad (7-54)$$

由伽辽金法可得

$$\int_0^a \int_0^b \left\{ \left[-D_{11} \frac{\partial^4}{\partial x^4} - 2(D_{12} + 2D_{66}) \frac{\partial^4}{\partial x^2 \partial y^2} - D_{22} \frac{\partial^4}{\partial y^4} \right] w - \right.$$

$$\left. N_x^T \frac{\partial^2 w}{\partial x^2} - N_y^T \frac{\partial^2 w}{\partial y^2} \right\} \sin \frac{m\pi x}{a} \sin \frac{n\pi y}{b} = 0 \qquad (7-55)$$

式中

$$\begin{cases} N_x^T = \left\{ \left[2(Q_{11})_1 (\alpha_1)_1 + 2(Q_{12})_1 (\alpha_2)_1 \right] + \left[(Q_{11})_2 (\alpha_1)_2 + (Q_{12})_2 (\alpha_2)_2 \right] \right\} \dfrac{h}{3} T_0 \\ N_y^T = \left\{ \left[2(Q_{12})_1 (\alpha_1)_1 + 2(Q_{22})_1 (\alpha_2)_1 \right] + \left[(Q_{12})_2 (\alpha_1)_2 + (Q_{22})_2 (\alpha_2)_2 \right] \right\} \dfrac{h}{3} T_0 \end{cases}$$

$$(7-56)$$

式中:α_1,α_2 分别为材料主方向的热膨胀系数。

对图 7-12 所示特殊正交各向异性对称层板而言,第一、三层,$\alpha_x = \alpha_1$, $\alpha_y = \alpha_2$;第二层,$\alpha_x = \alpha_2$,$\alpha_y = \alpha_1$。

将层合板的刚度系数及 N_x^T,N_y^T 的表达式分别代入式(7-49),为方便计算,取 w 的首项,即 $w(x,y) = W_{11} \sin \dfrac{\pi x}{a} \sin \dfrac{\pi y}{b}$。设两种层合板的总厚度均为 t,且 $t_1 = t_2$,可得临界温度

$$\lambda^T = \frac{P_1 \beta^{-2} + P_2 \beta^2 + P_3}{P_4 \beta^{-2} + P_5} \qquad (7-57)$$

式中

$$P_1 = \frac{26 + E_0}{108}, P_2 = \frac{26E_0 + 1}{108}, P_3 = \frac{E_0 \nu_{12}}{2} + \frac{(1 - \nu_{12}\nu_{21})G_{12}}{E_1}$$

$$P_4 = 2\alpha_0 + E_0(2\nu_{12} + 1.0 + \nu_{12}\alpha_0), P_5 = E_0(2\nu_{21}\alpha_0 + 2.0 + \nu_{12}) + 1.0\alpha_0$$

$$\alpha_0 = \frac{\alpha_1}{\alpha_2}, \beta = \frac{a}{b}, E_0 = \frac{E_2}{E_1}, \lambda^T = T_0 \alpha_y a^2 / h^2$$

为了讨论分析长宽比等因素对特殊正交各向异性矩形板的临界载荷的影响,以 T300/5208 板、B(4)/5505 板为例进行计算,具体参数如下:

材料 1:T300/5208 材料:

$$E_1 = 1.81 \times 10^5 \text{MPa}, E_2 = 1.03 \times 10^4 \text{MPa}, G_{12} = 7.17 \times 10^3 \text{MPa}$$

$$\nu_{12} = 0.28, \alpha_1 = 0.02 \times 10^{-6} /\text{℃}, \alpha_2 = 22.5 \times 10^{-6} /\text{℃}$$

材料 2:B(4)/5505 材料:

$$E_1 = 2.04 \times 10^5 \text{MPa}, E_2 = 1.85 \times 10^4 \text{MPa}, G_{12} = 5.75 \times 10^3 \text{MPa}$$

$$\nu_{12} = 0.23, \alpha_1 = 0.1 \times 10^{-6} /\text{℃}, \alpha_2 = 30.3 \times 10^{-6} /\text{℃}$$

由图 7-13 可以看出,长宽比 $\beta = a/b$ 对特殊正交各向异性对称层板临界温度 λ^T 的影响有如下特点:对材料 1,临界载荷先是随着长宽比的增加而减小,当 $\beta = 0.75$ 时,λ^T 有

133

一最小值 3.74,随后又随着 β 的增加而增加。对于材料 2,其变化趋势是相似的,当 β = 0.85 时,λ^T 有一最小值 4.01。

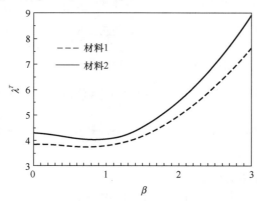

图 7 - 13　长宽比与临界载荷的特征关系曲线

7.6　层合板的振动问题

层合板的振动,如同板的屈曲问题,是一个特征值问题,主要是为了确定层合板振动的固有频率及振型,这里仅讨论垂直于层合板中面方向的横向自由振动。与屈曲问题类似,板的固有频率理论上有无穷多个,其中最低的频率称为板的基频。然而与屈曲问题不同的是,工程应用上除基频外,有时也需要求出其他更高阶的频率值,另外,往往需了解相应于各阶频率的振型。

7.6.1　层合板的振动方程

由于层合平板在自由振动时的挠度不仅是坐标的函数,而且还是时间的函数;符号 δ 表示为从平衡状态起的变分,则其几何关系和物理关系与式(7 - 37) ~ 式(7 - 39)所表示的完全相同,而振动方程可写为

$$\begin{cases} \delta N_{x,x} + \delta N_{xy,y} = 0 \\ \delta N_{xy,x} + \delta N_{y,y} = 0 \\ \delta M_{x,xx} + 2\delta M_{xy,xy} + \delta M_{y,yy} = \rho \delta w_{,tt} \end{cases} \qquad (7 - 58)$$

式中:ρ 为层合板单位面积的质量;t 为时间。

可以看出,振动方程和屈曲方程很相似,只是用由振动引起的横向惯性力($\rho \delta w_{,tt}$)代替了原来的载荷。

利用物理方程(7 - 39)和几何方程(7 - 37)、(7 - 38),振动方程式(7 - 58)也可用位移来表示,其表达式为

$$\begin{bmatrix} L_{11} & L_{12} & L_{13} \\ L_{12} & L_{22} & L_{23} \\ L_{13} & L_{23} & L_{33} \end{bmatrix} \begin{Bmatrix} \delta u \\ \delta v \\ \delta w \end{Bmatrix} = \begin{Bmatrix} 0 \\ 0 \\ -\rho \delta w_{,tt} \end{Bmatrix} \qquad (7-59)$$

式中的微分算子 $L_{ij}(i,j=1,2,3)$ 仍然由式(7-25)给出。

可以看出,如同板的弯曲和屈曲问题一样,振动问题也含有拉伸与弯曲的耦合效应,只有在某些特殊情况下,问题才得以简化。

振动问题的边界条件和屈曲问题相同,如式(7-45)和式(7-46)所列出的,在此不再重复。

7.6.2 特殊层合板振动问题的求解

例 7-8 考虑四边简支特殊正交各向异性层合板的自振频率及振型。

解:由于 $B_{ij}=0$,同时考虑到 $A_{16}=A_{26}=D_{16}=D_{26}=0$,这种层合板的振动频率和振型可以由单一的振动微分方程来描述:

$$D_{11}\delta w_{,xxxx} + 2(D_{12}+2D_{66})\delta w_{,xxyy} + D_{22}\delta w_{,yyyy} + \rho \delta w_{,tt} = 0 \qquad (a)$$

边界条件为

$$\begin{cases} x=0,a: \delta w=0, \delta M_x = -D_{11}\delta w_{,xx} - D_{12}\delta w_{,yy} = 0 \\ y=0,b: \delta w=0, \delta M_y = -D_{12}\delta w_{,xx} - D_{22}\delta w_{,yy} = 0 \end{cases} \qquad (b)$$

选取

$$\delta w(x,y,t) = (A\cos\omega t + B\sin\omega t)\delta w(x,y) \qquad (c)$$

将此问题分为时间和空间两部分。为使式(c)满足方程(a)和边界条件(b),进一步选取

$$\delta w(x,y) = \sin\frac{m\pi x}{a}\sin\frac{n\pi y}{b}$$

则

$$\delta w(x,y,t) = (A\cos\omega t + B\sin\omega t)\sin\frac{m\pi x}{a}\sin\frac{n\pi y}{b}$$

将上式代入方程(a),可得

$$\omega^2 = \frac{\pi^4}{\rho}\left[D_{11}\left(\frac{m}{a}\right)^4 + 2(D_{12}+2D_{66})\left(\frac{m}{a}\right)^2\left(\frac{n}{b}\right)^2 + D_{22}\left(\frac{n}{b}\right)^4 \right] \qquad (d)$$

式中各种频率 ω 对应于不同的振型。随着 m 和 n 的变化,振型也不同。当 $m=1,n=1$ 时,得到基本频率。

当 $D_{11}/D_{22}=10$,$(D_{12}+2D_{66})/D_{22}=1$,$a=b$,则由式(d)可得

$$\omega = \frac{K\pi^4}{b^2}\sqrt{\frac{D_{22}}{\rho}} \qquad (e)$$

式中:$K = \sqrt{10m^4 + 2m^2n^2 + n^4}$。

对于各向同性板

$$\begin{cases} D_{11} = D_{22} = D, D_{12} = \nu D \\ D_{16} = D_{26} = 0, D_{66} = \dfrac{1-\nu}{2}D \end{cases} \tag{f}$$

式中:$D = \dfrac{Et^3}{12(1-\nu^2)}$;$t$ 为板厚。

将式(f)代入式(d),注意到 $a = b$,可得各向同性平板的自振频率为

$$\omega = \frac{K'\pi^2}{b^2}\sqrt{\frac{D}{\rho}} \tag{g}$$

式中:$K' = m^2 + n^2$。

根据式(e)和式(g),计算出特殊正交各向异性层合板与各向同性板的4个最低频率,列于表7-1中,相应的振型如图7-14所示。显然,层合板的频率都高各向同性平板。

表7-1 特殊正交各向异性与各向同性四边简支方板的自振频率

振型	特殊正交各向异性层合板			各向同性板		
	m	n	K	m	n	K'
一阶	1	1	3.60555	1	1	2
二阶	1	2	5.83095	1	2	5
三阶	1	3	10.44031	2	1	5
四阶	2	1	12.96148	2	2	8

例7-9 考虑四边简支反对称正交铺设层合板的自振频率。

解:由于存在拉伸—弯曲耦合刚度 $B_{11} \neq 0$,同时考虑到 $A_{11} = A_{22}$,$B_{22} = -B_{11}$,$D_{11} = D_{22}$,振动方程需联立求解:

$$A_{11}\delta u_{,xx} + A_{66}\delta u_{,yy} + (A_{12} + A_{66})\delta v_{,xy} - B_{11}\delta w_{,xxx} = 0 \tag{a}$$

$$(A_{12} + A_{66})\delta u_{,xy} + A_{66}\delta v_{,xx} + A_{11}\delta v_{,yy} + B_{11}\delta w_{,yyy} = 0 \tag{b}$$

$$D_{11}(\delta w_{,xxxx} + \delta w_{,yyyy}) + 2(D_{12} + 2D_{66})\delta w_{,xxyy} -$$
$$B_{11}(\delta u_{,xxx} - \delta v_{,yyy}) + \rho\delta w_{,tt} = 0 \tag{c}$$

简支边界条件 S_2 与屈曲情况相同,为了适合这些边界条件,选取如下位移函数:

$$\begin{cases} \delta u(x,y,t) = U_0\cos\dfrac{m\pi x}{a}\sin\dfrac{n\pi y}{b}e^{i\omega t} \\ \delta v(x,y,t) = V_0\sin\dfrac{m\pi x}{a}\cos\dfrac{n\pi y}{b}e^{i\omega t} \\ \delta w(x,y,t) = W_0\sin\dfrac{m\pi x}{a}\sin\dfrac{n\pi y}{b}e^{i\omega t} \end{cases} \tag{d}$$

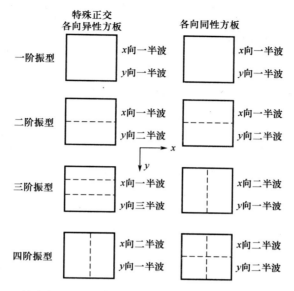

图 7 - 14　简支方形特殊正交各向异性板和各向同性板的几种振型形式

将式(d)代入振动方程(a) ~ (c)中,则可得关于待定参数 U_0, V_0, W_0 的齐次线性代数方程组:

$$\begin{bmatrix} T_{11} & T_{12} & T_{13} \\ T_{12} & T_{22} & T_{23} \\ T_{13} & T_{23} & T_{33} \end{bmatrix} \begin{Bmatrix} U_0 \\ V_0 \\ W_0 \end{Bmatrix} = \begin{Bmatrix} 0 \\ 0 \\ \rho \omega^2 W_0 \end{Bmatrix} \tag{e}$$

由求解该方程组的非零解条件,使方程组的系数行列式等于零,即可求得自振频率表达式

$$\omega^2 = \frac{\pi^4}{\rho} \left(T_{33} + \frac{2T_{12}T_{23}T_{13} - T_{22}T_{13}^2 - T_{11}T_{23}^2}{T_{11}T_{22} - T_{12}^2} \right) \tag{f}$$

式中

$$T_{11} = A_{11}\left(\frac{m}{a}\right)^2 + A_{66}\left(\frac{n}{b}\right)^2$$

$$T_{12} = (A_{12} + A_{66})\left(\frac{m}{a}\right)\left(\frac{n}{b}\right)$$

$$T_{22} = A_{66}\left(\frac{m}{a}\right)^2 + A_{11}\left(\frac{n}{b}\right)^2$$

$$T_{13} = - B_{11}\left(\frac{m}{a}\right)^3$$

$$T_{23} = B_{11}\left(\frac{n}{b}\right)^3$$

$$T_{33} = D_{11}\left[\left(\frac{m}{a}\right)^4 + \left(\frac{n}{b}\right)^4\right] + 2(D_{12} + 2D_{66})\left(\frac{m}{a}\right)^2\left(\frac{n}{b}\right)^2$$

可以看出,在式(f)的分母中,T_{11}、T_{22}和T_{12}都是 m 和 n 函数。所以不能轻易得出最低频率比与 $m = 1$ 和 $n = 1$ 相对应的简单结论,而是通过取不同的 m,n 值,从中选出最小的 ω 值作为最低频率(基频)。(本例的基频所对应的 $m = n = 1$,但对其他情形,未必如此。)

对于 $E_1/E_2 = 40$,$G_{12}/E_2 = 0.5$,$\nu_{12} = 0.25$ 的石墨/环氧反对称正交铺设层合板,由式(f)得到的结果示于图 7 - 15 中,从图中可以看出,拉伸与弯曲之间的耦合效应使基本振动频率降低了,所以层数的影响是明显的。随着层数的增加,该耦合效应相应减少,逐渐接近于正交异性解。只有在 $n \geqslant 8$ 时,才可以近似地认为该耦合效应消失,将其整体视为正交各向异性板。

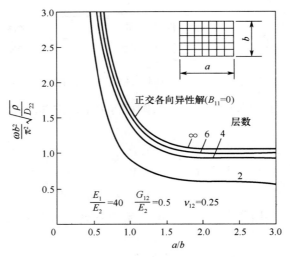

图 7 - 15　反对称正交铺设矩形层合板的自振基频

例 7 - 10　考虑四边简支反对称角铺设层合板的自振频率。

解:如前所述,拉伸刚度有 A_{11},A_{12},A_{22} 及 A_{66},弯曲刚度有 D_{11},D_{12},D_{22} 及 D_{66},还出现了拉伸与扭转的耦合效应($B_{16} \neq 0$,$B_{26} \neq 0$)。所以,振动方程仍需联立求解:

$$A_{11}\delta u_{,xx} + A_{66}\delta u_{,yy} + (A_{12} + A_{66})\delta v_{,xy} - 3B_{16}\delta w_{,xxy} - B_{26}\delta w_{,xyyy} = 0 \tag{a}$$

$$(A_{12} + A_{66})\delta u_{,xy} + A_{66}\delta v_{,xx} + A_{22}\delta v_{,yy} - B_{16}\delta w_{,xxx} - 3B_{26}\delta w_{,xyy} = 0 \tag{b}$$

$$D_{11}\delta w_{,xxxx} + 2(D_{12} + 2D_{66})\delta w_{,xxyy} + D_{22}\delta w_{,yyyy} - B_{16}(3\delta u_{,xxy} + \delta v_{,xxx}) -$$
$$B_{26}(\delta u_{,yyy} + 3\delta v_{,xyy}) + \rho\delta w_{,tt} = 0 \tag{c}$$

简支边界条件 S_3 与屈曲情况相同,为了适合这些边界条件,选取如下位移函数:

138

$$\begin{cases} \delta u(x,y,t) = U_0 \sin\dfrac{m\pi x}{a}\cos\dfrac{n\pi y}{b}e^{i\omega t} \\ \delta v(x,y,t) = V_0 \cos\dfrac{m\pi x}{a}\sin\dfrac{n\pi y}{b}e^{i\omega t} \\ \delta w(x,y,t) = W_0 \sin\dfrac{m\pi x}{a}\sin\dfrac{n\pi y}{b}e^{i\omega t} \end{cases} \tag{d}$$

将式(d)代入式(a)~式(c),则可得关于待定参数 U_0, V_0, W_0 的齐次线性代数方程组:

$$\begin{bmatrix} T_{11} & T_{12} & T_{13} \\ T_{12} & T_{22} & T_{23} \\ T_{13} & T_{23} & T_{33} \end{bmatrix} \begin{Bmatrix} U_0 \\ V_0 \\ W_0 \end{Bmatrix} = \begin{Bmatrix} 0 \\ 0 \\ \rho\omega^2 W_0 \end{Bmatrix} \tag{e}$$

由求解该方程组的非零解条件,使方程组的系数行列式等于零,即可求得自振频率表达式

$$\omega^2 = \frac{\pi^4}{\rho}\Big(T_{33} + \frac{2T_{12}T_{23}T_{13} - T_{22}T_{13}^2 - T_{11}T_{23}^2}{T_{11}T_{22} - T_{12}^2}\Big) \tag{f}$$

式中

$$T_{11} = A_{11}\Big(\frac{m}{a}\Big)^2 + A_{66}\Big(\frac{n}{b}\Big)^2$$

$$T_{12} = (A_{12} + A_{66})\Big(\frac{m}{a}\Big)\Big(\frac{n}{b}\Big)$$

$$T_{22} = A_{66}\Big(\frac{m}{a}\Big)^2 + A_{22}\Big(\frac{n}{b}\Big)^2$$

$$T_{13} = -\Big[3B_{16}\Big(\frac{m}{a}\Big)^2 + B_{26}\Big(\frac{n}{b}\Big)^2\Big]\Big(\frac{n}{b}\Big)$$

$$T_{23} = -\Big[B_{16}\Big(\frac{m}{a}\Big)^2 + 3B_{26}\Big(\frac{n}{b}\Big)^2\Big]\Big(\frac{m}{a}\Big)$$

$$T_{33} = D_{11}\Big(\frac{m}{a}\Big)^4 + 2(D_{12} + 2D_{66})\Big(\frac{m}{a}\Big)^2\Big(\frac{n}{b}\Big)^2 + D_{22}\Big(\frac{n}{b}\Big)^4$$

图 7-16 示出了以层合铺设角为函数的 $E_1/E_2 = 40, G_{12}/E_2 = 0.5, \nu_{12} = 0.25$ 的石墨/环氧反对称角铺设方形层合板的计算结果。从图中可以看出,因耦合刚度 B_{16}, B_{26} 的影响,使得基本振动频率降低,层数的影响仍然是显著的。当为 2 层时,基频最低。在铺设角 $\theta = 45°$ 的 2 层基频值要比特殊正交各向异性值(相当于层数为 ∞ 的情况)大约低 40%;随着铺层层数的增加,基频将提高,只有当层数 $n \geqslant 8$ 时,才可近似地认为该耦合效应消失,即可忽略 B_{16} 和 B_{26} 的影响,将其整体地视为正交各向异性板。

从以上对于层合平板在弯曲、屈曲、振动时的大量分析中完全可以看出,由于耦合效

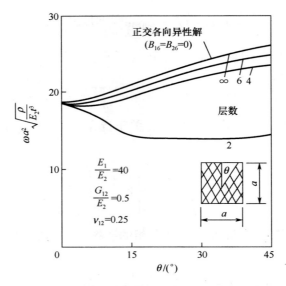

图 7 – 16 反对称角铺设层合方板的自振基频

应的存在,使层合板的挠度增加了,或使层合板的屈曲载荷和振动频率减小了,所有这些现象实质上都意味着层合板的实际刚度下降。为了提高结构的刚度,在铺层设计时就应当尽量避免发生耦合效应。

从以上的讨论中已知,消除或减小耦合效应的基本途径为:① 采用对称铺层;② 按一定的规则铺层并尽量增加层数。但是,作为一种全面的理解,由于复合材料所具有的可设计重要特性,为了达到某种设计要求,在实际铺层时,耦合效应又可以被人们所利用,例如叶片类产品要求进行零扭曲率设计。

习　题

7 – 1　对各向同性材料,$E_x = E_y = E, \nu_{xy} = \nu_{yx} = \nu, G_{xy} = G = E/2(1+\nu)$,求其弯曲的基本方程。

7 – 2　一反对称角铺设层合板,在横向载荷 $q = q_0 \sin\dfrac{\pi x}{a} \sin\dfrac{\pi y}{b}$ 作用下,试求四边满足简支边界条件 S_3 时的位移待定参数 U_{mn},V_{mn} 和 W_{mn} 的值。

7 – 3　一四边简支 3 层正交铺设矩形层合板 $[0°t_1/90°2t_1/0°t_1]$,几何尺寸为 $a = 200\text{cm}, b = 100\text{cm}$,总厚度 $t = 1.6\text{cm} = 4t_1$。单层板特性为 $E_1 = 1.0 \times 10^5 \text{MPa}, E_2 = 2.0 \times 10^4 \text{MPa}$,$\nu_{12} = 0.2, G_{12} = 5.0 \times 10^3 \text{MPa}$。试求:

(1) 均布载荷 $q_0 = 1.0 \times 10^{-3} \text{MPa}$ 作用下,板中点的挠度;

（2）面内压载 N_x 作用下板的临界屈曲载荷；

（3）板的自振基频 ω。

7-4　一四边简支多层反对称正交铺设层合板，其几何尺寸为：$a = 100\text{cm}$，$b = 200\text{cm}$，总厚度 $t = 1.8\text{cm}$。单层板特性为：$E_1 = 40\text{GPa}$，$E_2 = 25.5\text{GPa}$，$\nu_{12} = 0.187$，$G_{12} = 2.65\text{GPa}$。试求：

（1）均布横向载荷 $q_0 = 0.2 \times 10^{-2}\text{MPa}$ 作用下，板中点的挠度；

（2）在面内压载 N_x 作用下，板的临界屈曲载荷；

（3）板的自振基频 ω。

7-5　一四边简支对称角铺设层合板，其铺层为 $[45°/-45°/45°]_s$，每单层厚度为 3mm，板受面内压载 N_x 作用，板尺寸 $a = b = 40\text{cm}$，弹性常数 $E_1 = 50\text{GPa}$，$E_2 = 10\text{GPa}$，$\nu_{12} = 0.3$，$G_{12} = 5\text{GPa}$，试求屈曲载荷的大小。

7-6　一四边简支对称角铺设层合板，其铺层为 $[45°/-45°/45°]_s$，每单层厚度为 0.5mm，在板的面内受双轴压力作用，$N_y = kN_x$，其中 $k = 0.5$。如果板的尺寸为 $a = b = 36\text{cm}$，弹性常数 $E_1 = 30\text{GPa}$，$E_2 = 10\text{GPa}$，$\nu_{12} = 0.3$，$G_{12} = 5\text{GPa}$，试求其屈曲载荷的大小。

第8章　功能梯度板的宏观力学分析

功能梯度材料(functionally graded materials,FGM)在极高温热环境下的应用越来越受到重视,同时还被认为是可用于未来高速航天器的一种潜在材料。功能梯度材料是一种复合材料,具有微观非均匀性,其力学性质从一个表面连续而平滑地变化到另一个表面,这可以通过逐渐改变材料成分的体积百分比含量而实现。这种不同凡响的材料可由金属和陶瓷或者不同金属材料混合而成,其优点是可以在高热梯度环境下工作而能保持结构的完整和刚性。材料中的陶瓷成分因其低的导热率而提供了功能梯度材料可以抵御高温的能力;另一方面,金属成分因其高强度使功能梯度材料免于由热应力而引起的断裂。功能梯度材料(比如金属——陶瓷材料)能够充分发挥陶瓷的良好的耐高温、抗腐蚀和金属的强度高、韧性好的特点;又能很好地解决金属和陶瓷之间的热膨胀系数不匹配的问题。另外,功能梯度材料性质的可设计性,尤其是化学、材料以及微结构的梯度设计,是其又一显著特点。因此,功能梯度材料以其良好的隔热性能、热应力缓和性能以及材料性质的可设计性,在工程结构中具有广阔的应用前景。

8.1　功能梯度板的线性问题

8.1.1　基本方程

以矩形板为例,推导出功能梯度板(FGM板)小挠度问题的基本方程。设该板是由金属相和陶瓷相组成,长度为 a,宽度为 b,厚度为 h。并假设材料性质 P(诸如弹性模量 E、密度 ρ、热膨胀系数 α 以及热传导系数 K 等量)只沿板的厚度方向变化,且服从以下规律:

$$P(z) = (P_m - P_c)V_m + P_c \qquad (8-1)$$

式中,下标 m 和 c 分别表示金属和陶瓷成分;V_m 是金属成分的体积百分比含量,它可以按下面的幂函数形式变化:

$$V_m = \left(\frac{h-2z}{2h}\right)^n \qquad (8-2)$$

式中,z 是板的厚度坐标($-h/2 \leqslant z \leqslant h/2$);$n$ 是幂指数,它取不同的值代表成分含量不一的功能梯度材料,如图 $8-1$ 所示。

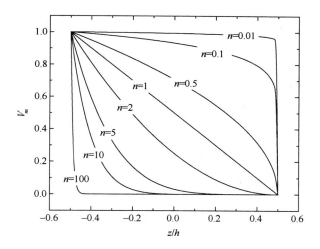

图 8 - 1　金属相体积百分比沿板厚的变化

　　显然,按这个分布形式,板的底面($z = -h/2$)是金属,而上表面($z = h/2$)则是陶瓷。这里仅讨论经典板理论下的基本方程,位移场假设为

$$\begin{cases} U_x(x,y,z,t) = u(x,y,t) - zw_{,x} \\ U_y(x,y,z,t) = v(x,y,t) - zw_{,y} \\ U_z(x,y,z,t) = w(x,y,t) \end{cases} \quad (8-3)$$

式中:u,v,w 表示板的中面上的点分别沿坐标 x,y,z 方向的位移分量。基于该位移场的线性应变为

$$\{\varepsilon\} = \{\varepsilon^0\} + z\{\boldsymbol{\kappa}\} \quad (8-4)$$

式中:$\{\varepsilon^0\}$、$\{\boldsymbol{\kappa}\}$ 分别为板中面上的应变和曲(扭)率,即

$$\{\varepsilon^0\} = \begin{Bmatrix} \varepsilon_x^0 \\ \varepsilon_y^0 \\ \gamma_{xy}^0 \end{Bmatrix} = \begin{Bmatrix} u_{,x} \\ v_{,y} \\ u_{,y} + v_{,x} \end{Bmatrix}, \quad \{\boldsymbol{\kappa}\} = \begin{Bmatrix} \kappa_x \\ \kappa_y \\ \kappa_{xy} \end{Bmatrix} = - \begin{Bmatrix} w_{,xx} \\ w_{,yy} \\ 2w_{,xy} \end{Bmatrix} \quad (8-5)$$

　　应力 — 应变关系:

$$\begin{Bmatrix} \sigma_x \\ \sigma_y \\ \tau_{xy} \end{Bmatrix} = \begin{bmatrix} Q_{11} & Q_{12} & 0 \\ Q_{12} & Q_{11} & 0 \\ 0 & 0 & Q_{66} \end{bmatrix} \begin{Bmatrix} \varepsilon_x \\ \varepsilon_y \\ \gamma_{xy} \end{Bmatrix} \quad (8-6)$$

式中:$Q_{11} = \dfrac{E}{1-\nu^2}$;$Q_{12} = \nu Q_{11}$;$Q_{66} = \dfrac{E}{2(1+\nu)}$。

　　各内力定义为

$$\begin{cases} \{N_x \quad N_y \quad N_{xy}\}^{\mathrm{T}} = \int\limits_{-h/2}^{h/2} \{\sigma_x \quad \sigma_y \quad \tau_{xy}\}^{\mathrm{T}}\mathrm{d}z \\[3mm] \{M_x \quad M_y \quad M_{xy}\}^{\mathrm{T}} = \int\limits_{-h/2}^{h/2} \{\sigma_x \quad \sigma_y \quad \tau_{xy}\}^{\mathrm{T}}z\mathrm{d}z \end{cases} \qquad (8-7)$$

将式(8-6)代入式(8-7),即得功能梯度板的内力 — 应变关系:

$$\begin{Bmatrix} N_x \\ N_y \\ N_{xy} \\ M_x \\ M_y \\ M_{xy} \end{Bmatrix} = \begin{bmatrix} A_{11} & A_{12} & 0 & B_{11} & B_{12} & 0 \\ A_{12} & A_{11} & 0 & B_{12} & B_{11} & 0 \\ 0 & 0 & A_{66} & 0 & 0 & B_{66} \\ B_{11} & B_{12} & 0 & D_{11} & D_{12} & 0 \\ B_{12} & B_{11} & 0 & D_{12} & D_{11} & 0 \\ 0 & 0 & B_{66} & 0 & 0 & D_{66} \end{bmatrix} \begin{Bmatrix} \varepsilon_x^0 \\ \varepsilon_y^0 \\ \gamma_{xy}^0 \\ \kappa_x \\ \kappa_y \\ \kappa_{xy} \end{Bmatrix} \qquad (8-8)$$

或

$$\begin{Bmatrix} N \\ M \end{Bmatrix} = \begin{bmatrix} A & B \\ B & D \end{bmatrix} \begin{Bmatrix} \varepsilon^0 \\ \kappa \end{Bmatrix} \qquad (8-9)$$

式中:A_{ij}、B_{ij} 和 D_{ij} 分别为拉伸、耦合和弯曲刚度,即

$$(A_{ij}, B_{ij}, D_{ij}) = \int\limits_{-h/2}^{h/2} Q_{ij}(1, z, z^2)\,\mathrm{d}z \qquad (i,j = 1,2,6)$$

从内力 — 应变关系式(8-8)可知,功能梯度板与传统的复合材料层合板类似,具有梯度材料性质板的面内量与出面量之间存在耦合现象,将使得这类结构的求解更为困难。

将式(8-5)代入式(8-8),可将各内力表示为位移的函数:

$$\begin{cases} N_x = A_{11}(u_{,x} + \nu v_{,y}) - B_{11}(w_{,xx} + \nu w_{,yy}) \\ N_y = A_{11}(\nu u_{,x} + v_{,y}) - B_{11}(\nu w_{,xx} + w_{,yy}) \\ N_{xy} = A_{66}(u_{,y} + v_{,x}) - 2B_{66}w_{,xy} \end{cases} \qquad (8-10)$$

$$\begin{cases} M_x = B_{11}(u_{,x} + \nu v_{,y}) - D_{11}(w_{,xx} + \nu w_{,yy}) \\ M_y = B_{11}(\nu u_{,x} + v_{,y}) - D_{11}(\nu w_{,xx} + w_{,yy}) \\ M_{xy} = B_{66}(u_{,y} + v_{,x}) - 2D_{66}w_{,xy} \end{cases} \qquad (8-11)$$

8.1.2 弯曲问题

按照经典理论,横向载荷 q 作用下,板的平衡由下列方程控制:

$$\begin{cases} N_{x,x} + N_{xy,y} = 0 \\ N_{xy,x} + N_{y,y} = 0 \\ M_{x,xx} + 2M_{xy,xy} + M_{y,yy} + q(x,y) = 0 \end{cases} \qquad (8-12)$$

将式(8 – 10)、式(8 – 11)代入式(8 – 12),可以将平衡方程表示为以下的位移形式:

$$\begin{cases} L_{11}(u) + L_{12}(v) + L_{13}(w) = 0 \\ L_{12}(u) + L_{22}(v) + L_{23}(w) = 0 \\ L_{13}(u) + L_{23}(v) + L_{33}(w) = q \end{cases} \quad (8 – 13)$$

式中:$L_{ij}(i,j = 1,2,3)$ 为线性微分算子,由下式给出:

$$\begin{cases} L_{11}(f) = A_{11}f_{,xx} + A_{66}f_{,yy} \\ L_{12}(f) = (\nu A_{11} + A_{66})f_{,xy} \\ L_{13}(f) = -[B_{11}f_{,xxx} + (\nu B_{11} + 2B_{66})f_{,xyy}] \\ L_{22}(f) = A_{66}f_{,xx} + A_{11}f_{,yy} \\ L_{23}(f) = -[(\nu B_{11} + 2B_{66})f_{,xxy} + B_{11}f_{,yyy}] \\ L_{33}(f) = D_{11}f_{,xxxx} + 2(\nu D_{11} + 2D_{66})f_{,xxyy} + D_{11}f_{,yyyy} \end{cases} \quad (8 – 14)$$

对于功能梯度板,3 个位移分量通过式(8 – 13)互相耦合,因此,需要将弯曲问题和平面问题联立求解。

8.1.3　屈曲问题

在材料梯度方向上,功能梯度材料板与复合材料层合板有着类似的非均匀性质,也存在面内量与出面量之间的耦合现象。功能梯度圆板的轴对称过屈曲非线性行为的研究结果表明,对于边界横向夹紧条件,由于没有耦合挠度产生,而存在屈曲现象,如图 8 – 2 所示;对于边界横向简支条件,在面内边界载荷作用下,一开始就有横向耦合挠度,并随着载荷逐渐增大,如图 8 – 3 所示。从图 8 – 3 还可以看出,当载荷增大到某一阶段时,外载荷的

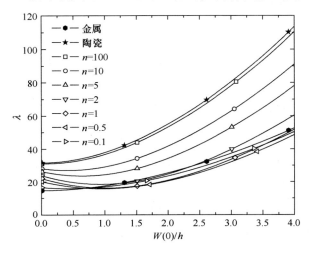

图 8 – 2　均匀径向压力作用下,夹紧圆板的过屈曲

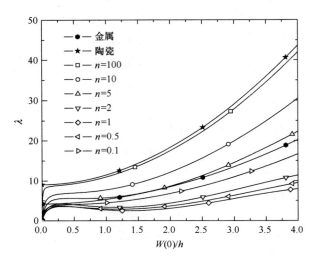

图 8 – 3   均匀径向压力作用下,简支圆板的过屈曲

微小增加将导致横向变形迅速增大,这种情况,仍然可以认为是有屈曲现象发生。

下面就功能梯度材料板结构临界载荷的确定进行一些分析。在以下的分析中,设在功能梯度板边界受有面内均布压力 p 作用,并假定屈曲前没有耦合挠度产生,我们将直接采用 Trefftz 准则给出板的屈曲方程。

由于结构的稳定性问题,本质上属于非线性问题,因此在以下的分析中,应将中面应变表示成如下非线性形式:

$$\{\varepsilon^0\} = \begin{Bmatrix} \varepsilon_x^0 \\ \varepsilon_y^0 \\ \gamma_{xy}^0 \end{Bmatrix} = \begin{Bmatrix} u_{,x} + w_{,x}^2/2 \\ v_{,y} + w_{,y}^2/2 \\ u_{,y} + v_{,x} + w_{,x}w_{,y} \end{Bmatrix} \qquad (8-15)$$

为了得到梯度板的屈曲控制方程,根据 Trefftz 准则,令

$$u = u_0 + u_1, \quad v = v_0 + v_1, \quad w = w_0 + w_1 \qquad (8-16)$$

这里,(u_0,v_0,w_0) 为一平凡路径上的平衡构形,其相邻的平衡构形是 (u,v,w),而 (u_1,v_1,w_1) 为一组任意小的虚位移。

忽略前屈曲耦合挠度,即 $w_0 = 0$。应变能的二阶变分可写为

$$\delta^2 U = \iint_A F(x,y;u_{1,x},u_{1,y},v_{1,x},v_{1,y},w_{1,x},w_{1,y},w_{1,xx},w_{1,xy},w_{1,yy}) \mathrm{d}A \qquad (8-17)$$

式中

$$F = A_{11}\left[u_{1,x}^2 + v_{1,y}^2 + u_{0,x}w_{1,x}^2 + v_{0,y}w_{1,y}^2 + 2\nu\left(u_{1,x}v_{1,y} + \frac{1}{2}u_{0,x}w_{1,y}^2 + \frac{1}{2}v_{0,y}w_{1,x}^2\right)\right] -$$

$$2B_{11}\left[(u_{1,x} + \nu v_{1,y})w_{1,xx} + (\nu u_{1,x} + v_{1,y})w_{1,yy}\right] +$$

$$D_{11}(w_{1,xx}^2 + w_{1,yy}^2 + 2\nu w_{1,xx}w_{1,yy}) +$$

$$A_{66}\left[(u_{1,y} + v_{1,x})^2 + 2(u_{0,y} + v_{0,x})w_{1,x}w_{1,y}\right] -$$

$$4B_{66}(u_{1,y} + v_{1,x})w_{1,xy} + 4D_{66}w_{1,xy}^2 \qquad (8-18)$$

根据 Euler 方程,可以得到以下的屈曲控制方程:

$$\begin{cases} \dfrac{\partial N_{x1}}{\partial x} + \dfrac{\partial N_{xy1}}{\partial y} = 0 \\[2mm] \dfrac{\partial N_{xy1}}{\partial x} + \dfrac{\partial N_{y1}}{\partial y} = 0 \\[2mm] \dfrac{\partial^2 M_{x1}}{\partial x^2} + \dfrac{\partial^2 M_{y1}}{\partial y^2} + 2\dfrac{\partial^2 M_{xy1}}{\partial x \partial y} + N_{x0}\dfrac{\partial^2 w_1}{\partial x^2} + N_{y0}\dfrac{\partial^2 w_1}{\partial y^2} + 2N_{xy0}\dfrac{\partial^2 w_1}{\partial x \partial y} = 0 \end{cases} \qquad (8-19)$$

式中,前屈曲薄膜力为

$$\begin{cases} N_{x0} = A_{11}\left(\dfrac{\partial u_0}{\partial x} + \nu\dfrac{\partial v_0}{\partial y}\right) \\[2mm] N_{y0} = A_{11}\left(\nu\dfrac{\partial u_0}{\partial x} + \dfrac{\partial v_0}{\partial y}\right) \\[2mm] N_{xy0} = A_{66}\left(\dfrac{\partial u_0}{\partial y} + \dfrac{\partial v_0}{\partial x}\right) \end{cases} \qquad (8-20)$$

从板的受力状态,可以得到前屈曲薄膜力:

$$N_{x0} = N_{y0} = -p, \quad N_{xy0} = 0$$

而式(8-19)中各内力分量与位移关系同式(8-10)和式(8-11)。利用这组关系,可以将屈曲控制方程表示为以下位移形式:

$$\begin{cases} L_{11}(u_1) + L_{12}(v_1) + L_{13}(w_1) = 0 \\ L_{12}(u_1) + L_{22}(v_1) + L_{23}(w_1) = 0 \\ L_{13}(u_1) + L_{23}(v_1) + L_{33}(w_1) = N_{x0}w_{1,xx} + N_{y0}w_{1,yy} + 2N_{xy0}w_{1,xy} \end{cases} \qquad (8-21)$$

式中的微分算子 $L_{ij}(i,j = 1,2,3)$ 仍由式(8-14)给出。

8.1.4　振动问题

根据哈密尔顿原理,很容易得到以下 FGM 板自由振动方程:

$$\begin{cases} \dfrac{\partial N_x}{\partial x} + \dfrac{\partial N_{xy}}{\partial y} - I_0 \dfrac{\partial^2 u}{\partial t^2} + I_1 \dfrac{\partial^3 w}{\partial t^2 \partial x} = 0 \\[2mm] \dfrac{\partial N_{xy}}{\partial x} + \dfrac{\partial N_y}{\partial y} - I_0 \dfrac{\partial^2 v}{\partial t^2} + I_1 \dfrac{\partial^3 w}{\partial t^2 \partial y} = 0 \\[2mm] \dfrac{\partial^2 M_x}{\partial x^2} + \dfrac{\partial^2 M_y}{\partial y^2} + 2 \dfrac{\partial^2 M_{xy}}{\partial x \partial y} - I_0 \dfrac{\partial^2 w}{\partial t^2} - I_1 \dfrac{\partial^2}{\partial t^2}\left(\dfrac{\partial u}{\partial x} + \dfrac{\partial v}{\partial y}\right) + I_2 \dfrac{\partial^2}{\partial t^2}\nabla^2 w = 0 \end{cases} \quad (8-22)$$

该方程组包含了横向惯性、面内惯性以及耦合惯性的综合影响。如果只考虑横向振动,这组方程就简化为以下较简单的形式:

$$\begin{cases} \dfrac{\partial N_x}{\partial x} + \dfrac{\partial N_{xy}}{\partial y} = 0 \\[2mm] \dfrac{\partial N_{xy}}{\partial x} + \dfrac{\partial N_y}{\partial y} = 0 \\[2mm] \dfrac{\partial^2 M_x}{\partial x^2} + \dfrac{\partial^2 M_y}{\partial y^2} + 2 \dfrac{\partial^2 M_{xy}}{\partial x \partial y} - I_0 \dfrac{\partial^2 w}{\partial t^2} = 0 \end{cases} \quad (8-23)$$

本节基于经典层合板理论,给出了 FGM 板的基本方程,包括线性几何方程、内力——位移关系以及弯曲、屈曲和振动情况下的控制方程。通过分析可以看到,由于功能梯度材料的横向非均匀性,即使是对 FGM 板的线性问题,其面内物理量和出面物理量也是相互耦合的,这一点已充分展现在各位移形式的控制方程中。在屈曲问题的分析中,忽略了前屈曲耦合变形的影响。因此,对于前屈曲耦合变形明显的问题,本节所得方程仅具有理论意义。

8.2 功能梯度圆板的非线性弯曲问题

在上一节,分析研究了功能梯度板的小挠度弯曲分析、临界载荷的确定以及小振幅振动时固有频率问题的计算等线性问题。在本节中,将针对功能梯度圆板的非线性弯曲问题,进行分析和讨论。

8.2.1 非线性问题的基本方程

考虑一个半径为 b,厚为 h 的功能梯度圆板。设板的材料性质 P 沿厚度方向按式(8-2)变化。并设作用板上的外因素有:均布径向边界压力 p、均布横向载荷 q 和温度场 T。

根据经典的非线性板理论,轴对称的柱坐标形式应变位移关系为

$$\begin{cases} \varepsilon_r = \varepsilon_r^0 + z\kappa_r = \dfrac{\mathrm{d}u}{\mathrm{d}r} + \dfrac{1}{2}\left(\dfrac{\mathrm{d}w}{\mathrm{d}r}\right)^2 - z\dfrac{\mathrm{d}^2 w}{\mathrm{d}r^2} \\[3mm] \varepsilon_\theta = \varepsilon_\theta^0 + z\kappa_\theta = \dfrac{u}{r} - z\dfrac{1}{r}\dfrac{\mathrm{d}w}{\mathrm{d}r} \end{cases} \quad (8-24)$$

式中: u 和 w 分别为板中面的径向和横向位移。

板的非线性热弹性本构关系为

$$\begin{pmatrix} N_r \\ N_\theta \end{pmatrix} = \begin{bmatrix} A_{11} & A_{12} \\ A_{12} & A_{22} \end{bmatrix} \begin{pmatrix} \varepsilon_r^0 \\ \varepsilon_\theta^0 \end{pmatrix} + \begin{bmatrix} B_{11} & B_{12} \\ B_{12} & B_{22} \end{bmatrix} \begin{pmatrix} \kappa_r \\ \kappa_\theta \end{pmatrix} - \begin{pmatrix} N_r^T \\ N_\theta^T \end{pmatrix} \qquad (8-25)$$

$$\begin{pmatrix} M_r \\ M_\theta \end{pmatrix} = \begin{bmatrix} B_{11} & B_{12} \\ B_{12} & B_{22} \end{bmatrix} \begin{pmatrix} \varepsilon_r^0 \\ \varepsilon_\theta^0 \end{pmatrix} + \begin{bmatrix} D_{11} & D_{12} \\ D_{12} & D_{22} \end{bmatrix} \begin{pmatrix} \kappa_r \\ \kappa_\theta \end{pmatrix} - \begin{pmatrix} M_r^T \\ M_\theta^T \end{pmatrix} \qquad (8-26)$$

将式(8 − 24)代入式(8 − 25)和式(8 − 26),可得到

$$\begin{cases} N_r = A_{11}\left(\dfrac{\partial u}{\partial r} + \nu\, \dfrac{u}{r} + \dfrac{1}{2}\left(\dfrac{\partial w}{\partial r} \right)^2 \right) - B_{11}\left(\dfrac{\partial^2 w}{\partial r^2} + \dfrac{\nu}{r}\, \dfrac{\partial w}{\partial r} \right) - N^T \\[2mm] N_\theta = A_{11}\left(\nu\, \dfrac{\partial u}{\partial r} + \dfrac{u}{r} + \dfrac{\nu}{2}\left(\dfrac{\partial w}{\partial r} \right)^2 \right) - B_{11}\left(\nu\, \dfrac{\partial^2 w}{\partial r^2} + \dfrac{1}{r}\, \dfrac{\partial w}{\partial r} \right) - N^T \\[2mm] M_r = B_{11}\left(\dfrac{\partial u}{\partial r} + \nu\, \dfrac{u}{r} + \dfrac{1}{2}\left(\dfrac{\partial w}{\partial r} \right)^2 \right) - D_{11}\left(\dfrac{\partial^2 w}{\partial r^2} + \dfrac{\nu}{r}\, \dfrac{\partial w}{\partial r} \right) - M^T \\[2mm] M_\theta = B_{11}\left(\nu\, \dfrac{\partial u}{\partial r} + \dfrac{u}{r} + \dfrac{\nu}{2}\left(\dfrac{\partial w}{\partial r} \right)^2 \right) - D_{11}\left(\nu\, \dfrac{\partial^2 w}{\partial r^2} + \dfrac{1}{r}\, \dfrac{\partial w}{\partial r} \right) - M^T \end{cases} \qquad (8-27)$$

FGM 圆板轴对称的非线性运动方程为

$$\int_0^t \delta(T - U - V)\,\mathrm{d}t = 0 \qquad (8-28)$$

经过变分运算,得到下面的非线性运动方程:

$$\begin{cases} \dfrac{1}{r}\, \dfrac{\partial}{\partial r}(rN_r) - \dfrac{1}{r}N_\theta - I_0\, \dfrac{\partial^2 u}{\partial t^2} + I_1\, \dfrac{\partial^3 w}{\partial r \partial t^2} = 0 \\[2mm] \dfrac{1}{r}\, \dfrac{\partial^2}{\partial r^2}(rM_r) - \dfrac{1}{r}\, \dfrac{\partial M_\theta}{\partial r} + \dfrac{1}{r}\, \dfrac{\partial}{\partial r}\left(rN_r\, \dfrac{\partial w}{\partial r} \right) + q - I_0\, \dfrac{\partial^2 w}{\partial t^2} - \\[2mm] \quad I_1\, \dfrac{1}{r}\, \dfrac{\partial}{\partial r}\left(r\, \dfrac{\partial^2 u}{\partial t^2} \right) + I_2\, \dfrac{1}{r}\, \dfrac{\partial}{\partial r}\left(r\, \dfrac{\partial^3 w}{\partial r \partial t^2} \right) = 0 \end{cases} \qquad (8-29)$$

在上述非线性方程中,略去非线性项,就成为在经典板理论下的 FGM 圆板的线性运动方程。当仅考虑静态问题(弯曲以及过屈曲等)时,只需令式(8 − 29)各量与时间无关即可。

根据式(8 − 27),可以将式(8 − 29)写成位移形式(静态):

$$A_{11}\, \dfrac{\mathrm{d}}{\mathrm{d}r}\left[\dfrac{1}{r}\, \dfrac{\mathrm{d}}{\mathrm{d}r}(ru) \right] + A_{11}\left[\dfrac{\mathrm{d}w}{\mathrm{d}r}\, \dfrac{\mathrm{d}^2 w}{\mathrm{d}r^2} + \dfrac{1-\nu}{2r}\left(\dfrac{\mathrm{d}w}{\mathrm{d}r} \right)^2 \right] - B_{11}\, \dfrac{\mathrm{d}}{\mathrm{d}r}\nabla^2 w = 0 \qquad (8-30)$$

$$D_{11}\nabla^4 w - B_{11}\nabla^2\left[\dfrac{1}{r}\, \dfrac{\mathrm{d}}{\mathrm{d}r}(ru) \right] - B_{11}\left[\dfrac{2-3\nu}{r}\, \dfrac{\mathrm{d}w}{\mathrm{d}r}\, \dfrac{\mathrm{d}^2 w}{\mathrm{d}r^2} + \dfrac{\mathrm{d}w}{\mathrm{d}r}\, \dfrac{\mathrm{d}^3 w}{\mathrm{d}r^3} + \dfrac{1}{r^2}\left(\dfrac{\mathrm{d}w}{\mathrm{d}r} \right)^2 \right] -$$

$$A_{11}\left[\dfrac{\mathrm{d}u}{\mathrm{d}r} + \dfrac{\nu}{r}u + \dfrac{1}{2}\left(\dfrac{\mathrm{d}w}{\mathrm{d}r} \right)^2 \right] \dfrac{\mathrm{d}^2 w}{\mathrm{d}r^2} - A_{11}\left[\nu\, \dfrac{\mathrm{d}u}{\mathrm{d}r} + \dfrac{1}{r}u + \dfrac{\nu}{2}\left(\dfrac{\mathrm{d}w}{\mathrm{d}r} \right)^2 \right] \dfrac{1}{r}\, \dfrac{\mathrm{d}w}{\mathrm{d}r} +$$

$$N^T \nabla^2 w - q = 0 \qquad (8-31)$$

利用式(8-30)重新整理式(8-31),得到

$$\Omega \nabla^4 w - A_{11} \Big[\nu \frac{\mathrm{d}u}{\mathrm{d}r} + \frac{1}{r}u + \frac{\nu}{2}\Big(\frac{\mathrm{d}w}{\mathrm{d}r}\Big)^2 \Big] \frac{1}{r}\frac{\mathrm{d}w}{\mathrm{d}r} - A_{11}\Big[\frac{\mathrm{d}u}{\mathrm{d}r} + \frac{\nu}{r}u + \frac{1}{2}\Big(\frac{\mathrm{d}w}{\mathrm{d}r}\Big)^2\Big]\frac{\mathrm{d}^2 w}{\mathrm{d}r^2} +$$

$$B_{11}\Big[\Big(\frac{\mathrm{d}^2 w}{\mathrm{d}r^2}\Big)^2 + \frac{2\nu}{r}\frac{\mathrm{d}w}{\mathrm{d}r}\frac{\mathrm{d}^2 w}{\mathrm{d}r^2} + \frac{1}{r^2}\Big(\frac{\mathrm{d}w}{\mathrm{d}r}\Big)^2 \Big] + N^T \nabla^2 w - q = 0 \qquad (8-32)$$

式中

$$\nabla^2 = \frac{1}{r}\frac{\mathrm{d}}{\mathrm{d}r}\Big(r\frac{\mathrm{d}}{\mathrm{d}r}\Big), \Omega = D_{11} - \frac{B_{11}^2}{A_{11}}$$

式(8-30)和式(8-32)称为静态问题的最终控制方程。为了分析问题方便,引入以下无量纲参量:

$$x = \frac{r}{b}, \bar{w} = \frac{w}{h}, \bar{u} = \frac{ub}{h^2}, F_1 = \frac{F_3}{F_2}, F_2 = \frac{A_{11}h^2}{\Omega}, F_3 = \frac{B_{11}h}{\Omega}, F_4 = F_3\frac{\Omega}{D_{11}}$$

$$\bar{N} = \frac{N_r^T b^2}{\Omega}, \bar{M} = \frac{M_r^T b^2}{D_{11}h}, \lambda = 12\frac{b^2}{h^2}(1+\nu)\alpha_c T_2, \bar{Q} = \frac{qb^4}{h\Omega}, E_r = \frac{E_m}{E_c}$$

利用这些无量纲参量,式(8-30)和式(8-32)的无量纲形式为(仍以 u 代 $\bar{u}$, w 代 $\bar{w}$)

$$\begin{cases} \dfrac{\mathrm{d}}{\mathrm{d}x}\Big[\dfrac{1}{x}\dfrac{\mathrm{d}}{\mathrm{d}x}(xu)\Big] + \dfrac{\mathrm{d}^2 w}{\mathrm{d}x^2}\dfrac{\mathrm{d}w}{\mathrm{d}x} + \dfrac{1-\nu}{2x}\Big(\dfrac{\mathrm{d}w}{\mathrm{d}x}\Big)^2 - F_1\dfrac{\mathrm{d}}{\mathrm{d}x}\nabla^2 w = 0 \\[2mm] \nabla^4 w - F_2\Big[\nu\dfrac{\mathrm{d}u}{\mathrm{d}x} + \dfrac{1}{x}u + \dfrac{\nu}{2}\Big(\dfrac{\mathrm{d}w}{\mathrm{d}x}\Big)^2\Big]\dfrac{1}{x}\dfrac{\mathrm{d}w}{\mathrm{d}x} - F_2\Big[\dfrac{\mathrm{d}u}{\mathrm{d}x} + \dfrac{\nu}{x}u + \dfrac{1}{2}\Big(\dfrac{\mathrm{d}w}{\mathrm{d}x}\Big)^2\Big]\dfrac{\mathrm{d}^2 w}{\mathrm{d}x^2} + \\[2mm] \quad F_3\Big[\Big(\dfrac{\mathrm{d}^2 w}{\mathrm{d}x^2}\Big)^2 + \dfrac{2\nu}{x}\dfrac{\mathrm{d}^2 w}{\mathrm{d}x^2}\dfrac{\mathrm{d}w}{\mathrm{d}x} + \dfrac{1}{x^2}\Big(\dfrac{\mathrm{d}w}{\mathrm{d}x}\Big)^2\Big] + \bar{N}\nabla^2 w - \bar{Q} = 0 \end{cases}$$

$$(8-33)$$

下面,我们将利用方程(8-33)分析 FGM 圆板在热场及横向载荷作用下的非线性弯曲问题。先考虑以下一个稳态温度场,设该温度场仅沿板的厚度方向变化:

$$-\frac{\mathrm{d}}{\mathrm{d}z}\Big(K(z)\frac{\mathrm{d}T(z)}{\mathrm{d}z}\Big) = 0 \qquad (8-34)$$

在热边界条件 $T(h/2) = T_1$ 和 $T(-h/2) = T_2$ 下,该式的解为

$$T(z) = T_2 + (T_1 - T_2)\int_{-h/2}^{z}\frac{\mathrm{d}z}{K(z)} \Big/ \int_{-h/2}^{h/2}\frac{\mathrm{d}z}{K(z)} \qquad (8-35)$$

式中: $K(z)$ 是板的热传导率,它按式(8-2)变化。

现考虑一种其成分由铝和氧化锆组成的梯度板,梯度材料性质示于表8-1中。图8-4给出了不同 n 值情况下,板中温度沿厚度的分布。很显然,梯度板的温度总是低于均匀板。

表 8 – 1　梯度板中各成分的材料常数值

成　分	$\rho/(\text{kg/m}^3)$	E/GPa	ν	$K/(\text{W/mK})$	$\alpha/(1/℃)$
铝	2707	70	0.3	204	23×10^{-6}
氧化锆	3000	151	0.3	2.09	10×10^{-6}

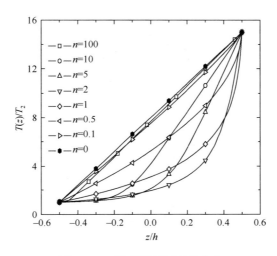

图 8 – 4　温度沿板厚度的分布

下面考虑两种边界条件,其无量纲形式为

(1) 径向不可移夹紧:

$$u = w = \frac{\mathrm{d}w}{\mathrm{d}x} = 0 \qquad (8-36)$$

(2) 径向不可移简支:

$$u = w = 0, F_4\left[\frac{\mathrm{d}u}{\mathrm{d}x} + \frac{1}{2}\left(\frac{\mathrm{d}w}{\mathrm{d}x}\right)^2\right] - \left(\frac{\mathrm{d}^2 w}{\mathrm{d}x^2} + \frac{\nu}{x}\frac{\mathrm{d}w}{\mathrm{d}x}\right) - \overline{M} = 0 \qquad (8-37)$$

板中心处的条件:

$$u = \frac{\mathrm{d}w}{\mathrm{d}x} = 0, \quad \lim_{x \to 0}\left(\frac{\mathrm{d}^3 w}{\mathrm{d}x^3} + \frac{1}{x}\frac{\mathrm{d}^2 w}{\mathrm{d}x^2}\right) = 0 \qquad (8-38)$$

8.2.2　打靶法

由于所得控制方程具有很强的非线性,难以获得解析解。以下,我们采用打靶法求解这组方程。为此,将方程(8 – 33)以及边界条件写成下列矩阵形式:

$$
\begin{cases}
\dfrac{\mathrm{d}\boldsymbol{Y}}{\mathrm{d}x} = \boldsymbol{H}(x,\boldsymbol{Y}) \\[2mm]
\boldsymbol{B}_0\boldsymbol{Y}(0) = b_0, \boldsymbol{B}_1\boldsymbol{Y}(1) = b_1
\end{cases}
\tag{8-39}
$$

其中

$$
\boldsymbol{Y} = \{y_1 \quad y_2 \quad y_3 \quad y_4 \quad y_5 \quad y_6 \quad y_7\}^{\mathrm{T}} = \left\{w \quad \frac{\mathrm{d}w}{\mathrm{d}x} \quad \frac{\mathrm{d}^2w}{\mathrm{d}x^2} \quad \frac{\mathrm{d}^3w}{\mathrm{d}x^3} \quad u \quad \frac{\mathrm{d}u}{\mathrm{d}x} \quad \delta\right\}^{\mathrm{T}}
$$

$$
\boldsymbol{H} = \{y_2 \quad y_3 \quad y_4 \quad \varphi \quad y_6 \quad \psi \quad 0\}^{\mathrm{T}}
$$

对于弯曲问题，$\delta = Q, Q = qb^4/D_ch$；对于过屈曲问题，$\delta = \lambda$。

φ、ψ、B_0、B_1、b_0 和 b_1 的具体表达式如下：

$$
\begin{aligned}
\varphi = & -\left(\frac{2}{x}\frac{\mathrm{d}^3w}{\mathrm{d}x^3} - \frac{1}{x^2}\frac{\mathrm{d}^2w}{\mathrm{d}x^2} + \frac{1}{x^3}\frac{\mathrm{d}w}{\mathrm{d}x}\right) + F_2\left[\nu\frac{\mathrm{d}u}{\mathrm{d}x} + \frac{1}{x}u + \frac{\nu}{2}\left(\frac{\mathrm{d}w}{\mathrm{d}x}\right)^2\right]\frac{1}{x}\frac{\mathrm{d}w}{\mathrm{d}x} + \\
& F_2\left[\frac{\mathrm{d}u}{\mathrm{d}x} + \frac{\nu}{x}u + \frac{1}{2}\left(\frac{\mathrm{d}w}{\mathrm{d}x}\right)^2\right]\frac{\mathrm{d}^2w}{\mathrm{d}x^2} + F_3\left[\left(\frac{\mathrm{d}^2w}{\mathrm{d}x^2}\right)^2 + \frac{2\nu}{x}\frac{\mathrm{d}^2w}{\mathrm{d}x^2}\frac{\mathrm{d}w}{\mathrm{d}x} + \frac{1}{x^2}\left(\frac{\mathrm{d}w}{\mathrm{d}x}\right)^2\right] - \\
& \overline{N}\left(\frac{1}{x}\frac{\mathrm{d}w}{\mathrm{d}x} + \frac{\mathrm{d}^2w}{\mathrm{d}x^2}\right) + \overline{Q}
\end{aligned}
$$

$$
\psi = -\left[\frac{1}{x}\frac{\mathrm{d}u}{\mathrm{d}x} - \frac{u}{x^2} + \frac{\mathrm{d}^2w}{\mathrm{d}x^2}\frac{\mathrm{d}w}{\mathrm{d}x} + \frac{1-\nu}{2x}\left(\frac{\mathrm{d}w}{\mathrm{d}x}\right)^2\right] + F_1\left(\frac{\mathrm{d}^3w}{\mathrm{d}x^3} + \frac{1}{x}\frac{\mathrm{d}^2w}{\mathrm{d}x^2} - \frac{1}{x^2}\frac{\mathrm{d}w}{\mathrm{d}x}\right)
$$

$$
\boldsymbol{B}_0 = \begin{bmatrix} 1 & 0 & 0 & 0 & 0 & 0 & 0 \\ 0 & 1 & 0 & 0 & 0 & 0 & 0 \\ 0 & 0 & 1/\Delta x & 1 & 0 & 0 & 0 \\ 0 & 0 & 0 & 0 & 1 & 0 & 0 \end{bmatrix}, \quad b_0 = \begin{Bmatrix} \xi \\ 0 \\ 0 \\ 0 \end{Bmatrix}
$$

对于夹紧边界：

$$
\boldsymbol{B}_1 = \begin{bmatrix} 1 & 0 & 0 & 0 & 0 & 0 & 0 \\ 0 & 1 & 0 & 0 & 0 & 0 & 0 \\ 0 & 0 & 0 & 0 & 1 & 0 & 0 \end{bmatrix}, \quad b_1 = \begin{Bmatrix} 0 \\ 0 \\ 0 \end{Bmatrix}
$$

对于简支边界：

$$
\boldsymbol{B}_1 = \begin{bmatrix} 1 & 0 & 0 & 0 & 0 & 0 & 0 \\ 0 & \dfrac{F_4y_2}{2} - \dfrac{\nu}{\Delta x} & -1 & 0 & 0 & F_4 & 0 \\ 0 & 0 & 0 & 0 & 1 & 0 & 0 \end{bmatrix}, \quad b_1 = \begin{Bmatrix} 0 \\ \overline{M} \\ 0 \end{Bmatrix}
$$

式中：$\xi = w(0)$。为避免在计算板中心处的剪力 Q_r 和弯矩 M_r 时引起的奇性，引入了小量 $\Delta x (\Delta x > 0)$。

152

先考虑一个与边值问题(8-39)相关的初值问题：

$$\begin{cases} \dfrac{\mathrm{d}Z}{\mathrm{d}x} = H(x, Z) \\ Z(\Delta x) = I(\xi, D) \end{cases} \qquad (8-40)$$

式中

$$Z = \{z_1 \quad z_2 \quad z_3 \quad z_4 \quad z_5 \quad z_6 \quad z_7\}^{\mathrm{T}}$$

$$I = \{\xi \quad 0 \quad d_1 \quad -d_1/\Delta x \quad 0 \quad d_2 \quad d_3\}^{\mathrm{T}}$$

以及初参数向量 D：

$$D = \{d_1 \quad d_2 \quad d_3\}^{\mathrm{T}}$$

对于任意给定的参数 ξ，若存在初参数向量 D，使得初值问题(8-40)满足 Lipschitz 条件，则该问题存在唯一解：

$$Z(x; \xi, D) = I(D) + \int_{\Delta x}^{x} H(x, Z; \xi) \mathrm{d}x \qquad (8-41)$$

另一方面，对同一个 ξ 值，若存在 $D^* = \{d_1^* \quad d_2^* \quad d_3^*\}^{\mathrm{T}}$ 使得 $Z(x; \xi, D^*)$ 满足

$$B_1 Z(x; \xi, D^*) = b_1 \qquad (8-42)$$

那么，便可以获得原边值问题(8-39)的解：

$$Y(x; \xi) = Z(x; \xi, D^*) \qquad (8-43)$$

8.2.3 数值结果及讨论

在具体求解过程中，用龙格—库塔法结合牛顿迭代公式来求解方程(8-40)和(8-42)。对于参数 ξ 的一个足够小的值，若可以得到边值问题(8-39)的解，那么，利用通过逐步增加 ξ 值的"解析延拓法"，可以获得边值问题(8-33)的大范围解：

$$\delta = d_3^* = \delta(\xi), \quad \xi > 0 \qquad (8-44)$$

对于弯曲问题，方程(8-43)表达了挠度—载荷关系解 $Q = Q(\xi)$；对于过屈曲问题，该方程表达的是板的过屈曲路径 $\lambda = \lambda(\xi)$。

下面考虑由铝和氧化锆组成的梯度板，成分的材料性质见表8-1。取载荷参数为 $Q = qb^4/D_c h$，并设 $T_1/T_2 = 15$。

图8-5和图8-6分别表示不同 n 值情况下，夹紧和简支板中心挠度随外载荷 Q 的变化曲线。从图中可以看出，材料性质介于金属和陶瓷之间的梯度板，其挠度值也介于这两者之间。

图8-7～图8-9是在热机载荷联合作用下的 w—Q 曲线。显然，当有热载荷参与的情况下，材料性质介于金属和陶瓷之间的梯度板，其挠度值并不完全介于这两者之间。另外还可以看到，外载荷值越大，n 对挠度的影响也越明显。

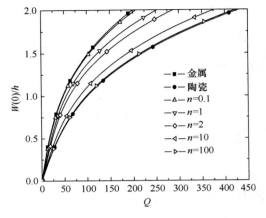

图 8 − 5　夹紧板中心挠度随载荷的变化曲线　　　图 8 − 6　简支板中心挠度随载荷的变化曲线

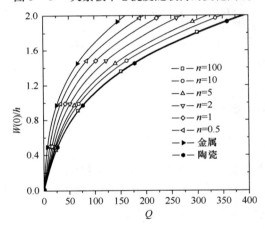

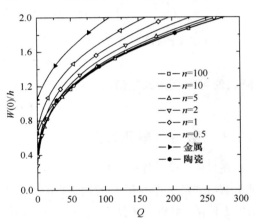

图 8 − 7　热机载荷联合作用时($\lambda = 0.5$)，　　　图 8 − 8　热机载荷联合作用时($\lambda = 0.5$)，
　　　　夹紧板中心挠度随横向载荷的变化曲线　　　　　　简支板中心挠度随横向载荷的变化曲线

　　梯度参数 n 对板最大挠度的影响情况示于图 8 − 9。当 n 值较小时，这种影响极为剧烈；而当 n 值很大时，影响趋缓。图 8 − 10 表示热载荷单独作用于简支板时，中心挠度随热载荷 λ 的变化曲线。这种情况下，梯度参数 n 对挠度的影响变得很复杂。

　　图 8 − 11 表示热机联合载荷下夹紧板的弯曲构型。实线为单独的机械载荷下的结果（$Q = 100$）；虚线为热机载荷联合作用时的结果（$Q = 100$，$\lambda = 0.5$）。图 8 − 12 表示热机联合载荷下简支板的弯曲构型。实线为单独的机械载荷下的结果（$Q = 100$）；虚线为热机载荷联合作用时的结果（$Q = 100$，$\lambda = 0.2$）。图 8 − 13 为热载荷单独作用下，具有不同梯度参数 n 时，简支板的弯曲构型。显然，热载荷的作用使得材料性质对弯曲构型的影响更加复杂，从图中也可以看出，$n = 2$ 时梯度板具有最大的刚性。

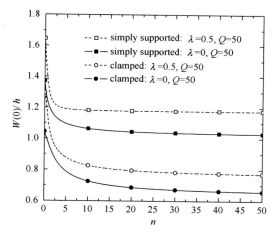

图 8 - 9　n 对板最大挠度的影响曲线

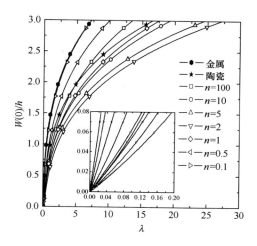

图 8 - 10　简支板中心挠度随热载荷
参数的变化曲线

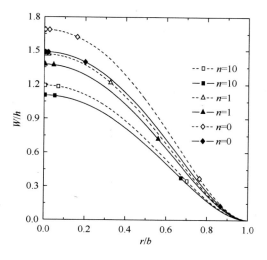

图 8 - 11　热机联合载荷下夹紧板的
弯曲构型($Q = 100, \lambda = 0; 0.5$)

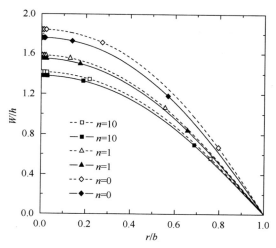

图 8 - 12　热机联合载荷下简支板的
弯曲构型($Q = 100, \lambda = 0; 0.2$)

　　本节在经典非线性板理论下,给出了 FGM 圆板轴对称情况下的基本方程,包括非线性的几何方程、内力 — 位移关系和各能量项的表达式;利用 FGM 圆板轴对称的非线性运动方程,可以对 FGM 圆板非线性静态问题(大挠度、过屈曲等)以及非线性振动等问题进行分析。本节分析了 FGM 圆板的轴对称大挠度问题,给出了具体的打靶法分析过程,得到了大量的数值结果。这些结果表明:

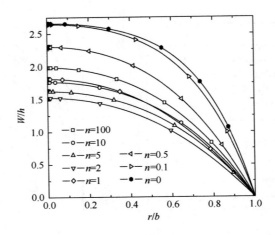

图 8 - 13 单独的热载荷下简支板的弯曲构型($\lambda = 5$)

（1）当机械载荷单独作用时,材料性质介于金属和陶瓷之间的梯度板,其挠度值也介于这两者之间。当有热载荷参与的情况下,这个结论一般不成立。

（2）外载荷值越大,n 对挠度的影响也越明显。

（3）当仅沿板的厚度方向变化的温度场单独作用于一个简支 FGM 圆板时,该板只会发生弯曲现象,并不会出现屈曲现象。

第9章　智能材料概述

9.1　材料发展的新纪元 —— 智能材料

20 世纪 80 年代中期,人们提出了智能材料的概念。智能材料要求材料体系集感知、驱动和信息处理于一体,形成类似生物材料那样的具有智能属性的材料,具备自感知、自诊断、自适应、自修复等功能。

20 世纪 50 年代,人们提出了智能结构,当时把它称为自适应系统。在智能结构发展过程中,人们越来越认识到智能结构的实现离不开智能材料的研究和开发。于是在 1988 年 9 月,美国陆军研究办公室组织了首届智能材料、结构和数学的专题研讨会,1989 年日本航空 — 电子技术审议会提出了从事具有对环境变化做出响应能力的智能型材料的研究。由已公布的资料来看,美国的研究较为实用,是应用需求驱动了研究与开发;日本偏重于从哲学上澄清概念,目的是创新拟人智能的材料系统,甚至企图与自然协调发展。因此,开始时美、日分别用"机敏"(smart)和"智能"(intelligent)一类定语,随着这种材料的出现,人们已逐渐接受"智能材料"这一概念。

智能材料来自于功能材料。功能材料有两类。一类是对外界(或内部)的刺激强度(如应力、应变、热、光、电、磁、化学和辐射等)具有感知的材料,通称感知材料,用它可做成各种传感器;另一类是对外界环境条件(或内部状态)发生变化做出响应或驱动的材料,这种材料可以做成各种驱动(或执行)器。智能材料是利用上述材料做成传感器和驱动器,借助现代信息技术对感知的信息进行处理并把指令反馈给驱动器,从而做出灵敏、恰当的反应,当外部刺激消除后又能迅速恢复到原始状态。这种集传感器、驱动器和控制系统于一体的智能材料,体现了生物的特有属性。

智能材料的提出是有理论和技术基础的。20 世纪因为科技发展的需要,人们设计和制造出新的人工材料,使材料的发展进入从使用到设计的历史阶段。图 9 – 1 简示了材料发展的趋势。可以说,人类迈进了材料合成阶段。

高技术的要求促进了智能材料的研制,原因是:① 材料科学与技术已为智能材料的诞生奠定了基础,先进复合材料(层合板、三维及多维编织)的出现,使传感器、驱动器和微电子控制系统等的复合或集成成为可能,也能与结构融合并组装成一体;② 对功能材料特性的综合探索(如材料的机电耦合特性、热机耦合特性等)及微电子技术和计算机技

图 9 – 1　材料是时代进步的标志示意图

术的飞速发展,为智能材料与系统所涉及的材料耦合特性的利用、信息处理和控制打下基础;③ 军事需求与工业界的介入使智能材料与结构更具挑战性、竞争性和保密性,使它成为一个高技术、多学科综合交叉的研究热点,而且也加速了它的实用化进程。例如,1979年,美国国家航空航天局(NASA)启动了一项有关机敏蒙皮中用光纤监测复合材料的应变与温度的研究,此后就大量开展了有关光纤传感器监控复合材料固化、结构的无损探测与评价、运行状态监测、损伤探测与估计等方面的研究。

9.2　智能材料的内涵与定义

9.2.1　智能材料的内涵

20 世纪 80 年代中期,航空航天需求驱动了智能材料与结构的研究与发展。1988 年 4月 28 日波音 737 客机在美国出现灾难性断裂事故,使美国国会意识到,为避免服役中的飞机发生类似事故,飞机应有自我诊断和及时预报系统,并通过议案,要求 3 年内完成 Smart飞机的概念设计。近年来,高速、重载飞行器的发展要求以及大型工程机构的安全和质量问题引起了各国政府、工程技术界的广泛关注。概括起来,关注的领域主要有:飞行器机翼的疲劳断裂监测及形状自适应控制,湍流控制的智能蒙皮,大型柔性空间机构的阻尼振动控制,桥梁、建筑等振动的主动控制以及风灾和地震时的自适应控制,机构健康监测,土建施工中的质量检测,火警探测及控制,管道系统的腐蚀和冲蚀探测,高寂静产品的噪声控制,空气质量、温度控制及减振降噪,能量的最佳利用,在用系统性能的评估和残留寿命的预测,机器人的人工四肢等。

近年来迅速发展起来的生物医用材料及生物工程也涉及到诸多材料的智能化,如:自动服药系统及药物的可控释放;生物医用材料的活性及其与人体环境之间的相容性等。

这样广泛的工程技术领域,将通过怎样的关键技术和基础理论得以解决呢?近年来,随着信息、材料及工程科技的发展,科学家和工程师从自然界和生物体进化的学习和思考中受到启发,可以用图9-2来对比生物体和智能系统。

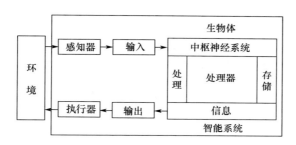

图9-2　生物体与智能系统的对比示意图

感知器(神经元),即俗称的传感器,可以用感知材料制得。它能对外界或内部的刺激强度(如应力、应变、热、光、电、磁、化学和辐射等)具有感知功能。

执行器(肌肉),用执行材料制得。它能在外界环境条件或内部状态发生变化时做出响应。

信息处理(大脑),可以用信息材料通过微电子技术制得。

人们力图借鉴生物体的功能特征从根本上解决工程结构的质量与安全监控问题,从而提出了智能材料系统与结构(intelligent material systems and structure,IMSS)的概念。

正如生物体是通过各种生物材料构成一样,智能系统是通过材料间的有机复合或集成而得以实现。科学实践证明,在非生物材料中注入"智能"特性是可以做到的。自工业革命以来,非生物自适应控制系统的使用已相当有效,尤其是计算机的发展和可用性人工智能的研究,使IMSS的研究从20世纪中期就被提出。例如,半导体技术,可以使材料与器件集成封装在一小块芯片上,通过各种具有传感性能的材料使各类信息(如力、声、热、光、电、磁、化学信息)互相转换和传递。如果能把感知、执行和信息等三种功能材料有机地复合或集成于一体就可能实现材料的智能化,如图9-3所示。

表9-1列出常见的感知材料和执行材料。表中有些材料兼具感知和执行功能,如磁致伸缩材料、压电材料和形状记忆材料等。这种材料通称为机敏材料(smart materials),它们能对环境变化做出适应性反应。图9-4为机敏材料的双重功能对环境变化做出的反应示意图。

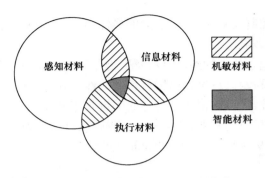

图 9 - 3　智能材料的基本组元材料

表 9 - 1　应用于机敏材料与结构中的感知材料和执行材料

名　称	感知材料	执行材料	名　称	感知材料	执行材料
电阻应变材料	√		电流变液		√
电感材料	√		磁致伸缩材料	√	√
光导纤维	√		形状记忆材料	√	√
声发射材料		√	压电材料	√	√

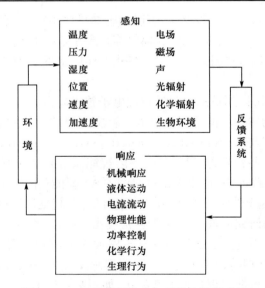

图 9 - 4　机敏材料的感知功能和执行功能

　　通过对生物结构系统的研究和考察,机敏或智能材料有了可借鉴的设计和建造思想、模型和方法。从仿生学的观点出发,智能材料内部应具有或部分具有以下生物功能:

　　(1) 有反馈功能,能通过传感神经网络,对系统的输入和输出信息进行比较,并将结

160

果提供给控制系统,从而获得理想的功能。

(2)有信息积累和识别功能,能积累信息,能识别和区分传感网络得到的各种信息,并进行分析和解释。

(3)有学习能力和预见性功能,能通过对过去经验的收集,对外部刺激做出适当反应,并可预见未来并采取适当的行动。

(4)有响应性功能,能根据环境变化适时地动态调节自身并做出反应。

(5)有自修复功能,能通过自生长或原位复合等再生机制,来修补某些局部破损。

(6)有自诊断功能,能对现在情况和过去情况做比较,从而能对诸如故障及判断失误等问题进行自诊断和校正。

(7)有自动动态平衡及自适应功能,能根据动态的外部环境条件不断自动调整自身的内部结构,从而改变自己的行为,以一种优化的方式对环境变化做出响应。

图9-5说明智能材料应包括的属性。当然,这里指的是高级智能材料,虽然目前尚难做到,但却是未来实现的目标。

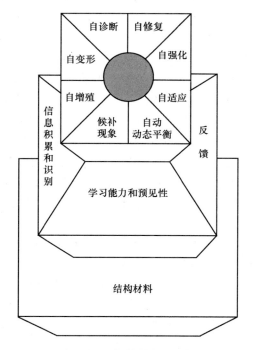

图9-5 智能材料的属性

具有上述结构形式的材料系统,就有可能体现或部分体现下列智能特性:① 具有感知功能,可探测并识别外界(或内部)的刺激强度,如应力、应变、热、光、电、磁、化学和辐射等;② 具有信息传输功能,以设定的优化方式选择和控制响应;③ 具有对环境变化做出响应及执行的功能;④ 反应灵敏、恰当;⑤ 外部刺激条件消除后能迅速回复到原始状态。

9.2.2 智能材料的定义

20 世纪 70 年代,美国弗吉尼亚理工学院及州立大学的 Claus 等人将光纤埋入碳纤维增强复合材料中,使材料具有感知应力和断裂损伤的能力。这是智能材料的首次试验,当时称这种材料系统为 adaptive material(自适应材料)。从 1985 年开始,在 Rogers 和 Claus等人的努力下,智能材料系统逐渐受到美国各部门和世界各国研究者重视,先后提出了机敏材料、机敏材料与结构(smart materials and structures)、自适应材料与结构(adaptive materials and structures)、智能材料系统与结构(intelligent materials systems and structures)等名称。从表面上看,各自的名称有所不同,但研究的内容大体相同,都含有"智能"特性。Rogers 在《智能材料系统 —— 新材料时代的曙光》一文中认为,生物结构系统难于区分材料与结构,智能材料与结构只是尺度上的差别,即材料的智能与生命特性存在于材料微结构中,而结构是在制造过程中集成的。因此,Rogers 认为智能材料系统(intelligent material systems,IMS) 的定义可归结为两种。第一种定义是基于技术观点:"在材料和结构中集成有执行器、传感器和控制器"。这个定义叙述了智能材料系统的组成,但没有说明这个系统的目标,也没有给出制造这种系统的指导思想。另一种定义是基于科学理念观点:"在材料系统微结构中集成智能与生命特征,达到减小质量、降低能耗并产生自适应功能目的。"该定义给出了智能材料系统设计的指导性哲学思想,抓住材料仿生的本质,着重强调材料系统的目标,但没有定义使用材料的类型,也没有叙述其具有传感、执行与控制功能。我们认为,若把两者结合在一起,就能形成一个完整、科学的定义:智能材料是模仿生命系统,能感知环境变化,并能实时地改变自身的一种或多种性能参数,做出所期望的、能与变化后的环境相适应的复合材料或材料的复合。

智能材料的构成如图 9 - 6 所示。单一的人工材料无法同时具备这些功能。只有将各种材料制成的感知器、执行器和控制器等集成或组装在一起,通过在这些功能之间建立起动态的相互联系,使之相互作用、相互依存,才有可能实现材料智能化。

机敏或智能材料并非一定是专门研制的一种新型材料,大多是根据需要选择两种或多种不同的材料按照一定的比例以某种特定的方式复合起来(material composition),或是材料集成(material integration),即在所使用材料构件中埋入某种功能材料或器件,使这种新组合材料具有某种或多种机敏特性甚至智能化。这样,它已不再是传统的单一均质材料,而是一种复杂的材料体系,故在材料后加上"系统"二字,称为智能材料系统,通常简称为智能材料。本书中所说的智能材料均指智能材料系统。

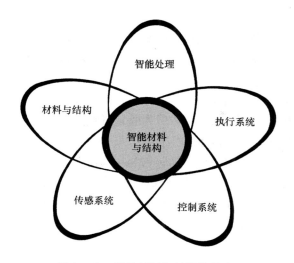

图 9 - 6   智能材料与结构的构成

智能材料与智能结构在尺度上是有区别的。若把智能材料植入工程结构中,就能使工程结构感知和处理信息,并执行处理结果,对环境的刺激作出自适应响应,使离线、静态、被动的监测变为在线、动态、实时、主动监测与控制,实现增强结构安全、减轻质量、降低能耗、提高结构性能等目标。这种工程结构称为智能结构(intelligent structure)。

通过以上对智能材料定义的讨论,可归结为以下几点:

(1)智能材料的研究要立足于剖析、模仿生物系统的自适应结构和老化过程的原理、模式、方式与方法,使未来工程结构具有自适应生命功能。

(2)材料可以看做智能材料的主体。它的范围可以从生物材料到高分子材料,从无机材料到金属材料,从复合材料到大型工程结构。它将用作制造汽车、飞机及桥梁等的新型材料,有关这种材料的理论也可以指导人类器官和肢体的设计。

(3)智能材料不是仅仅简单地执行设计者预先设置的程序,而且应该对周围环境具有学习能力,能够总结经验,对外部刺激做出更为适当的反应。

(4)智能材料不仅具有环境自适应能力,同时能够为设计者和使用者提供动态感知和执行信息的能力。

(5)智能材料拉近了人造材料与人的距离,增加了人、机的"亲近感"。

设计智能材料虽然借助了生物体的启示,但智能材料与生物体又具有本质的不同。生物是由自然主宰的,经过亿万年的演化和进化来适应环境的变化,以维持自身的生存。而智能材料是由人设计和制造的,它要按照人的意愿完成人类设定的目标。后者要比前者落后很多。随着人们对生物体机制的深入理解和科学技术水平的提高,两者的差距在逐渐缩小,这也就是材料的"进化"。

9.3 智能材料的复合准则

材料的多组元、多功能复合类似于生物体的整体性。由于各组元、各功能之间存在的相互作用和影响,如耦合效应、相乘效应等,材料系统的功能并不是各组元功能的线性叠加,而是复杂和有效得多。例如,表9-2所列的是材料的各种复合效应。通常,结构复合材料具有线性效应,而很多功能复合材料则可用非线性效应创造出来,最明显的是相乘效应,如表9-3所列。将一种导电粉末(如碳粉)分散在高分子树脂中,并使导电粉末构成导电通道,用这样的复合材料加上电极制成扁形电缆即可缠在管道外面通电加热。通电后材料发热使高分子膨胀,拉断一些导电粉末通道,从而使材料电阻值增大,降低发热量;温度降低后高分子收缩又使导电通道复原,从而产生控制恒温的效果。这就是典型的热—变形与变形—变阻的相乘效应,最终变为热—变阻方式。

表9-2 复合材料的复合效应

线性效应	非线性效应	线性效应	非线性效应
平均效应	相乘效应	相补效应	共振效应
平行效应	诱导效应	相抵效应	系统效应

表9-3 相乘效应的部分形式

A 相性质 Y/X	B 相性质 Z/Y	C 相性质 $(Y/X) \cdot (Z/Y) = Z/X$
压磁性	磁阻性	压阻性
压电性	电场场致发光	压光性(压力发光)
磁致伸缩	压电性	磁电效应
光电性	电致伸缩	光致伸缩
辐射发光	光导性	辐射诱导导电
热胀变形	形变导致电阻	热阻效应

另外,智能材料具有多级结构层次,包括有多个材料组元或控制组元。每种材料组元又有各自不同的组织,各种组织是由不同的相构成,每种相都有各自不同的微结构。同样,控制组元是由大量电子器件集成的,电子器件可有不同的分布方式,每种电子器件也具有不同的结构。

功能的传递常常是通过能量转换和物质的传输来实现的。通过执行组元可以有目的地控制能量或物质的流动。执行器输出的是能量,或称为机械功(力×距离)。因此也可以说,执行器是能量转换和能量提供单元,其输入和输出参数都是能量。输入的能量也可以由辅助能源提供。执行器的动态特性由功能设定和微电脑芯片所确定。电脑芯片接收感知信号,通过处理,再把信息反馈给执行器去完成。

智能材料是一个开放系统,需依靠不断从外界环境输入能量或物质来动态调节对外界的适应能力以维持其类似于生物体的活性,因此它还应辅以能量转换和储存。智能材料的发展趋势应是各材料组元间不分界的整体融合(monolithic)型材料,拥有自己的能量储存和转换机制,并借助和吸取人工智能方面的成就,实现具有自学习、自判断和自升级的能力。

9.4 智能材料的几种基本组元

9.4.1 光导纤维

光导纤维是利用两种介质面上光的全反射原理制成的光导元件。通过分析光的传输特性(光强、位相等)可获得光纤周围的力、温度、位移、压强、密度、磁场、成分和 X 射线等参数的变化,因而广泛用作传感元件或智能材料中的"神经元",具有反应灵敏、抗干扰能力强和耗能低等特点。早在 1979 年,Claus 就曾在复合材料中嵌入光纤,用于测量低温下的应变。从那时起,光纤被广泛用作复合材料固化状态的评估、工程结构的在线监测、材料的非破坏性评定、内部损伤的探测和评估等。光纤波导管可埋于复合材料内,通过测定光的折射和对折射信号的处理,确定二维动态应变,其电吸附效应还可用于感知磁场的变化。光的干涉效应可用于测量变形和振动,光纤和光传感器还用于极端恶劣条件下的推进系统。

9.4.2 压电材料

压电材料包括压电陶瓷(如 $BaTiO_3$、$Pb(ZrTi)O_3$、$K(Na)NbO_3$、$PbNb_2O_6$ 等)和压电高分子。压电材料通过电偶极子在电场中的自然排列而改变材料的尺寸,响应外加电压而产生应力或应变,电和力学性能之间呈线性关系,具有响应速度快、频率高和应变小等特点。此种材料受到压应力刺激可以产生电信号,可用作传感器。压电材料可以是晶体和陶瓷,但它们都比较脆。还有一种高分子压电材料,称为 PVDF 或 PF_2(polyvinyldene fluoride),可制成非常薄的膜,附着于几乎任意形状的表面上,其机械强度和对应力变化的敏感性优于许多其他传感器。美国弗罗里达大学的 Nevill 等研制了一种压电触觉传感器,几乎能够 100% 准确地辨识物体,如它能识别盲文字母及砂纸的粒度。比萨大学的研究者们利用压电材料研制出类似于皮肤的传感器,能模仿人类皮肤对温度和应力的感知能力,还能探知边缘、角等不同几何特征。Nakamura 等研制了一种超薄($200 \sim 300\mu m$)膜传感器,辅之以数学分析和数字模拟,用于机器人。它还具有热电效应,能对温度变化做出响应。压电材料有单轴极化膜和双轴极化膜。前者只对一个方向的应力做出响应,而后者可以感知两个方向的应力。压电材料还能用作执行器,接收电信号后输出力或位移。压电高分子产生较少的热量,能储存能量,可用于精确定位,例如用作打印机的打印

165

头。目前正在研究利用压电陶瓷控制结构的振动及探测结构的损伤等。

9.4.3　电(磁)流变液

电(磁)流变液可作为一种执行器。流体中分布着许多细小可极化粒子,它们在电场(磁场)作用下极化时呈链状排列,流变特性发生变化,可以由液体变得黏滞直至固化,其黏度、阻尼性和剪切强度都会发生变化。在石墨 — 树脂空心悬臂梁内填入电流变液,加上电压时梁的阻尼增大,振动受到抑制,因此电流变液用于飞行器机翼和直升机转子等时可抑制振动。利用其黏度的变化,可调节结构的刚度,从而改变振动的固有频率,达到减振的目的。

9.4.4　形状记忆材料

1938 年美国和苏联的科技人员先后发现有的金属具有形状记忆效应(shape memory effect,SME),到 1962 年美国的 Buehler 发现了 NiTi 合金的形状记忆效应。这种材料包括形状记忆合金、记忆陶瓷以及聚氨基甲酸乙酯等形状记忆聚合物。它们在特定温度下发生热弹性(或应力诱发)马氏体相变或玻璃化转变,能记忆特定的形状,且电阻、弹性模量、内耗等发生显著变化。NiTi 形状记忆合金的电阻率高,因此可用电能(通电)使其产生机械运动,与其他执行材料相比,NiTi 记忆合金的输出应变很大,达 8% 左右,同时在约束条件下,也可输出较大的恢复力。它们是典型的执行器材料。由于其冷热循环周期长,响应速度慢,只能在低频状态使用。

现在已发现具有形状记忆效应的合金至少有:

(1) Ti – Ni,Ti – Nb,Ti – Ni – X(Fe,Cu,Au,Pt,Pd);

(2) Au – Cd,Au – Cu – Zn;

(3) Cu – Zn,Cu – Zn – Al,Cu – Zn – Sn,Cu – Zn – Ni,Cu – Zn – Si,Cu – Zn – Ga,Cu – Al,Cu – Al – Ni,Cu – Al – Mn,Cu – Al – Si;

(4) Ag – Cd,Ag – Zn – Cd,Ag – Zn;

(5) Ni – Al,Ni – Al – Co,Ni – Al – Ga,Ni – Al – Ti;

(6) Co,Co – Ni;

(7) Fe – Ni,Fe – Ni – Co – Ti,Fe – Mn,Fe – Mn – C,Fe – Mn – Si,Fe – Mn – Si,Fe – Mn – Si – Ni(Cr),304 不锈钢和 Fe – Pt 等。

目前,其中只有 Ti – Ni,Cu – Zn – Al 和 Cu – Al – Ni 具有实用价值,它们被誉为一种热驱动的功能材料,又兼有感知和驱动功能,亦称机敏材料,受到广泛关注。

9.4.5　磁致伸缩材料

磁致伸缩材料是将磁能转变为机械能的材料。磁致伸缩材料受到磁场作用时,磁畴发生旋转,最终与磁场排列一致,导致材料产生变形。该材料响应快,但输出应变小。最近研制的 Terfenal – D 可输出 $1400\mu m$，故又称为超磁致伸缩材料。磁致伸缩材料已应用于低频高功率声纳传感器、强力直线型电机、大转矩低速旋转电机和液压机执行器，目前正在研究采用磁致伸缩材料主动控制智能结构中的振动。

9.4.6　智能高分子材料

智能高分子材料是指三维高分子网络与溶剂组成的体系。其网络的交联结构使它不溶解而保持一定的形状；因凝胶结构中含有亲溶剂性基团，使它可被溶剂溶胀而达一平衡体积。这类高分子凝胶溶胀的推动力与大分子链和溶剂分子间的相互作用、网络内大分子链的相互作用以及凝胶内和外界介质间离子浓度差所产生的渗透压相关。据此，这类高分子凝胶可感知外界环境细微变化与刺激，如温度、pH 值或电场等刺激而发生膨胀和收缩，对外做功。

9.5　智能材料和结构的应用前景

1997 年 1 月 6 日《华盛顿邮报》以"智能材料可能产生奇迹"的标题描述了智能材料与结构的未来。文章说：过不了多久，智能飞机的机翼可以像鸟的翅膀一样弯曲，自动改变形状，从而提高升力和减小阻力；桥梁和电线杆在快要断裂时可以发出报警信号，然后自动加固自身的构造；空调机可以抑制振动而寂静工作；手枪只有在主人使用时才能开火；轮胎需要充气时会礼貌地通知司机；反应灵敏的人工肌肉可以使机器人以假充真。以下分别举例说明。

9.5.1　用于航空、航天飞行器

在美国和加拿大，目前的研究主要集中在飞行器结构上，尤其是那些采用复合材料的结构上。弗吉尼亚理工学院及州立大学的智能材料研究中心承担了两项有关飞机结构智能化的研究项目。飞机或其他飞行器中的一些关键构件是由先进的复合材料制造的，而这些部件要同金属相连接，由于结构的不连续性，在节点处通常存在很高的应变能。若采用智能复合材料及自适应结构就可调节结构内的应变能，并可将其从节点集中处转移，从而提高结构疲劳寿命 10 倍以上。用智能复合材料来降低或减弱振动及声发射也被证明是可行的。例如：用嵌入法制得的形状记忆材料纤维及热固、热塑性复合材料对于控制声发射、振动及挠曲有很好的效果；在飞机座舱壁上使用智能材料，可减弱振动及噪声，同时又能使飞行更加平稳，飞机结构更轻。堪萨斯大学的 Brarrett 等人通过将压电驱动智能材料定向排列，可获得 ±4° 静偏转或扭转弯曲。而要控制高速飞行的导弹，只需表面偏转 2°就已足够。加拿大多伦多大学光纤智能材料及自适应结构实验室的科学家正试图给机翼、桥梁等一些关键结构件装上自己的"神经系统"、"肌肉"及"大脑"，使其能感觉即将

出现的故障。他们在构成机翼的复合材料中嵌入了纵横交错的细小的光纤,就能像"神经"那样感受到机翼上不同部位受到的不同压力,一旦出现裂纹,光纤就会断裂,从而发出报警信号。密执安州立大学 Mukerjee 教授正在研究能自动加固的直升飞机旋翼叶片,在飞行中叶片一旦遇到恶劣气候而发生剧烈振动,分布在叶片中的电流变体就会变成固体,从而自动加固。多数的研究者们认为,未来的飞机机翼系统将由智能材料(如形状记忆合金和压电材料等)结构部件复合而成。

9.5.2 用于建筑和工程结构中

美国的一些建筑学家正在研究能自动加固的建筑结构。伊利诺伊大学建筑研究中心的 Dry 博士正在研制一种可自行愈合的混凝土。他把大量的空心纤维埋入混凝土中。当混凝土开裂时,事先装入裂纹修补剂的空心纤维就会断裂,释放出粘结修补剂,从而把裂纹牢牢地焊在一起,防止混凝土断裂。由于电流变体可在通入很小的电流后几微秒时间内固化,因而它在要求自动回复或修补的自适应结构中有极其重要的作用。北卡罗莱纳大学的 Conrad 等人正在研究用电流变体充注的智能板梁结构。当板梁振动时,用传感器探头探测振动信号,并输送给计算机,由计算机根据振动情况对梁施加电压,使液体固化,从而使板梁更加强韧。振动减弱后,电压消除,电流变体恢复液态,梁又变得很有柔性。可以设想,如将微型传感元件、微型计算机芯片、形状记忆合金、电流变体及压电材料等经设计后复合在结构体中,就有可能研制出带有感知及判断能力,可自动加固及防护的自适应性智能结构。这样结构的桥梁或一些重要建筑物的支撑体遭受到突然冲击(如地震)时,能防止灾难性事故。另外,形状记忆合金和电流变体还可用于汽车冲撞吸收器等防护装置。在潜艇外壳上使用电流变体,由于可做成表面复杂的形状从而容易逃避敌方声纳的探测,使潜艇隐形。

9.5.3 用于机器人中

形状记忆合金(shape memory alloy,SMA)能够感知温度或位移的变化,可将热能转换为机械能。如果控制加热或冷却,可获得重复性很好的驱动动作。用 SMA 制作的热机械动作元件具有独特的优点,如结构简单、体积小巧、成本低廉、控制方便等。近年来,随着形状记忆合金逐渐进入工业化生产应用阶段,SMA 在机器人中的应用(如在元件控制、触觉传感器、机器人手足和筋骨动作部分的应用)十分引人注目。

9.5.4 用于日常生活中

随着高技术的发展,智能控制和智能生活方式已逐步进入日常生活。家电的控制及高级摄影设备均有智能结构,它们均包含有智能材料的组元,从而大大提高了人们的生活质量。美国盖特技术公司研制出的 OUTLAST 是可相变的轻质纤维,所选择的材料的相变温度在 32 ～ 38℃ 之间。它可随人体和环境温度的变化发生相变。当身着这种纤维服装的人活动量少时,这种服装会起保暖作用;当身着这种纤维服装的人不停地活动时,这种服装会起降温作用。这种新型"智能"纤维材料为站在冰雪中的人们驱寒,为运动的人们散热。美国佐治亚理工学院把压电激励的材料放置在吉他上面板的一个边角时,它能吸收一部分振动,与电子控制器联用就可以改变吉他木质部件振动方式,因而提高了吉他的音色。电致色玻璃就更具有智能特色,它在电场控制下,可以改变玻璃对不同波长的光的透过能力,从而构成智能窗。智能材料在医学领域中的应用更造福人类,利用这些材料可制造人造骨或人造胰脏以及肝脏。例如,东京女子医学院和东京科学大学研究了一种在葡萄糖溶液中根据葡萄糖浓度扩张或收缩的聚合物。浓度低时聚合物单股自动卷曲,缠绕成球,能密封胰岛素分子。按照这一思路,把这些载有胰岛素的小球注射进血液,它就可能模拟健康的胰腺细胞。当血糖水平上升时小球渗漏出胰岛素,一旦血糖水平稳定,小球就再次闭紧。

9.6 智能材料与结构展望

当前国际上智能材料与结构领域的研究主要集中在机敏材料的智能化复合(集成)技术与方法、智能材料系统及结构的数学和力学模型及控制等方面,其他相关的基础理论问题则研究得极少。这种基础研究的滞后已在不同程度上制约了这一领域的纵深发展。根据现已发表的资料,以下 6 个方面将成为今后研究的重点:

(1)智能材料概念设计的仿生学理论研究;

(2)材料智能内禀特性及智商评价体系的研究;

(3)耗散结构理论应用于智能材料的研究;

(4)机敏材料的复合 — 集成原理及设计理论;

(5)智能结构集成的非线性理论;

(6)仿人智能控制理论。

智能材料的定义及内涵十分广泛,涉及的材料从无机到有机,结构层次从宏观(如大型工程结构件)至微观(如纳米组装材料)。智能材料的重要性体现在两个方面:一方面,由于智能材料是多学科交叉的一门科学,与物理、化学、力学、电子学、人工智能、信息技术、材料合成及加工、生物技术及仿生学、生命科学、控制论等诸多前沿科学及高技术领域紧密相关,一旦有所突破将推动或带动许多方面的巨大技术进步;另一方面,智能材料与结构有着巨大的潜在应用背景,例如材料的智能和器件集成一体化更容易实现结构微型化,由于能在线"感觉",并可通过预警、自适应调整、自修复等方式,预报以至消除危害性"病兆",从而极大地提高关键工程结构件的安全性和可靠性,避免灾害性事故的发生。正是由于智能材料与结构的重要性,因而引起了各工业发达国家的重视。预计在 21 世纪智能材料将引导材料科学的发展方向,其应用和发展将使人类文明进入更高的阶段。

参 考 文 献

[1] 张振瀛. 复合材料力学基础[M]. 北京:航空工业出版社,1990.

[2] 沈观林,胡更开. 复合材料力学[M]. 北京:清华大学出版社,2006.

[3] 蒋咏秋,陆逢生,顾志建. 复合材料力学[M]. 西安:西安交通大学出版社,1993.

[4] 陈建桥. 复合材料力学概论. 北京:科学出版社[M],2008.

[5] 王震鸣. 复合材料力学和复合材料结构力学[M]. 北京:机械工业出版社,1991.

[6] 矫桂琼,贾普荣. 复合材料力学[M]. 西安:西北工业大学出版社,2008.

[7] 何光渝. FORTRAN 77 算法手册[M]. 北京:科学出版社,1993.

[8] 陈烈民. 杨宝宁. 复合材料的力学分析[M]. 北京:中国科学技术出版社,2006.

[9] 周履,范赋群. 复合材料力学[M]. 北京:高等教育出版社,1991.

[10] 张志民,张开达,杨乃宾. 复合材料结构力学[M]. 北京:北京航空航天大学出版社,1993.

[11] 杨大智. 智能材料与智能系统[M]. 天津:天津大学出版社,2000.

[12] Reddy J N, Chin C D. Thermomechanical analysis of functionally graded cylinders and plates. Journal of Thermal Stresses[J]. 1998,21:593 – 626.

[13] Reddy J N. Analysis of functionally graded plates. International Journal for numerical methods in engineering[J]. 2000,47,663 – 684.

[14] Woo J,Meguid S A. Nonlinear analysis of functionally graded plates and shallow shells. International Journal of Solids and Structures[J]. 2001,38:7409 – 7421.

[15] Praveen G N,Reddy J N. Nonlinear transient thermoelastic analysis of functionally graded ceramic – metal plates. International Journal of Solids and Structures[J]. 1998,35:4457 – 4476.

[16] Ma L S,Wang T J. Nonlinear bending and postbuckling of a functionally graded circular plate under mechanical and thermal loadings. International Journal of Solids and Structures[J]. 2003,40:3311 – 3330.

[17] El – Abbasi N,Meguid S A. Finite element modeling of the thermoelastic behavior of functionally garded plates and shells. International Journal of Computational Engineering Science[J]. 2000,1:151 – 165.

[18] Reddy J N,Wang C M,Kitipornchai S. Axisymmetric bending of functionally graded circular and annular plates. European Journal of Mechanics – A/Solids[J]. 1999,18:185 – 199.

[19] Ma L S,Wang T J. Relationships between axisymmetric bending and buckling solutions of FGM circular plates based on third – order plate theory and classical plate theory. International Journal of Solids and Structures[J]. 2004,41:85 – 101.

[20] Cheng Z Q,Batra R C. Three – dimensional thermo – elastic deformations of a functionally graded elliptic plate. Composites,Part B[J]. 2000,31:97 – 106.

[21] Reddy J N,Cheng Z Q. Three – dimensional thermomechanical deformations of functionally graded rectan-

gular plates. European Journal of Mechanics – A/Solids[J]. 2001,20:841 – 855.

[22] Senthil V, Batra R C. Exact solution for thermoelastic deformations of functionally graded thick rectangular plates. AIAA Journal[J]. 2002,40:1421 – 1433.

[23] Almajid A Taya M, Hudnut S. Analysis of out – of – plane displacement and stress field in a piezocomposite plate with functionally graded microstructure. International Journal of Solids and Structures[J]. 2001, 38:3377 – 3391.

[24] Shen H S. Nonlinear bending response of functionally graded plates subjected to transverse loads and in thermal environments. International Journal of Mechanical Sciences[J]. 2002,44:561 – 584.

[25] Yang J, Shen H S. Non – linear bending analysis of deformable functionally graded plates subjected to thermo – mechanical loads under various boundary conditions. Composites Part B:engineering[J]. 2003, 34:103 – 115.

[26] Cheng Z Q. Nonlinear bending of inhomogeneous plates. Engineering Structures[J]. 2001,23:1359 – 1363.

[27] Yang J, Shen H S. Non – linear analysis of functionally graded plates under transverse and in – plane loads. International Journal of Non – linear Mechanics[J]. 2003,38:467 – 482.

[28] Feldman E, Aboudi J. Buckling analysis of functionally graded plates subjected to uniaxial loading. Composite Structure[J]. 1997,38:29 – 36.

[29] Najafizadeh M M, Eslami M R. Buckling analysis of circular plates of functionally graded materials under uniform radial compression. International Journal of Mechanical Sciences[J]. 2002,44:2479 – 2493.

[30] Javaheri R, Eslami M R. Buckling of functionally graded plates under in – plane compressive loading. ZAMM Z. Angew. Math. Mech[J]. 2002,82:277 – 283.

[31] Ma L S, Wang T J. Buckling of Functionally Graded circular/annular plates based on the first – order shear deformation plate Theory. Key Engineering Materials[J]. 2004,261 – 263:609 – 614.

[32] Leissa A W. A review of laminated composite plate buckling. Appl. Mech. Rev[J]. 1987,40(5):575 – 591.

[33] 沈惠申. 功能梯度复合材料板壳结构的弯曲、屈曲和振动. 力学进展[J]. 2004,34(1):53 – 60.

[34] Ma L S, Wang T J. Axisymmetric Post – Buckling of a Functionally Graded Circular Plate Subjected to Uniformly Distributed Radial Compression. Material Science Forum[J]. 2002,423 – 425:719 – 724.

[35] 马连生. 功能梯度板的弯曲、屈曲和振动:线性和非线性分析. 西安交通大学博士学位论文,2004.